AF299215

PROBLÈMES

DE

PHYSIQUE ET DE CHIMIE

8° R
12825

DU MÊME AUTEUR

Cours de physique, à l'usage des candidats à l'École militaire de Saint-Cyr. 1 vol. in-16, avec de nombreuses figures, broché. . . . . 5 fr.

Coulommiers. — Imp. PAUL BRODARD. — 587-94.

PROBLÈMES

DE

PHYSIQUE ET DE CHIMIE

RENFERMANT 500 PROBLÈMES DE PHYSIQUE ET DE CHIMIE

ET

110 PROBLÈMES D'ÉLECTRICITÉ

A l'usage des Candidats aux divers Baccalauréats

PAR

P. BANET-RIVET

Professeur agrégé de physique au lycée Michelet

PARIS

LIBRAIRIE HACHETTE ET Cie

79, BOULEVARD SAINT-GERMAIN, 79

—

1895

PROBLÈMES
DE
PHYSIQUE ET DE CHIMIE

PREMIÈRE PARTIE
PROBLÈMES RÉSOLUS

CHAPITRE I

PESANTEUR

§ 1. Chute des corps.

1. *Le poids relatif d'un corps, à Paris, est p kilogrammes. On demande : 1° sa masse ; 2° son poids absolu à l'équateur, exprimé en kilogrammes de Paris. — A Paris, g = 9$^\mathrm{m}$,81 ; à l'équateur, g = 9$^\mathrm{m}$,78.*

Prenons pour unité de masse la masse d'un corps qui, à Paris, pèse 9$^\mathrm{kg}$,81 : la masse du corps qui, à Paris, pèse p kilogrammes, est alors $m = \dfrac{p}{9,81}$. Son poids absolu à l'équateur sera donc, en kilogrammes de Paris,

$$P = m \times 9,78 = p \times \frac{9,78}{9,81}$$

2. *Au bout de combien de temps une force de p kilogrammes imprimerait-elle à une masse de P kilogrammes*

1

une vitesse de v *mètres par seconde, en un lieu où l'accélération due à la pesanteur* $=$ g *mètres? — Application numérique :* p $= 1^{mg}$, P $= 10^{kg}$, v $= 10^{m}$, g $= 9^{m},8$.

(Alger, nov. 1885.)

Soit *t* le temps cherché. La force *p* imprimera à la masse de P kilogrammes une accélération γ, donnée en mètres (*théorème de la proportionnalité des forces aux accélérations*) par la relation

$$\frac{\gamma}{g} = \frac{p}{P}, \text{ d'où } \gamma = g\frac{p}{P}$$

Dès lors, au bout du temps *t*, la vitesse acquise sera (*formule de la vitesse dans le mouvement uniformément accéléré*

$$v = \gamma t = g\frac{p}{P}t$$

·d'où

$$t = \frac{v}{g}\frac{P}{p} \text{ secondes}$$

Application numérique. — Pour rendre les unités concordantes, il faut poser $p = 0,000001$, $P = 10$, $v = 10$, $g = 9,8$. On trouve $t = 10\,204\,081^{s} = 118$ jours environ.

---

3. *Un corps parti de l'état de repos a déjà parcouru un espace* l *en* n *secondes, d'un mouvement uniformément accéléré. On demande quel sera l'espace parcouru pendant la* $p^{ième}$ *seconde qui suivra, si le mouvement continue sans changer de nature.*

(Lyon, juillet 1893.)

Soit *x* l'espace demandé, γ l'accélération du mouvement. Au bout de $p - 1$ secondes, le corps aura parcouru (*équation du mouvement uniformément accéléré*) un espace $l_{p-1} = \frac{1}{2}\gamma(p-1)^{2}$, et, au bout de *p* secondes, un espace $l_{p} = \frac{1}{2}\gamma p^{2}$. Comme $x = l_{p} - l_{p-1}$, on a

$$x = \frac{1}{2}\gamma(2p - 1) \qquad\qquad (1)$$

D'un autre côté,

$$l = \frac{1}{2}\gamma n^2 \qquad (2)$$

L'élimination de γ entre (1) et (2) donne

$$x = \frac{l}{n^2}(2p-1)$$

Remarque. — La relation (1) peut s'écrire immédiatement, en s'appuyant sur la loi connue (qu'elle démontre) : *dans le mouvement uniformément accéléré, les espaces parcourus dans des temps égaux sont proportionnels à la série des nombres impairs,* l'espace parcouru pendant la première seconde étant égal à la moitié de l'accélération. Cette loi donne aussi la solution immédiate du problème suivant :

Partager l'espace parcouru par un corps partant du repos et animé d'un mouvement uniformément accéléré en n segments tels que chacun d'eux soit parcouru dans le même temps.

---

4. *D'un point* A, *on laisse tomber un mobile suivant la verticale et, lorsqu'il a parcouru un espace* h, *on laisse tomber un second mobile du même point. Au bout de combien de temps les deux mobiles se trouveront-ils à une distance* d *l'un de l'autre?*

(Nancy, juillet 1884.)

Soit x le temps cherché, compté à partir de la chute du premier mobile, et désignons par θ le temps employé par ce mobile pour parcourir l'espace h. La durée de la chute du second mobile étant seulement $x - \theta$, on a (*formules de la chute des corps*)

$$\frac{1}{2}gx^2 - \frac{1}{2}g(x - \theta)^2 = d \qquad (1)$$

Mais

$$h = \frac{1}{2}g\theta^2 \qquad (2)$$

L'élimination de θ entre (1) et (2) donne

$$x = \frac{h + d}{\sqrt{2gh}}$$

Condition de possibilité. — Pour que le problème donné soit possible, il faut que l'on ait $x \geqslant 0$ ce qui donne la condition

$$d \geqslant h$$

évidente *a priori* [1].

---

5. *Un projectile lancé verticalement de bas en haut revient à son point de départ après n secondes. A quelle hauteur s'est-il élevé? Quelle était sa vitesse initiale? — Intensité de la pesanteur dans le lieu où le projectile a été lancé* $= g$.

(Clermont, nov. 1893.)

Soit x la vitesse initiale demandée, y la hauteur demandée. *L'équation du mouvement uniformément retardé* dont le projectile est animé quand il s'élève est

$$e = xt - \frac{1}{2} gt^2 \qquad \text{(A)}$$

Ce trinôme incomplet du second degré passe par un minimum pour la valeur

$$t = \frac{(-x)}{2 \times \left(-\frac{1}{2} g\right)} = \frac{x}{g}$$

En substituant cette valeur de t dans la formule générale (A), on obtient

$$y = \frac{x^2}{2g} \qquad \text{(1)}$$

D'un autre côté, on sait (et il est facile de le démontrer) que la descente prend autant de temps que la montée. On a donc

$$2 \times \frac{x}{g} = n \qquad \text{(2)}$$

---

1. On pourrait demander de calculer la distance d des deux mobiles au bout d'un temps donné t. L'équation (1) donne, en posant $n = t$,

$$d = gt\theta - \frac{1}{2} g\theta^2$$

d augmente donc avec t, et il en serait de même si les deux mobiles avaient la même vitesse initiale : ainsi s'explique l'éparpillement de plus en plus grand de l'eau d'une cascade à mesure que la hauteur de la cascade et, par suite, la durée de la chute augmentent.

Les équations (1) et (2) donnent

$$x = g\frac{n}{2}, \quad y = g\frac{n^2}{8}$$

x et y étant exprimés en mètres, si g est lui-même donné en mètres.

---

6. *Deux corps sont placés sur la même verticale, à une distance* $AB = l$ *l'un de l'autre. On laisse l'un d'eux tomber du point* A *sans vitesse initiale, tandis qu'au même instant le corps inférieur est lancé du point* B, *de bas en haut, avec une vitesse initiale* v_0. *On demande en quel point* C *se rencontreront les deux mobiles et au bout de quel temps, calculé depuis le départ.*

(Alger, nov. 1885; Dijon, nov. 1892.)

Soit $AC = x$ la distance du point de rencontre au point A, t le temps au bout duquel elle a eu lieu. Pour le corps parti de A, on a (*équation de la chute des corps*)

$$x = \frac{1}{2}gt^2 \tag{1}$$

g désignant l'accélération due à la pesanteur. Pour le corps parti de B et qui, dans le temps t, parcourt l'espace $BC = l - x$, on a (*équation du mouvement uniformément retardé*)

$$l - x = v_0 t - \frac{1}{2}gt^2 \tag{2}$$

La résolution des équations (1) et (2) donne

$$x = \frac{1}{2}g\frac{l^2}{v_0^2}, \quad t = \frac{l}{v_0}$$

Ainsi le temps au bout duquel les deux corps se rencontrent est le même que celui que mettrait un mobile à parcourir la distance l d'un mouvement uniforme avec une vitesse v_0, résultat évident a priori, si l'on remarque qu'à chaque unité de temps, les deux corps se rapprochent l'un de l'autre de la quantité v_0.

Quant au lieu de la rencontre, il sera placé entre A et B, ou en B, ou au-dessous du point B, suivant que l'on aura $x < =$ ou $> l$, ou, comme il est facile de le voir,

$$v_0^2 > = \text{ ou } < \frac{gl}{2}$$

c'est-à-dire suivant que la vitesse initiale imprimée au mobile B sera supérieure, égale ou inférieure à celle qu'il acquerrait en tombant d'une hauteur égale au quart de la distance donnée.

Remarque. — Supposons que les deux corps, au lieu d'être placés sur la même verticale, se meuvent le long d'un plan incliné d'un angle α sur l'horizon. Dans ce cas, les équations du problème sont

$$x = \frac{1}{2} g \sin \alpha . t^2$$

$$l - x = v_0 t - \frac{1}{2} g \sin \alpha . t^2$$

et donnent

$$x = \frac{1}{2} g \sin \alpha . \frac{l^2}{v_0^2}, \quad t = \frac{l}{v_0}$$

Le temps au bout duquel a lieu la rencontre a donc la même valeur que plus haut, ce qui se conçoit aisément, puisque, à chaque unité de temps, les deux corps se rapprochent encore l'un de l'autre de la quantité v_0. La rencontre aura lieu entre A et B, ou en B, ou au-dessous du point B, suivant que l'on aura

$$v_0^2 > = \text{ ou } < \frac{g \sin \alpha . l}{2}$$

---

7. *On lance une pierre verticalement de bas en haut avec une vitesse initiale égale à* v_0 *;* θ *secondes après, du même point on lance une seconde pierre verticalement de bas en haut avec une vitesse initiale égale à* v'_0*. On demande : 1° à quelle distance du point de départ et à quel moment les deux pierres se rencontreront ; 2° leur vitesse au*

moment de leur rencontre. On discutera les différents cas qui peuvent se présenter en supposant $v'_0 > v_0$. *On représentera par g l'accélération due à la pesanteur.* — *Application numérique :* $v_0 = 20^m$, $v'_0 = 25^m$, $\theta = 2^s$, $g = 9^m,8$.

(Dijon, juillet 1881 ; Lyon, juillet 1885 ; Bordeaux, nov. 1885
Besançon, juillet 1889.)

1° Soit e la distance de la première pierre au point de départ, au moment t où les deux pierres se rencontrent. On a (*équation du mouvement uniformément retardé*)

$$e = v_0 t - \frac{1}{2} g t^2 \tag{1}$$

Pour la seconde pierre, partant seulement θ secondes après la première, et qui par suite n'a été en mouvement, jusqu'à l'instant de la rencontre, que pendant un temps $t - \theta$, on a, en désignant par e' sa distance au point de départ,

$$e' = v'_0 (t - \theta) - \frac{1}{2} g (t - \theta)^2 \tag{2}$$

Par hypothèse, $e = e'$. On a donc

$$v_0 t - \frac{1}{2} g t^2 = v'_0 (t - \theta) - \frac{1}{2} g (t - \theta)^2$$

d'où

$$t = \theta \, \frac{v'_0 + \frac{1}{2} g \theta}{(v'_0 - v_0) + g \theta} \tag{A}$$

et

$$e = v_0 \theta \, \frac{v'_0 + \frac{1}{2} g \theta}{(v'_0 - v_0) + g \theta} - \frac{1}{2} g \theta^2 \left[\frac{v'_0 + \frac{1}{2} g \theta}{v'_0 - v_0) + g \theta)} \right]^2 \tag{B}$$

2° Soit v la vitesse de la première pierre au moment de la rencontre. La *formule de la vitesse dans le mouvement uniformément retardé* donne

$$v = v_0 - g \theta \, \frac{v'_0 + \frac{1}{2} g \theta}{(v'_0 - v_0) + g \theta} \tag{C}$$

$$v' = v'_0 - g \theta \, \frac{v_0 - \frac{1}{2} g \theta}{(v'_0 - v_0) + g \theta} \tag{D}$$

La vitesse de la seconde pierre, au même moment, sera

Discussion. Puisque, par hypothèse, $v'_0 > v_0$, on a toujours $t > 0$ (à moins que $\theta = 0$, auquel cas $e = 0$). Mais pour que la valeur trouvée pour t convienne au problème, il faut encore $t \geqslant 0$, d'où la condition

$$\theta < \frac{2v_0}{g} \qquad\qquad (a)$$

qui aurait pu être posée *a priori*, car $\frac{2v_0}{g}$ étant le temps employé par la première pierre pour revenir à son point de départ, si l'on avait $\theta = \frac{2v_0}{g}$, nécessairement on aurait $e = 0$.

Ceci posé, $\frac{v^0}{g}$ étant, comme on sait, le temps que met la première pierre pour arriver au point le plus haut de sa course, il est évident que, suivant que l'on aura $t < = $ ou $> \frac{v_0}{g}$, la rencontre aura lieu pendant l'ascension de la première pierre, *ou* au moment où elle atteint le point le plus haut de sa course, *ou* seulement pendant la descente. Cette condition revient à

$$g^2\theta^2 + 2g(v'_0 - v_0)\theta - 2v_0(v'_0 - v_0) < = \text{ ou } > 0$$

ou

$$\left[\theta + \frac{(v'_0 - v_0) - \sqrt{v'^2_0 - v_0^2}}{g}\right]\left[\theta + \frac{(v'_0 - v_0) + \sqrt{v'^2_0 - v_0^2}}{g}\right] < = \text{ ou } > 0$$

Le second facteur de ce produit étant essentiellement positif, la condition posée revient donc à

$$\theta < = \text{ ou } > \frac{\sqrt{v'^2_0 - v_0^2} - (v'_0 - v_0)}{g} \qquad\qquad (b)$$

Remarque. — Si $v'_0 = v_0$, on a

$$t = \frac{v_0}{g} + \frac{1}{2}\theta, \quad e = \frac{v_0^2}{2g} - \frac{1}{2}g\left(\frac{\theta}{2}\right)^2, \quad v = -\frac{1}{2}g\theta, \quad v' = \frac{1}{2}g\theta$$

La rencontre a donc lieu pendant la descente de la première pierre (ce qui était évident *a priori*), et $\frac{\theta}{2}$ secondes après sa chute ; les deux pierres sont d'ailleurs à cet instant animées de la même vitesse, ce qui était encore évident *a priori* (*principe des forces vives*).

Application numérique. — Comme $\theta = 2$, on a (formule *a*)

$$\theta < \frac{2 \times 20}{9,8}$$

la rencontre a donc lieu pendant le mouvement de la première pierre. Comme, de plus (formule *b*),

$$\theta > \frac{\sqrt{25^2 - 20^2} - (25 - 20)}{9,8}$$

elle a lieu pendant que cette pierre descend. Les formules (A), (B), (C), (D) donnent

$$t = 2^s,8, \quad c = 17^m,58, \quad v = -7^m,44, \quad v' = 17^m,16$$

---

8. *Un mobile* M *est lancé dans le vide, à partir du point* A, *suivant l'horizontale* Ax, *avec une vitesse donnée* v_0. *Trouver, à l'époque* t : *1° la distance du point* M *à l'horizontale* Ax, *à la verticale* Ay *et au point* A ; *2° les composantes de sa vitesse parallèles à* Ax *et à* Ay, *la valeur de cette vitesse et l'angle qu'elle fait avec l'horizontale.*

(Lille, juillet 1885).

1° Le mobile M est animé de deux mouvements, l'un *uniforme* suivant l'horizontale A*x*, l'autre *uniformément accéléré* suivant la verticale Ay. Par suite, à l'époque *t*, il a parcouru, dans le sens A*x* (*principe de la composition des mouvements*) un espace AP $= v_0 t$, et, dans le sens Ay,

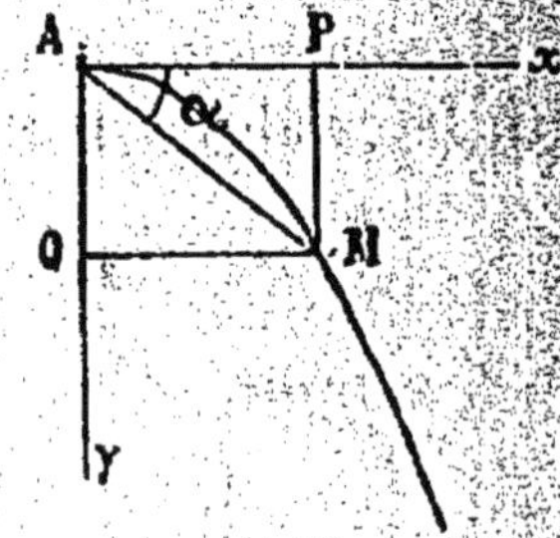

un espace AQ $= \frac{1}{2} g t^2$, g désignant l'accélération due à la pesanteur. La distance du mobile au point de départ A sera donc

$$AM = \sqrt{\overline{AP^2} + \overline{AQ^2}} = \frac{1}{2} t \sqrt{4v_0^2 + g^2 t^2}$$

2° La vitesse du mobile, à l'époque *t*, est, suivant l'horizontale A*x*, v_0, et, suivant la verticale Ay, gt. Sa vitesse résultante, à cette époque, sera donc (*principe de la composi-*

tion des vitesses) la diagonale du parallélogramme construit sur les deux vitesses, c'est-à-dire

$$v = \sqrt{v_0{}^2 + g^2 t^2}$$

Quant à l'angle α de cette vitesse résultante avec l'axe Ax, on a

$$\operatorname{tang} \alpha = \frac{MP}{AP} = \frac{gt}{v_0}$$

α augmente donc et tend vers 90° à mesure que t augmente et tend vers l'infini.

---

9. *Deux corps pesants partent en même temps du même point. Le premier suit la verticale, sans vitesse initiale; le second descend le long d'un plan incliné avec une vitesse initiale v_0. Quelle doit être l'inclinaison α de ce plan pour que, après avoir parcouru en chute libre une certaine longueur h, le premier corps se trouve sur la même horizontale que le second. On désignera par g l'accélération due à la pesanteur.*

(Bordeaux, juillet 1889.)

Soit t le temps employé par le premier mobile pour parcourir, en chute libre, l'espace $AB = h$, on a (*loi des espaces*)

$$h = \frac{1}{2} g t^2 \qquad (1)$$

Par hypothèse, l'espace parcouru pendant le temps t par le second mobile est $AC = \dfrac{AB}{\sin \alpha} = \dfrac{h}{\sin \alpha}$, et comme le mouvement de ce second mobile est un *mouvement uniformément accéléré* dont l'accélération est $g \sin \alpha$, on a

$$\frac{h}{\sin \alpha} = v_0 t + \frac{1}{2} g \sin \alpha . t^2 \qquad (2)$$

L'élimination de t entre (1) et (2) donne

$$\sin^2 \alpha + \sqrt{\frac{2 v_0{}^2}{gh}} \sin \alpha - 1 = 0$$

équation du second degré dont les racines sont réelles et de signes contraires. La racine positive, seule, répondant à la question, on a

$$\sin \alpha = \sqrt{\frac{v_o^2}{2gh} + 1} - \sqrt{\frac{v_o^2}{2gh}} = \frac{\sqrt{2gh}}{\sqrt{v_o^2 + 2gh} + v_o}$$

expression qui montre que α diminue lorsque v_o augmente, pour devenir nul quand $v_o = \infty$, ce qui était évident *a priori.*

---

10. *On considère un cercle vertical et on suppose qu'un point matériel roule sur une corde issue de l'extrémité supérieure* A *du diamètre vertical. Démontrer que le point matériel mettra le même temps pour décrire toutes les cordes issues de* A *(Théorème de Galilée).*

Soit AB une de ces cordes, α son angle avec le diamètre vertical AD, g l'intensité de la pesanteur. La composante de la pesanteur qui agit effectivement sur le point matériel qui parcourt la corde AB a pour intensité $g\cos\alpha$. Si t est le temps employé par ce point pour décrire AB, on a donc (*équation du mouvement uniformément accéléré*)

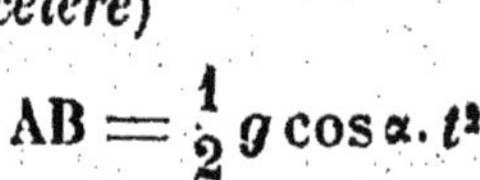

$$AB = \frac{1}{2} g \cos\alpha . t^2$$

Mais l'angle ABD étant droit, on a $AB = 2R\cos\alpha$. R désignant le rayon du cercle vertical. Par suite, on a

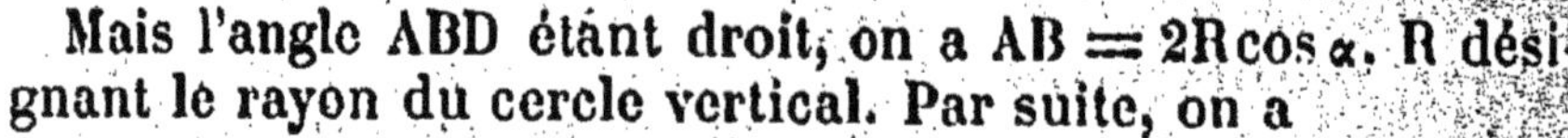

$$2R\cos\alpha = \frac{1}{2} g \cos\alpha . t^2$$

d'où

$$t = 2\sqrt{\frac{R}{g}}$$

t est donc une constante, ce qu'il fallait démontrer.

---

11. *Dans une machine d'Atwood les poids égaux pèsent*
P grammes et la surcharge p grammes. Quelles doivent
être les positions de l'anneau et du plateau pour que la
surcharge se trouve enlevée après t secondes de chute et le
plateau atteint ensuite t' secondes après que la surcharge
est enlevée. — Intensité de la pesanteur = g.

(Dijon, juillet 1892, juillet 1893.)

1° Soit x la distance demandée de l'anneau au point de
départ, γ l'accélération du mouvement que prend le système.
On a (*équation du mouvement uniformément accéléré*)

$$x = \frac{1}{2}\,\gamma t^2$$

D'un autre côté (*théorème de la proportionnalité des forces
aux accélérations*)

$$\gamma = g\,\frac{p}{2P+p}$$

Par suite

$$x = \frac{1}{2}g\,\frac{p}{2P+p}t^2$$

2° Soit y la distance demandée du plateau à l'anneau. Le
système, dépouillé de sa surcharge, parcourt cette distance,
dans un temps t', d'un mouvement uniforme dont la vitesse
est égale à la vitesse acquise par le système au bout du
temps t. Cette vitesse est (*formule de la vitesse dans le mouvement uniformément accéléré*)

$$v = \gamma t = g\,\frac{p}{2P+p}t$$

Par suite, on a (*équation du mouvement uniforme*)

$$y = g\,\frac{p}{2P+p}tt'$$

---

12. *Aux deux extrémités du fil qui s'enroule sur la*
poulie dans la machine d'Atwood sont suspendus deux
poids égaux de P grammes chacun. On rompt l'équilibre
en chargeant l'un de ces poids, ramené préalablement au

*zéro de l'échelle, laquelle est divisée en centimètres :
1° d'un poids cylindrique de p_1 grammes ; 2° d'un poids à
ailettes de p_2 grammes, superposé au précédent. Après n_1
secondes de chute, le poids à ailettes est arrêté par le curseur annulaire ; au bout de n_2 secondes, le poids principal
encore surchargé du poids additionnel cylindrique est
arrêté par le curseur plein. Vis-à-vis de quelles divisions
faut-il fixer le curseur annulaire et le curseur plein ? —
Accélération due à la pesanteur $= g$ centimètres.*

(Dijon, avril 1885.)

1° Pendant les n_1 premières secondes de chute, le poids
total de la masse mise en mouvement est $2P + p_1 + p_2$,
la force qui détermine la chute est le poids $p_1 + p_2$. Dès
lors l'accélération, évaluée en centimètres, du mouvement
que prend le système est (*théorème de la proportionnalité des
forces aux accélérations*)

$$\gamma_1 = \frac{p_1 + p_2}{2P + p_1 + p_2} g$$

Par suite, le numéro de la division vis-à-vis de laquelle il
faudra placer le curseur plein sera (*équation du mouvement
uniformément accéléré*)

$$c_1 = \frac{1}{2} \frac{p_1 + p_2}{2P + p_1 + p_2} g n_1^2 \qquad (A)$$

2° Dès que le curseur annulaire est dépassé, le poids total
de la masse en mouvement n'est plus que $2P + p_1$; la force
qui détermine la chute est seulement le poids cylindrique p_1.
Dès lors, l'accélération, évaluée en centimètres, du mouvement que prend le système est

$$\gamma_2 = \frac{p_1}{2P + p_1} g$$

Il a d'ailleurs une vitesse initiale (*formule de la vitesse
dans le mouvement uniformément accéléré*)

$$v_0 = \gamma_1 n_1 = \frac{p_1 + p_2}{2P + p_1 + p_2} g n_1$$

L'équation du mouvement qu'il prend est alors (*équation générale du mouvement uniformément accéléré*)

$$e = \frac{p_1 + p_2}{2P + p_1 + p_2}\, gn_1 t + \frac{1}{2}\, \frac{p_1}{2P + p_1}\, gt^2.$$

Par suite, au bout de n_2 secondes, c'est-à-dire après une chute de $n_2 - n_1$ secondes, le système aura parcouru, à partir du curseur annulaire, un espace

$$e_2 = \frac{p_1 + p_2}{2P + p_1 + p_2}\, gn_1(n_2 - n_2) + \frac{1}{2}\, \frac{p_1}{2P + p_1}\, g(n_2 - n_1)^2 \qquad \text{(B)}$$

C'est donc en face d'une division placée e_2 centimètres *plus bas* que le curseur annulaire que doit être placé le curseur plein.

---

13. *On supprime dans la machine de Morin le moulinet à ailettes qui sert de régulateur au mpuvement du cylindre, on recommence ensuite les expériences. Quel est alors le chemin décrit par le crayon sur la feuille de papier qui enveloppe le cylindre? Comment varie ce tracé quand on augmente le poids moteur?*

(Dijon, juillet 1892.)

Soit γ l'accélération du mouvement uniformément accéléré que prend le cylindre sous l'influence du poids moteur, t la durée de la chute du crayon. Les abscisses et les ordonnées de la courbe qu'il trace, *si l'on suppose le crayon tombant en chute libre dès que le cylindre commence à tourner*, sont données respectivement (*équation du mouvement uniformément accéléré*) par les relations

$$x = \frac{1}{2}\gamma t^2, \quad y = \frac{1}{2}gt^2$$

g désignant l'accélération due à la pesanteur. Par suite,

$$\frac{y}{x} = \frac{g}{\gamma}$$

c'est-à-dire que la courbe tracée par le crayon sur la feuille de papier est une droite faisant avec l'axe des abscisses un angle plus grand que 45°, puisque $g > \gamma$. Si l'on augmente le poids moteur, γ augmente et $\dfrac{g}{\gamma}$ diminue et tend vers 1, c'est-à-dire que l'angle de cette droite avec l'axe des abscisses diminue de plus en plus, en se rapprochant de 45°.

Remarque. — Si on ne lance le crayon qu'après que le cylindre est déjà en mouvement, le calcul montre que le chemin décrit n'est plus une droite, mais un *arc de parabole* tangent à l'axe des abscisses.

---

§ 2. Pendule.

14. *Un pendule simple d'une longueur de l mètres fait par heure n oscillations en un certain lieu. Calculer : 1° la longueur du pendule qui battrait la seconde au même endroit; 2° l'intensité de la pesanteur en ce lieu; 3° l'espace que parcourrait, toujours en ce lieu, un corps tombant librement pendant t secondes; 4° l'énergie acquise, au bout de ce temps, par le corps, le poids du corps étant de p kilogrammes.*

(Lyon, août 1882; Paris, juillet 1886; Dijon, juillet 1887.)

1° Une heure valant 3600 secondes, la durée d'une oscillation du pendule donné est $\dfrac{3600}{n}$ secondes. Dès lors, si x est la longueur, en mètres, du pendule qui battrait la seconde au même endroit, on a (*loi des longueurs*)

$$\frac{\sqrt{x}}{\sqrt{l}} = \frac{\left(\dfrac{3600}{n}\right)}{1}$$

d'où

$$x = \left(\frac{3600}{n}\right)^2 l \qquad (1)$$

2° La *formule du pendule*, appliquée au pendule de longueur x qui bat la seconde, donne

$$1 = \pi \sqrt{\frac{x}{g}}$$

En tenant compte de la relation (1), on a pour la valeur, en mètres, de l'accélération due à la pesanteur

$$g = \left(\frac{\pi \times 3600}{n} \right)^2 l \qquad (2)$$

3° L'espace que parcourra, toujours au même endroit, un corps tombant en chute libre pendant t secondes sera, en mètres (*loi des espaces*),

$$y = \frac{1}{2} g t^2$$

d'où, en tenant compte de la relation (2),

$$y = \frac{1}{2} \left(\frac{\pi \times 3600}{n} \right)^2 l t^2 \qquad (3)$$

4° L'énergie acquise, par le corps, après sa chute, sera, en kilogrammètres (*théorème des forces vives*),

$$w = p y$$

d'où, en tenant compte de la relation (3),

$$w = \frac{1}{2} p \left(\frac{\pi \times 3600}{n} \right)^2 l t^2 \qquad (4)$$

---

15. *Un pendule OA, qui exécute une oscillation dans n secondes, est constitué par une masse pesante A suspendue à l'extrémité d'un fil flexible de longueur l. En B, on place un clou qui force le pendule, lorsqu'il est à gauche de la verticale, à prendre la forme OBA′. Sachant que le clou est à une distance $OB = l_1$ de l'axe de suspension, on demande quelle sera la nouvelle durée d'une oscillation du pendule. — Application numérique :*

$$n = 1, \ l_1 = \frac{1}{2}.$$

(Marseille, avril 1886.)

Appliquons au pendule OA les lois du pendule simple. La durée d'une oscillation étant de n secondes, le pendule, pour descendre de A en D, mettra $\frac{n}{2}$ secondes. A partir du point D, sa longueur est devenue $BD = l - l_1$; par suite, si t_1 est la durée d'une oscillation du pendule, on a (*loi des longueurs*)

$$\frac{t_1}{n} = \sqrt{\frac{l - l_1}{l}}, \text{ d'où } t_1 = n\sqrt{\frac{l - l_1}{l}}$$

et alors le pendule mettra, pour aller de

D en A', $\dfrac{t_1}{2} = \dfrac{n}{2}\sqrt{\dfrac{l - l_1}{l}}$ secondes. La

durée totale d'une oscillation sera donc

$$t = \frac{n}{2} + \frac{n}{2}\sqrt{\frac{l - l_1}{l}}$$

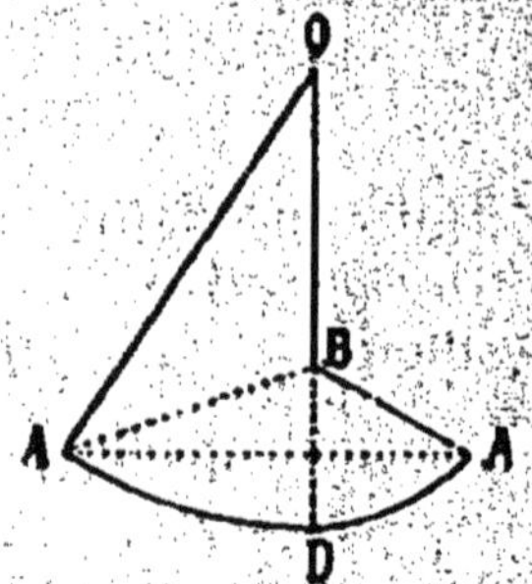

Application numérique. — On trouve $t = 0^s,853$.

Remarque. — Galilée s'est servi de cette disposition pour la vérification du principe des forces vives. En effet, si ce principe est exact, la masse pesante A' doit venir se placer sur l'horizontale du point A, ce qui a effectivement lieu.

---

§ 3. Balance.

16. *Un parallélépipède rectangle en quartz a été pesé au moyen de poids qu'on a tout lieu de supposer inexacts, c'est-à-dire que le poids marqué 1g, par exemple, est plus lourd que le poids de 1 cm³ d'eau et tous les autres poids seraient également trop lourds dans le même rapport. On a trouvé que le poids du quartz était de p fois le poids marqué 1g. La densité du quartz est d, les trois dimensions du parallélépipède sont a, b, c. Calculer de combien le poids de 1g de la boîte de poids employée excède le poids de 1 cm³ d'eau.*

(Marseille, juillet 1886.)

Soit x l'excès cherché. Le poids réel du quartz est alors $p(1 + x)$; d'un autre côté, ce poids est $abcd$. De là l'équation

$$p(1 + x) = abcd, \text{ d'où } x = \frac{abcd}{p} - 1$$

17. *On lit dans les mémoires de Lavoisier que pour écarter, en déterminant les poids des corps avec la balance, l'erreur provenant d'une différence de longueur des deux bras du fléau, il plaçait successivement le corps à peser dans les deux plateaux, cherchait les poids marqués qui lui faisaient équilibre, puis prenait la moyenne arithmétique de ces deux poids pour la vraie valeur cherchée. La correction était-elle exacte? S'il y avait erreur, dans quel sens était-elle?*

(Journal de Physique Élémentaire de Buguet, Delagrave, édit.)

Soit x le poids du corps, l et l' les longueurs des bras du fléau, p et p' les poids qui font successivement équilibre au corps dans les deux pesées. Le *théorème des moments* donne les deux équations

$$lx = l'p, \quad l'x = lp'$$

d'où

$$x = \frac{p + p'}{2} - \frac{(l - l')^2}{2ll'} x$$

Il y a donc erreur : le poids du corps, qui est réellement $\sqrt{pp'}$, est toujours plus petit que la moyenne arithmétique des deux poids trouvés, l'erreur commise est égale à la fraction $\dfrac{(l - l')^2}{2ll'}$ du poids vrai et est d'autant plus faible, d'ailleurs, que la différence de longueur $l - l'$ des deux bras du fléau est elle-même plus petite.

---

18. *Le centre d'oscillation du fléau d'une balance est sur la droite qui joint les points de suspension des deux plateaux. Les deux bras de la balance ont chacun une longueur de l centimètres et le poids du fléau est de ϖ grammes Enfin, on a constaté qu'un excès de poids de p centigrammes, mis dans l'un des plateaux, fait incliner le fléau d'un angle α avec la direction primitive, qui était horizontale. Calculer la position du centre de gravité du fléau.*

(Alger, juin 1889.

Soit x la distance, en centimètres, du centre de gravité du fléau au centre d'oscillation. La formule connue

$$\tan \alpha = \frac{pl}{\varpi d}$$

donne ici, en posant $d = x$, et en remarquant que p centigrammes valent $p \times 0,01$ grammes,

$$x = \frac{(p \times 0,01) \times l}{\varpi \tan \alpha}$$

CHAPITRE II

HYDROSTATIQUE

§ 1. Presse hydraulique. — Pressions à l'intérieur des liquides et sur les parois.

19. *Les pistons d'une presse hydraulique ont respectivement pour sections S et s centimètres carrés. Entre les deux plates-formes on dispose une règle ayant pour section un carré de a centimètres de côté, de manière à la comprimer dans le sens de sa longueur. On demande d'exprimer en kilogrammes la pression exercée sur chacun des pistons et sur la règle, lorsque le manomètre de la machine indique n atmosphères.*

(Paris, oct. 1892.)

1° La pression exercée sur le petit piston est de ns kilogrammes [1]. Celle qui s'exerce sur le grand piston est de nS kilogrammes.

2° La pression exercée sur la règle est évidemment indépendante de sa section, c'est-à-dire égale à nS kilogrammes : la donnée a est donc inutile, à moins qu'on ne veuille calculer la pression qui s'exerce, par centimètre carré, sur la base de la règle.

---

20. *En supposant que les deux pistons d'une presse*

[1] Les manomètres industriels sont gradués en *kilogrammes par centimètre carré*, la pression atmosphérique étant regardée comme pratiquement égale à 1 kg pour 1 cm².

hydraulique soient cylindriques et aient l'un r centimètres, l'autre R centimètres de rayon de base, on demande quel poids pourra soulever, à l'aide de cette presse, un homme exerçant une force de p kilogrammes sur le petit piston. Si la course de ce piston est égale à 1 centimètre, quel sera pour chaque coup le déplacement du grand piston? Quel sera le travail moteur et le travail résistant?

(Caen, avril 1893.)

1º Le poids P que l'homme pourra soulever sera donné (*principe de la transmission des pressions*), en kilogrammes, par la relation

$$\frac{P}{p} = \frac{S}{s}$$

S désignant la section du grand piston, s celle du petit. Mais $\frac{S}{s} = \frac{R^2}{r^2}$; par suite,

$$\frac{P}{p} = \frac{R^2}{r^2}, \text{ d'où } P = p\frac{R^2}{r^2}$$

2º Pour calculer à chaque coup le déplacement du piston, il suffit de remarquer qu'à chaque coup le volume d'eau qui sort du petit corps de pompe est égal au volume d'eau entré dans le grand corps de pompe. On a alors, x étant le déplacement cherché en centimètres,

$$\pi R^2 x = \pi r^2 l, \text{ d'où } x = l\frac{r^2}{R^2}$$

3º Le travail moteur est $T_m = pl$; le travail résistant est $T_r = Px$, d'où, en remplaçant P et x par les valeurs trouvées,

$$T_r = p\frac{R^2}{r^2} \times l\frac{r^2}{R^2} = pl = T_m$$

Il y a donc égalité entre le travail moteur et le travail résistant, conformément au principe de la conservation de 'énergie.

---

21. *Les diamètres du grand et du petit piston d'une resse hydraulique ont respectivement pour valeur D et d. e levier du deuxième genre à l'aide duquel on manœuvre*

la pompe a pour bras de levier respectifs l *et* l' (l' > l). *Trouver :* 1° *quelle force d'ascension produira sous le grand piston un effort égal à* p_1 *exercé à l'extrémité libre du levier;* 2° *l'effort total de dedans en dehors subi par la surface latérale du grand cylindre, la hauteur de ce cylindre étant* h *et son diamètre* D'. — *Application numérique :* D $= 0^m,65$, d $= 0^m,05$, $p_1 = 10^{kg}$, $\dfrac{l'}{l} = 15$, h $= 1^m$, D' $= 0^m,80$.

(Dijon, juillet 1878.)

1° Soit x la force d'ascension demandée, p l'effort exercé sur le petit piston. La *théorie du levier* donne

$$p_1 l' = pl \tag{1}$$

Le *principe de la transmission des pressions*, les sections des deux pistons étant proportionnelles aux carrés de leurs diamètres, donne

$$\frac{x}{p} = \frac{D^2}{d^2} \tag{2}$$

D'où, après élimination de p entre (1) et (2),

$$x = p_1 \frac{l'}{l} \frac{D^2}{d^2}$$

2° Soit y *l'effort total* de dedans en dehors subi par la surface latérale π D'h du grand cylindre. Par unité de surface, cet effort est $\dfrac{y}{\pi D'h}$; mais, par unité de surface, l'effort exercé par le petit piston, dont la surface est $\dfrac{\pi d^2}{4}$, est

$\dfrac{p}{\left(\dfrac{d^2}{4}\right)} = \dfrac{4p}{\pi d^2}$. Puisqu'il y a équilibre,

$$\frac{y}{\pi D'h} = \frac{4p}{\pi d^2} \tag{3}$$

d'où, après élimination de p entre (1) et (3),

$$y = p_1 \frac{l'}{l} \frac{4hD'}{d^2}$$

Application numérique. — Réduisons les longueurs données en décimètres, afin de pouvoir exprimer x et y en kilo-grammes. On trouve

$$x = 10 \times 15 \times \left(\frac{6,5}{0,5}\right)^2 = 25\,350 \text{ kg}$$

$$y = 10 \times 15 \times \frac{4 \times 10 \times 8}{(0,5)^2} = 192\,000 \text{ kg}$$

---

22. *Un vase cylindrique ABCD est surmonté de deux tubes de sections s et s'. On remplit le tout d'un liquide de densité d. Dans les tubes glissent deux pistons, P et P' qui maintiennent les niveaux à des hauteurs au-dessus du couvercle CD égales respectivement à h et h' (h' < h). On exerce sur le piston P une pression égale à p. Calculer : 1° la pression à exercer sur le piston P' pour l'empêcher de remonter; 2°. la pression totale supportée par le fond AB du vase, S étant la surface du fond, H la hauteur AC du vase.*

(Lille, juillet 1878.)

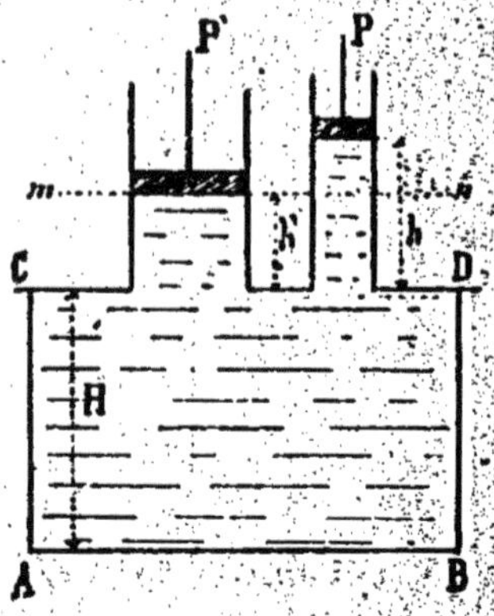

1° Soit x la pression à exercer sur le piston P' pour l'empêcher de remonter. Par unité de surface, la tranche de liquide en contact avec ce piston supporte une pression $\dfrac{x}{s'}$, pour l'équilibre, il faut que cette pression soit égale à la pression $\dfrac{p}{s} + (h - h')\,d$ supportée par unité de surface, dans l'autre tube, sur le plan horizontal xy (théorème des surfaces de niveau). On a donc

$$\frac{x}{s'} = \frac{p}{s} + (h - h')d$$

d'où

$$x = s'\left[\frac{p}{s} + (h - h')\,d\right].$$

2° Par unité de surface, le fond AB du vase supporte une

pression égale à la pression Πd d'une colonne liquide de hauteur Π, augmentée de la pression $\frac{x}{s} + hd = \frac{x}{s} + h'd$ due à l'une ou à l'autre des colonnes liquides sur lesquelles pressent les pistons, ce qui donne une pression totale de $\Pi d + \frac{p}{s} + hd = (\Pi + h)d + \frac{p}{s}$. La pression totale sur le fond est alors

$$P = S\left[(\Pi + h)d + \frac{p}{s}\right]$$

---

23. *Calculer la pression supportée par un triangle équilatéral de côté* a, *plongé au milieu d'un liquide de densité* d. *Ce triangle est incliné de 45° sur le plan horizontal qui contient un de ses côtés* AB *et de façon que son troisième sommet* C *soit au-dessus de ce plan. La distance du côté horizontal* AB *à la surface libre du liquide* $= l$.

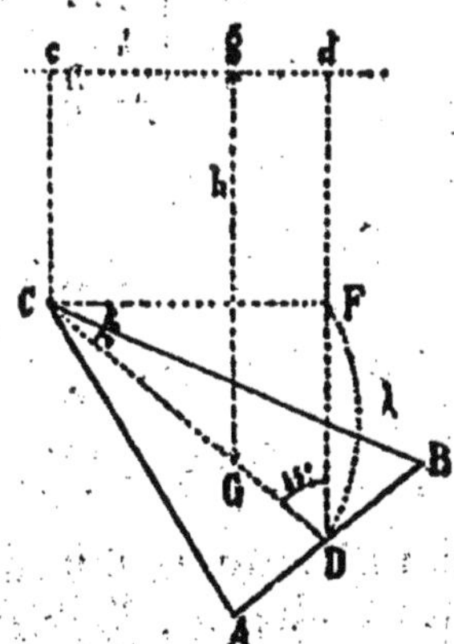

Soit x la pression demandée, h la distance du centre de gravité G du triangle à la surface libre du liquide, S l'aire du triangle. On a (*théorème sur la pression exercée par un liquide sur une paroi latérale plane*)

$$x = Shd \qquad (1)$$

D'un autre côté,

$$S = \frac{a^2 \sqrt{3}}{4} \qquad (2)$$

et, si λ est la différence de niveau DF entre le côté AB et le sommet C,

$$h = l - \frac{\lambda}{3} \qquad (3)$$

D'ailleurs, le triangle CFD, isocèle et rectangle en F, donne

$$2\lambda^2 = \frac{3}{4}a^2 \qquad (4)$$

Ces quatre relations donnent

$$x = \frac{1}{4}a^2\sqrt{3}\left(l - \frac{a}{2\sqrt{6}}\right)d$$

§ 2. Principe d'Archimède.

24. *Un lingot formé d'or et d'argent pèse p grammes; plongé dans l'eau, il perd p' grammes. On demande quelle est sa composition, sachant que la densité de l'or = d, celle de l'argent = d' (d' < d). On admet qu'en alliant l'or et l'argent il ne s'est produit ni dilatation, ni contraction* [1].

(Clermont, avril 1885: Lyon, nov. 1889; Nancy nov. 1890.)

Soit x le poids de l'or, y le poids de l'argent, exprimés en grammes, contenus dans le lingot. On a

$$x + y = p \qquad (1)$$

La perte de poids p' du lingot dans l'eau représente le poids d'un volume d'eau égal au volume du lingot (*principe d'Archimède*), et, en même temps, *dans le système métrique*, ce volume d'eau, exprimé en centimètres cubes. En écrivant que le volume $\frac{x}{d} + \frac{y}{d'}$ du lingot est égal à ce volume p' d'eau, on a

$$\frac{x}{d} + \frac{y}{d'} = p' \qquad (2)$$

Des équations (1) et (2) on déduit

$$\begin{cases} x = (p - p'd')\,\dfrac{d}{d - d'} \\[2mm] y = (p'd - p)\,\dfrac{d'}{d - d'} \end{cases}$$

Remarque. — La nature du problème exige que x et y soient toujours positifs, ce qui donne la condition $p'd > p > p'd'$. Le poids de l'alliage doit donc être compris entre les poids qu'il aurait si, à volume égal, il était exclusivement composé d'or ou d'argent, condition évidente *a priori.*

---

1. *Problème de la couronne*, résolu par Archimède et à propos duquel il a découvert le principe d'hydrostatique qui porte son nom.

25. *Au-dessous des plateaux d'une balance se trouvent suspendus, par des fils de volumes négligeables, sous l'un, un certain corps A, sous l'autre, un poids marqué B dont la densité est Δ, de façon que la balance reste en équilibre dans l'air. On immerge complètement le corps A et le corps B dans des liquides de densités différentes d et d', et on constate qu'il y a encore équilibre. On demande quelle est la densité du corps A. On négligera l'effet de la poussée de l'air.*

(Marseille, oct. 1889.)

Soit x la densité demandée, P le poids du corps. Le volume du corps étant $\dfrac{P}{x}$, la poussée qu'il éprouve de la part du liquide dans lequel on le plonge est $\dfrac{P}{x}d$, et son poids apparent est $P - \dfrac{P}{x}d = P\left(1 - \dfrac{d}{x}\right)$; de même, le poids apparent, dans le liquide de densité d', du poids marqué B est $P\left(1 - \dfrac{d'}{\Delta}\right)$. Puisqu'il y a équilibre,

$$P\left(1 - \frac{d}{x}\right) = P\left(1 - \frac{d'}{\Delta}\right)$$

d'où, P s'éliminant de lui-même,

$$x = \frac{d\Delta}{d'}$$

---

26. *On mélange 3 parties d'eau, en volume, à 5 parties, en volume, d'acide sulfurique. Le mélange étant refroidi, on y plonge un corps solide qui subit une poussée de $15^g,73$. Dans l'eau, le même corps perdrait de son poids $10\,g$, dans l'acide sulfurique $18^g,4$. On demande : 1° s'il y a eu contraction au moment du mélange; 2° si cela est, la valeur de cette contraction; 3° combien 100 volumes du mélange contiennent de volumes d'acide sulfurique et de volumes d'eau.*

(Besançon, nov. 1883, avril 1888.)

1º Le corps solide éprouvant des poussées respectivement égales à 10ᵍ dans l'eau, à 18ᵍ,4 dans l'acide sulfurique et à 15ᵍ,73 dans le mélange, la densité de l'acide sulfurique est $\frac{18,4}{10} = 1,84$, et celle du mélange, $\frac{15,73}{10} = 1,573$, les poussées éprouvées correspondant à des poids de volumes égaux des liquides déplacés. Or, si le mélange se faisait sans contraction ni dilatation, sa densité d serait donnée par *l'équation des poids*

$$8d = 3 \times 1 + 5 \times 1,84$$

qui exprime que le poids du mélange est la somme des poids d'eau et d'acide qui le constituent. Cette équation donnant $d = 1,525$, tandis que la densité réelle est 1,573, *il y a eu contraction.*

2º La valeur du *coefficient de contraction* est (291)

$$\frac{1,573 - 1,525}{1,573} = \frac{30,5}{1000}$$

c'est-à-dire que 969,5 volumes du mélange correspondent à un volume total d'acide et d'eau égal à 1000.

3º D'après ce qui précède, 100 volumes du mélange correspondent à un volume total d'acide et d'eau égal à $\frac{1\,000}{969,5} \times 100 = \frac{100\,000}{969,5}$, dans lequel l'eau et l'acide entrent dans la proportion de 3 à 5. Les volumes d'eau et d'acide sulfurique que contiennent 100 volumes du mélange sont donc respectivement

$$\frac{3}{8} \times \frac{100\,000}{969,5} = 38,68 \text{ et } \frac{5}{8} \times \frac{100\,000}{969,5} = 64,46 \text{ environ}$$

---

27. *Un mobile de densité d est abandonné sans vitesse initiale à la surface d'une couche liquide dont l'épaisseur est h et dont la densité est d' (d' < d). Au bout de combien de temps le mobile arrivera-t-il au fond ?*

(Paris, juillet 1869; Nancy, nov. 1890; Clermont, nov. 1890.)

Soit x le temps cherché, p et p' deux inconnues auxiliaires, représentant, la première le poids du corps, la seconde le poids du liquide qu'il déplace. Sous l'action de la force $p - p'$, constante en grandeur et en direction, et qui est dirigée de haut en bas, car, évidemment $p > p'$, le mobile prendra un *mouvement uniformément accéléré* dont l'équation, si l'on désigne par γ l'accélération de ce mouvement, est

$$h = \frac{1}{2}\gamma x^2 \qquad (1)$$

Mais, g étant l'accélération due à la pesanteur, on a (*théorème de la proportionnalité des forces aux accélérations*)

$$\frac{\gamma}{g} = \frac{p - p'}{p} \qquad (2)$$

D'un autre côté, p et p' représentant des poids de volumes égaux du mobile et du liquide, on a

$$\frac{p}{d} = \frac{p'}{d'} \qquad (3)$$

L'élimination de γ et de $\frac{p'}{p}$ entre (1), (2) et (3) donne

$$x = \sqrt{\frac{2hd}{g\,(d - d')}}$$

---

28. *Un bloc de glace prismatique flotte sur la mer et s'élève à h mètres au-dessus de son niveau. Trouver sa hauteur totale H, sachant que la densité de la glace = 0,9, et que la densité de l'eau de mer = 1,03.*

(Lille, nov. 1880, juillet 1891.)

Soit V le volume total du bloc de glace, v le volume de la portion de ce bloc qui émerge. En écrivant que le poids total du bloc est égal au poids du volume $V - v$ d'eau de mer déplacée (*principe des corps flottants*), on a

$$V \times 0{,}9 = (V - v) \times 1{,}03 \qquad (1)$$

Mais ici

$$\frac{V}{v} = \frac{H}{h} \qquad (2)$$

Ces deux équations donnent

$$H = 7,9\,h \, ^{[1]}$$

Remarque. — En général, H désignant la hauteur totale d'un prisme qui flotte verticalement sur un liquide de densité d, h la hauteur émergée, d' la densité de la matière du prisme, on a

$$H = h\,\frac{d}{d - d'}$$

Si l'on pose $H - h = h'$, h' désignant la hauteur immergée, cette formule donne

$$\frac{h}{h'} = \frac{d - d'}{d'}$$

---

29. *Un disque de platine d'épaisseur e et de rayon r est transformé en une enveloppe conique. Pour cela, on découpe dans le disque un secteur AOB, on rapproche et on soude les rayons AO et BO. Le cône ainsi formé peut flotter sur l'eau, la pointe en bas, et s'y enfonce jusqu'à la $n^{ième}$ partie de sa hauteur. On demande quel est l'angle AOB. — Densité du platine = d, de l'eau = 1.*

(Dijon, juillet 1891.)

Soit x la valeur, en degrés, de l'angle AOB. La valeur, en degrés, de l'angle du secteur ACB avec lequel on forme le cône ACO, est alors $360 - x$, le poids de ce cône est $\pi r^2 \dfrac{360 - x}{360}\,ed$, et si on désigne par v le volume du cône d'eau A'C'O déplacé, on a (*principe des corps flottants*)

$$\pi r^2 \frac{360 - x}{360}\,ed = v \qquad\qquad (1)$$

D'autre part, si on désigne par V le volume du cône de platine, on a

$$\frac{v}{V} = \frac{1}{n^3} \qquad\qquad (2)$$

---

[1]. Ce résultat explique pourquoi la portion cachée sous l'eau d'un iceberg est beaucoup plus considérable que la portion émergente.

car $\dfrac{v}{V} = \left(\dfrac{OP'}{OP}\right)^3$ et, par hypothèse, $OP' = \dfrac{OP}{n}$. — Reste à trouver une troisième équation permettant d'éliminer v et V.

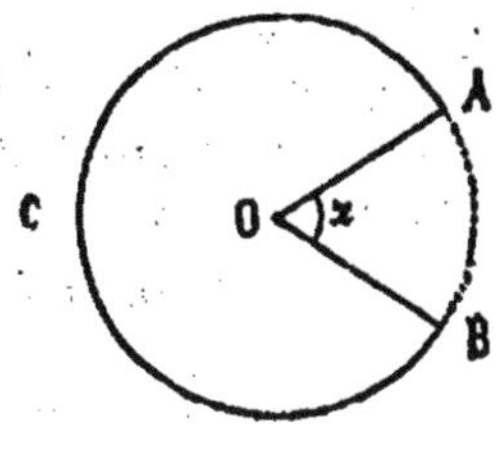

Pour cela, il faut calculer le volume du cône ACO en fonction de l'angle x. A cet effet, on prendra pour *inconnue auxiliaire* le demi-angle d'ouverture α du cône. Comme $OA = r$, et, par suite, $AP = r\sin\alpha$, $OP = r\cos\alpha$,

$$V = \frac{1}{3}\pi r^3 \sin^2\alpha \cos\alpha \quad (3)$$

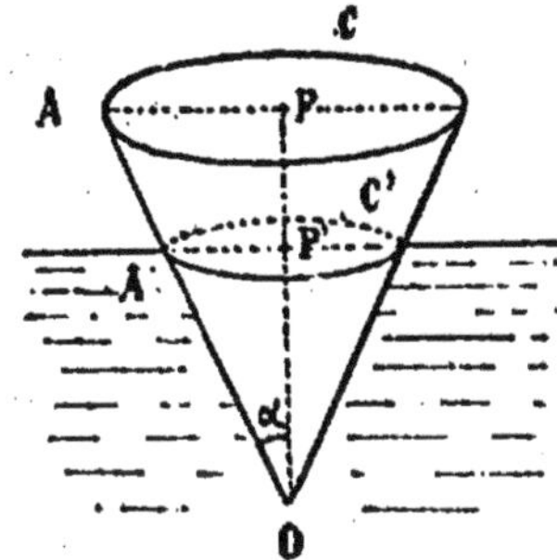

D'ailleurs, en exprimant que la surface latérale du cône ACO est égale à la surface du secteur ACB, on a

$$\frac{360 - x}{360} = \sin\alpha \quad (4)$$

L'élimination de v et de V entre ces quatre équations conduit au système

$$\begin{cases} x = 360\,(1 - \sin\alpha) \\ \sin 2\alpha = \dfrac{6n^3 ed}{r} \end{cases}$$

Comme 2α est nécessairement compris entre 0 et π, α est compris entre 0 et $\dfrac{\pi}{2}$: on aura donc, pour α, deux valeurs complémentaires, et le sinus de chacune d'elles donnera une valeur de x.

Condition de possibilité. — Il faut que

$$\frac{6n^3 ed}{r} < 1 \quad \text{ou} \quad \frac{e}{r} < \frac{1}{6n^3 d}$$

---

30. *A la partie inférieure d'un cylindre de bois de longueur* l *et de densité* d *on fixe un cylindre de fer de longueur* l', *de même section et de densité* d'. *On demande :*
1° *de quelle longueur* x *plongent les deux cylindres dans*

*in vase plein d'eau ; 2° la distance du centre de poussée
u centre de gravité de la masse flottante.*

(Alger, nov. 1889.)

1° Supposons, pour plus de simplicité, la section commune des deux cylindres égale à l'unité. Le poids du
ylindre de bois est alors ld, celui du cylindre de fer $l'd'$, le
oids du volume d'eau déplacée $x \times 1 = x$, et on a (*principe
les corps flottants*)

$$x = ld + l'd' \qquad (1)$$

2° Soit $OC = y$ la distance du centre de poussée C à la
ase inférieure PQ du cylindre, $OG = z$ la distance du centre
e gravité G de la masse flottante à cette même base,
$CG = \delta$ la distance du centre
le poussée au centre de gra-
ité. On a

$$\delta = y - z \qquad (2)$$

t

$$y = \frac{x}{2} \qquad (3)$$

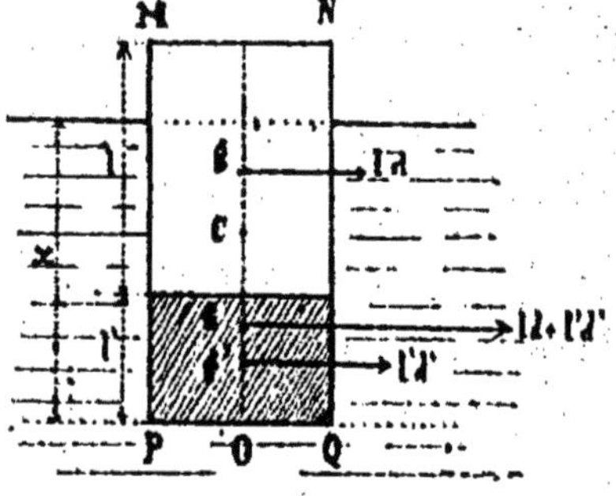

D'ailleurs, g et g' étant les
entres de gravité du cylindre
le bois et du cylindre de fer,
'*équation des moments des
orces parallèles* par rapport au plan PQ donne, en remarquant que $Og = l' + \dfrac{l}{2}$, $Og' = \dfrac{l'}{2}$, la relation

$$(ld + l'd')\, z = ld\left(l' + \frac{l}{2}\right) + l'd'\, \frac{l'}{2} \qquad (4)$$

En éliminant x, y, z entre (1), (2), (3), (4), on trouve

$$\delta = \frac{ld + l'd'}{2} - \frac{(2l' + l)\, ld + l'^2 d'}{2\,(ld + l'd')}$$

Remarque. — Suivant que $\delta \gtreqless 0$, c'est-à-dire suivant que

$$(ld + l'd')^2 \gtreqless (2l' + l)\, ld + l'^2 d'$$

e centre de poussée sera au-dessous ou au-dessus du centre
le gravité. L'équilibre, stable dans le premier cas, sera in-
table dans le second.

---

31. *Un vase qui a la forme d'un prisme droit, à fond horizontal, et dont le goulot est cylindrique, contient une certaine quantité de liquide de densité d qui remplit le vase et une partie du goulot. La section du goulot est s centimètres carrés, le fond du vase a une superficie de S centimètres carrés, et chacune de ses faces latérales a une superficie de S' centimètres carrés. La hauteur du liquide contenu dans le vase étant de h centimètres, on fait flotter sur le liquide un corps de forme quelconque pesant p grammes. On demande l'accroissement de pression qu'éprouvent le fond du vase et chacune de ses faces latérales par suite de cette opération.*

(Dijon, juillet 1885; Paris, avril 1893.)

Soit AB le niveau primitif du liquide, CD son niveau après l'immersion partielle du corps flottant. Le volume de liquide qui se trouve compris dans le cylindre ACDB est égal au volume d'eau *abm* que le corps a déplacé en s'enfonçant partiellement dans le liquide. Dès lors, le volume total du cylindre ACDB (liquide et fragment du corps *acdb* compris) est égal au volume *acdbm*, c'est-à-dire au volume total du liquide déplacé par le corps quand celui-ci a pris sa position d'équilibre, volume qui est égal (*principe des corps flottants*) à $\frac{p}{d}$. Par suite, h'' étant l'élévation de niveau due à l'introduction du corps flottant, on a

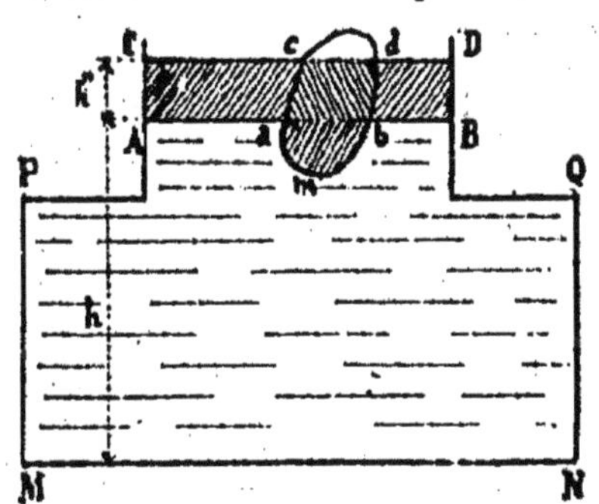

$$sh'' = \frac{p}{d}, \text{ d'où } h'' = \frac{p}{sd}$$

En remarquant que la présence du corps flottant, une fois qu'il y a équilibre, ne change en rien les théorèmes généraux de l'hydrostatique, qui sont indépendants de la forme du vase et de la nature de ses parois (on peut considérer le corps flottant comme faisant partie des parois), l'accroissement de pression sur le fond du vase sera

$$x = \mathrm{S}h''d \quad \text{ou} \quad x = p\,\frac{\mathrm{S}}{s}$$

et l'accroissement de pression sur chacune des faces latérales

$$y = \mathrm{S}'\,h''d \quad \text{ou} \quad y = p\,\frac{\mathrm{S}'}{s}$$

Remarque. — On voit que l'adjonction à la masse liquide contenue dans le vase d'un corps flottant de poids p produit le même effet, au point de vue de l'accroissement des pressions, aussi bien à l'intérieur du liquide que sur les parois, que celle d'un piston ACDB, de poids p, ayant même section que le goulot.

---

32. *Un cylindre métallique flotte verticalement sur le mercure et s'enfonce d'une fraction α de sa hauteur H. On verse sur le mercure une couche d'eau suffisante pour amener l'immersion complète du cylindre. On demande de déterminer, dans ces conditions, la hauteur de la partie plongée dans le mercure. — Densité du mercure $=$ d.*

(Caen, avril 1893.)

Soit x la hauteur de la partie plongée dans le mercure dans la seconde expérience, P le poids du cylindre. Le *principe des corps flottants* donne, pour la première expérience, en supposant la surface de base du cylindre égale, pour plus de simplicité, à l'unité, la relation

$$\mathrm{P} = \alpha \mathrm{H}d \qquad\qquad (1)$$

Le *principe d'Archimède généralisé* donne, pour la seconde expérience, la relation

$$\mathrm{P} = xd + (\mathrm{H} - x) \times 1 \qquad\qquad (2)$$

xd étant le poids de mercure et $(\mathrm{H} - x) \times 1$ le poids d'eau déplacés par le cylindre. Ces deux équations donnent

$$x = \mathrm{H}\,\frac{\alpha d - 1}{d - 1}$$

Condition de possibilité. — On doit avoir

$$\alpha d - 1 > 0 \quad \text{ou} \quad \alpha > \frac{1}{d}$$

---

§ 3. Vases communicants.

33. Deux vases cylindriques V *et* V', *de section* s *et* s', *ont leurs fonds placés sur un même plan horizontal. Ils peuvent communiquer entre eux par un conduit de volume négligeable placé au niveau du fond des vases et fermé par un robinet. Le premier vase* V *contient un liquide de densité* d *qui s'élève à une hauteur* h *au-dessus du fond; le deuxième vase* V' *contient un liquide de densité* d' > d *non miscible avec le premier et qui s'élève à une hauteur* h' *au-dessus du fond. On ouvre le robinet. Quand l'équilibre sera établi, à quelle hauteur s'élèvera chacun des deux liquides au-dessus du plan horizontal du fond des vases?*

(Paris, avril 1893.)

De la part du vase V, le robinet supporte, par unité de surface, une pression égale à hd; de la part du vase V', la pression est, par unité de surface, $h'd'$. Par suite, lorsqu'on ouvrira le robinet, suivant que $h'd' \lessgtr hd$, le liquide de V passera en V', ou celui de V' en V.

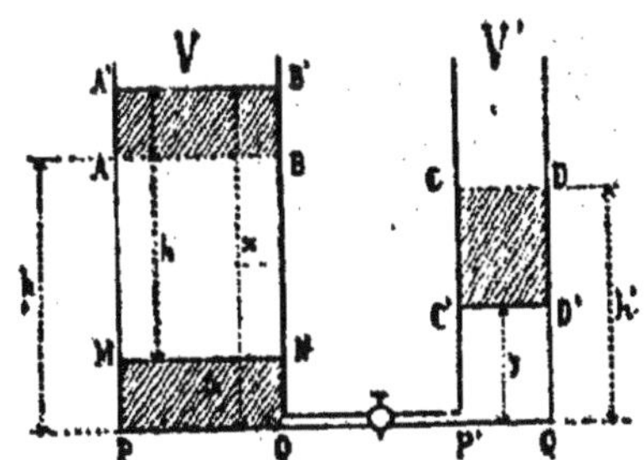

Supposons, $h'd' > hd$, c'est-à-dire que le liquide de V' passe dans le vase V, ce qui est le seul cas possible. En écrivant que l'augmentation AA'B'B du volume du liquide en V est égale à la diminution CC'D'D du volume du liquide en V', on a, en désignant par x et y les hauteurs demandées,

$$s(x - h) = s'(h' - y) \tag{1}$$

Considérons maintenant le plan horizontal qui passe par la surface de séparation MN des deux liquides. La hauteur du liquide de densité d, contenu primitivement seul dans le vase V, au-dessus de ce plan, est h; la hauteur du liquide de densité d' contenu dans le vase V, toujours au-dessus de de ce même plan, est $y - (x - h)$, car, le volume du conduit étant négligeable, le volume MPQN $=$ AA'B'B et, par suite, la hauteur du plan MN au-dessus du fond P'Q' est égale à AA' $= x - h$. Le *principe des colonnes liquides équivalentes* donne alors la relation

$$[y - (x - h)]d' = hd \qquad (2)$$

En résolvant les équations (1) et (2), on trouve

$$\begin{cases} x = \dfrac{(sh + s'h')d' + s'h(d' - d)}{(s + s')d'} \\ y = \dfrac{shd + s'h'd'}{(s + s'd')} \end{cases}$$

valeurs essentiellement positives, ce qui prouve que, dans les conditions où l'on s'est placé, le problème est toujours possible, ce qui était évident *a priori*.

Remarque. — Si l'on suppose la même section aux deux vases, les valeurs précédentes deviennent

$$\begin{cases} x = \dfrac{h'd' + 2hd' - hd}{2d'} \\ y = \dfrac{hd + h'd'}{2d'} \end{cases}$$

On voit que $x + y = h + h'$, relation, évidente *a priori*, qui, dans la solution de ce cas particulier, remplacerait l'équation (1).

---

34. *Deux vases communicants* V *et* V', *dont les sections sont respectivement* s *et* s' *centimètres carrés, contiennent du mercure de densité* d. *Dans le vase* V, *on verse n centimètres cubes d'un liquide de densité* d' $<$ d, *non miscible avec le premier, et sur ce liquide on fait flotter un corps pesant p grammes. De combien se relèvera le niveau du mercure dans le vase* V' *au-dessus du niveau primitif?*

(Paris, avril 1892.)

Soit AB et CD les niveaux primitifs du mercure dans les vases V et V', C'D' son niveau définitif dans le vase V', A'A' la surface de séparation des deux liquides dans le vase V, x la hauteur cherchée en centimètres, y la hauteur, en centimètres, dont s'est abaissé le mercure dans le vase V. En écrivant que le volume de mercure ABB'A' qui est sorti du vase

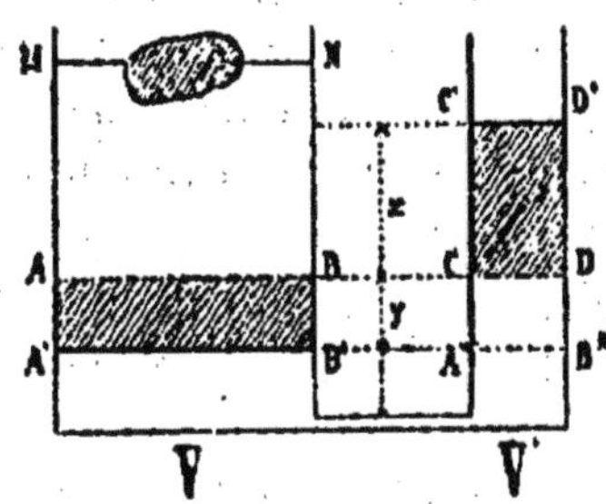

V est égal au volume de mercure CDD'C' qui a pénétré dans le vase V', on obtient la relation

$$s'x = sy \qquad (1)$$

D'ailleurs la pression totale que supporte la tranche de mercure A'B', considérée comme le fond d'un vase cylindrique contenant un liquide à la surface duquel flotte un corps, est égale au poids du liquide augmenté du poids du corps (**33**), c'est-à-dire à $nd' + p$. Dès lors, en écrivant que, par unité de surface, la pression est la même dans les deux vases en chaque point du plan horizontal A'B'A"B", on aura la relation

$$\frac{nd' + p}{s} = (x + y)\, d \qquad (2)$$

L'élimination de y entre (1) et (2) donne

$$x = \frac{nd' + p}{(s + s')\, d}$$

Remarque. — Si $s = s'$, alors $x = y = \dfrac{nd' + p}{2sd}$, résultat auquel on arrive immédiatement en remarquant que les pressions totales qui s'exercent sur les surfaces A'B', A"B", alors égales, sont elles-mêmes égales.

---

§ 4. Densités. — Aréomètres.

35. *Un flacon vide a un poids* p : *plein d'eau, son poids est* P; *rempli de grenaille de plomb, son poids est* P'. *On y verse de l'eau de manière à remplir les vides laissés par la grenaille de plomb et le flacon prend un poids* P". *On* *demande le volume du flacon, les poids précédents étant exprimés en grammes, et la densité du plomb.*

(Lille, juillet 1886.)

1° La différence $P - p$ représente le poids, en grammes, du volume d'eau qui remplit le flacon. Ce volume et, par suite, le volume du flacon, est donc de $P - p$ centimètres cubes.

2° Le poids de la grenaille de plomb est $P' - p$, et il est clair que la différence $(P'' - p) - (P' - p) = P'' - P'$ représente le poids d'eau qui remplit les vides laissés par les grains de grenaille. Ce poids d'eau a un volume de $P'' - P'$ centimètres cubes; par suite, la différence $(P - p) - (P'' - P')$ $= P + P' - P'' - p$ représente, en centimètres cubes, le volume occupé par la grenaille de plomb. La densité cherchée est donc

$$d = \frac{P'' - p}{P + P' - P'' - p}$$

---

36. *Un corps poreux est recouvert d'une couche de vernis de poids et de volume négligeable de manière à empêcher les liquides de pénétrer dans ses pores. Son poids est de p grammes. On le suspend sous le plateau d'une balance et on le fait plonger dans un liquide de densité d incapable de le dissoudre : le poids apparent est alors de p' grammes. On répète la même expérience sur le même corps non verni et complètement imbibé de liquide : le poids apparent est alors p'' grammes. — Dire quelle est la densité de la matière qui forme le corps et quelle est la fraction du volume total occupée par les pores.*

(Paris, juillet 1893.)

Soit v le volume total, en centimètres cubes, du corps poreux, u la fraction de ce volume occupée par les pores, x la densité cherchée. Le volume occupé par la masse de matière qui forme le corps est $v - u$ cm³, et par suite on a d'abord

$$p = (v - u)\, x \qquad (1)$$

Lorsque le corps recouvert d'une couche de vernis a un poids apparent de p' grammes, il subit de la part du liquide une poussée égale à vd. On a donc

$$p' = p - vd \qquad (2)$$

Lorsqu'il est complètement imbibé de liquide, son poids réel est $p + ud$, et il subit, de la part du liquide, une poussée toujours égale à vd. On a donc

$$p'' = (p + ud) - vd \qquad (3)$$

Ces équations donnent

$$x = d \times \frac{p}{p - p''}, \quad \frac{u}{v} = \frac{p'' - p'}{p - p}$$

----

37. *Un thermomètre à poids, plein de mercure à 0°, pèse P grammes. On en fait sortir une certaine quantité de mercure, de manière que son poids soit réduit à P' grammes. On remplace alors le mercure sorti par de l'eau à 0° et on renverse l'appareil de manière à faire monter l'eau jusqu'au sommet. A l'aide d'un mélange réfrigérant, on détermine la congélation de cette eau, puis on ramène le tout à 0°; on constate qu'il est alors sorti p grammes de mercure. On demande de calculer : 1° l'augmentation de volume que subit 1 centimètre cube d'eau en se congelant; 2° la densité de la glace, sachant que la densité de l'eau à 0° $= c_0$.*

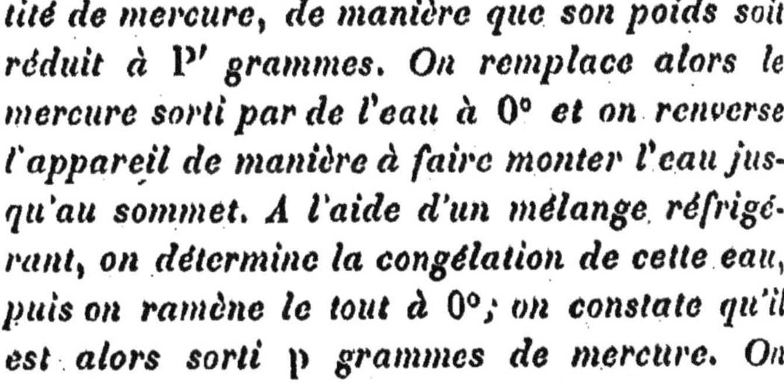

(Lille, juillet 1886.)

1° Désignons par D_0 la densité du mercure à 0°. Le volume d'eau introduit dans l'appareil est $\dfrac{P - P'}{D_0}$ cm³; le volume de mercure chassé par suite de la congélation de l'eau à 0° est $\dfrac{p}{D_0}$ cm³. Ce volume mesurant évidemment l'augmentation

de volume due à la congélation de $\dfrac{P - P'}{D_0}$ cm³ d'eau à 0°,
l'augmentation de volume que subit 1 centimètre cube d'eau
est donc

$$\gamma = \frac{\left(\dfrac{p}{D_0}\right)}{\left(\dfrac{P - P'}{D_0}\right)} = \frac{p}{P - P'}$$

2° Soit x la densité de la glace à 0° : 1 centimètre cube d'eau
devenant, à l'état de glace, $1 + \dfrac{p}{P - P'}$ cm³, le nombre e_0,
qui représente le poids de 1 centimètre cube d'eau, représente le poids de $1 + \dfrac{p}{P - P'}$ cm³ de glace. On a donc

$$\left(1 + \frac{p}{P - P'}\right) x = e_0$$

d'où

$$x = e_0 \, \frac{P - P'}{P - P' + p}$$

---

38. *Pour faire affleurer, dans un liquide dont la densité est* d, *un aréomètre de Nicholson dont le poids est* p,
*il faut placer dans le plateau inférieur un morceau de
métal de poids* p' *et de densité* d'. *On demande quel
poids* x *il faudra placer dans le plateau supérieur du
même aréomètre pour le faire affleurer dans un liquide de
densité* d''.

(Lyon, nov. 1876.)

Soit x le poids cherché, V le volume de l'aréomètre jusqu'au trait d'affleurement. En écrivant que, dans les deux
expériences, le poids total de l'aréomètre, surchargé comprise, est égal à celui du liquide déplacé (*principe des corps
flottants*), on aura les deux équations d'équilibre

$$p + p' = \left(V + \frac{p'}{d'}\right)d \qquad (1)$$

$$p + x = Vd'' \qquad (2)$$

qui donnent

$$x = \left(p + p' \right) \frac{d''}{d} - \left(p' \frac{d''}{d'} + p \right)$$

Condition de possibilité. — On doit avoir

$$(p + p') \, d'' \geqslant d \left(p' \frac{d''}{d'} + p \right) \text{ ou } d'' \geqslant \frac{pdd'}{(p + p') \, d' - p'd}$$

Dans le cas contraire, $x < 0$, c'est-à-dire que pour faire affleurer l'aréomètre dans le liquide de densité d'', il faut, au lieu de le surcharger, l'alléger du poids x.

———

39. *Un aréomètre de Fahrenheit s'enfonce dans l'eau jusqu'au trait d'affleurement quand on charge d'un poids* p *la capsule qui est à sa partie supérieure. Il s'enfonce de même dans l'acide sulfurique, quand le poids* p *est remplacé par un poids* p' > p. *On demande quelle est la densité de l'essence dans laquelle l'instrument s'enfonce jusqu'au trait d'affleurement sans aucune surcharge.* — *Densité de l'acide sulfurique* = d, *de l'eau* = 1.

(Dijon, nov. 1891.)

Soit x la densité cherchée. Écrivons que dans les trois expériences le poids total de l'aréomètre, y compris la surcharge, quand il y a lieu, est toujours égal à celui du liquide déplacé (*principe des corps flottants*). En désignant par P le poids de l'aréomètre seul, par V son volume jusqu'au trait d'affleurement, on obtient les trois équations

$$\begin{aligned} P + p &= V & (1) \\ P + p' &= Vd & (2) \\ P &= Vx & (3) \end{aligned}$$

d'où

$$x = \frac{p' - pd}{p' - p}$$

Condition de possibilité : p' > pd.

———

40. *Un aréomètre à échelle dont la tige cylindrique entre deux points* a *et* b *s'enfonce jusqu'en* a *dans un liquide dont le poids spécifique est* α, *jusqu'en* b *dans un liquide dont le poids spécifique est* β. *Quel est le poids spécifique* γ *d'un troisième liquide dans lequel l'aréomètre s'enfonce jusqu'à un point* c *distant de* a *d'une longueur donnée* l*? — La distance* ab = L.

(Nancy, juillet 1891; Lyon, nov. 1893.)

Supposons d'abord que l'aréomètre s'enfonce plus dans le liquide de densité β que dans celui de densité α [1]. En écrivant que dans chacune des expériences le poids P de l'aréomètre est égal à celui du liquide déplacé (*principe des corps flottants*) et en désignant par V le volume de l'aréomètre jusqu'en *a*, par *v* le volume qui correspond à une division de la tige, on a les trois équations

$$P = V\alpha \qquad (1)$$
$$P = (V + Lv)\,\beta \qquad (2)$$
$$P = (V + lv)\gamma \qquad (3)$$

d'où

$$\gamma = \frac{L\alpha\beta}{L\beta + l\,(\alpha - \beta)}$$

Supposons maintenant que l'aréomètre s'enfonce plus dans le liquide de densité α que dans celui de densité β. Il est clair que les équations précédentes pourront encore servir, pourvu que l'on y change L en — L, *l* en — *l*. Dans ces conditions, la valeur trouvée pour γ sera encore la même, car le changement simultané de signe des longueurs L et *l* ne l'affecte en rien.

Seulement, le problème, toujours possible dans le premier cas, c'est-à-dire lorsque α > β, n'est possible dans le second, c'est-à-dire lorsque α < β, que si

$$L\beta > l\,(\beta - \alpha) \text{ ou } l < L\,\frac{\beta}{\beta - \alpha}$$

---

1. Pour les solides et les liquides, on peut indifféremment employer les expressions *densité* ou *poids spécifique* à la place l'une de l'autre.

Remarque. — Les équations (1), (2), (3), absolument générales, comme on vient de le voir, permettent de résoudre tous les problèmes analogues que l'on peut poser sur les aréomètres à poids constant, c'est-à-dire de déterminer trois des sept quantités α, β, γ, l, L, P, $\dfrac{v}{V}$, quand on connaît les quatre autres.

---

41. *Un sirop de sucre marque* n^o *à l'aréomètre Baumé. Quelle proportion d'eau en poids faut-il ajouter à ce sirop pour qu'il marque* n'^o *? On sait que la densité de la solution saline qui sert à marquer le 15° degré est* δ.

(Besançon, juillet 1892.)

Soit d, d' les densités successives du sirop lorsqu'il marque n^o, puis n'^o, à l'aréomètre, P le poids de l'aréomètre, V son volume jusqu'au zéro, le volume d'une division étant, pour plus de simplicité, pris pour unité. En écrivant que dans l'eau, dans la solution saline et dans les deux solutions sucrées, le poids de l'aréomètre est toujours égal au poids du liquide déplacé (*principe des corps flottants*), on a

$$P = V \qquad\qquad (1)$$
$$P = (V - 15)\delta \qquad\qquad (2)$$
$$P = (V - n)d \qquad\qquad (3)$$
$$P = (V - n')d' \qquad\qquad (4)$$

Soit maintenant ϖ le poids d'eau à ajouter à un poids p du sirop de densité d pour que cette densité devienne d'. En écrivant que le volume du mélange est égal à la somme des volumes du sirop et de l'eau, on a

$$\frac{p + \varpi}{d'} = \frac{p}{d} + \varpi,$$

d'où, pour la proportion cherchée $\dfrac{\varpi}{p}$,

$$\frac{\varpi}{p} = \frac{d - d'}{d\,(d' - 1)} \qquad\qquad (5)$$

Les équations (1), (3) et (4) donnent alors

$$\frac{\varpi}{p} = \frac{n - n}{n'}$$

Remarque. — L'équation (2) est inutile : on peut donc résoudre le problème sans connaître la densité δ de la solution saline qui sert à marquer le point 15. Cette donnée n'est indispensable que si l'on veut connaître d et d'.

---

42. *Démontrer que, dans l'alcoomètre centésimal de Gay-Lussac, l'intervalle compris entre deux divisions consécutives de l'alcoomètre irait en grandissant du point 0 au point 100, s'il n'y avait pas contraction.*

Supposons la tige de l'instrument parfaitement calibrée. Appelons s sa section, L la distance des points 0 et 100, V le volume de l'instrument depuis son extrémité inférieure jusqu'à 0, et soit y la distance au zéro du point où affleure l'alcoomètre dans un mélange formé de n volumes d'alcool pur et de $100 - n$ volumes d'eau pure. En supposant que le volume du mélange soit la somme des volumes d'alcool et d'eau qui le composent, et en appelant D la densité du mélange, d celle de l'alcool pur, on a

$$100\,D = nd + (100 - n) \qquad (1)$$

qui exprime que le poids de 100 volumes du mélange égale la somme des poids de n volumes d'alcool et de $100 - n$ volumes d'eau. D'un autre côté, en supposant l'alcoomètre plongé successivement dans l'eau, dans l'alcool et dans le mélange, et appliquant le principe des corps flottants, on a

$$V = (V + sL)\,d = (V + sy)\,D \qquad (2)$$

Ces deux relations donnent, en éliminant V et D, la formule fondamentale

$$y = L\,\frac{nd}{100 - n\,(1 - d)} \qquad (3)$$

qui permettrait, en faisant successivement $n = 1, 2, 3,\ldots,$ de graduer directement l'alcoomètre par le calcul, s'il n'y avait pas contraction.

Considérons maintenant deux mélanges d'alcool et d'eau, l'un au degré n, l'autre au degré $n + 1$. Appelons y la distance au zéro du point d'affleurement de l'instrument dans la solution de degré $n + 1$. La formule (3) donne

$$y' = L \frac{(n + 1)\,d}{100 - (n + 1)\,(1 - d)}$$

d'où

$$y' - y = L \frac{100\,nd}{[100 - n(1 - d)]\,[100 - (n + 1)\,(1 - d)]} \qquad (4)$$

Le second membre de cette égalité peut s'écrire

$$\frac{100\,dL}{\left[\dfrac{100}{n} - (1 - d)\right]\,[100 - (n + 1)\,(1 - d)]}$$

Sous cette forme on voit que, n étant toujours compris entre 0 et 100, les deux facteurs du dénominateur sont positifs, et diminuent l'un et l'autre quand n augmente. Donc *l'intervalle $y' - y$ compris entre deux divisions consécutives de la tige de l'alcoomètre irait en grandissant du point 0 au point 100, même s'il n'y avait pas de contraction.*

CHAPITRE III

STATIQUE DES GAZ

§ 1. Pression atmosphérique. — Baromètres.

43. *On a deux hémisphères de Magdebourg dont la surface totale est* S. *La pression extérieure est* H *en colonne de mercure, la pression intérieure* h, *la densité du mercure* $=$ D. *On demande l'effort qu'il faut faire pour séparer les deux hémisphères.* — *Application numérique :* S $= 4^{dm^2}$, H $= 758^{mm}$, h $= 8^{mm}$, D $= 13,6$.

(Grenoble, nov. 1880.)

On sait que *si l'on néglige l'épaisseur des deux hémisphères,* l'effort à faire est égal au double de la différence des pressions que subit un grand cercle de la sphère de la part de l'air extérieur et de la part de l'air intérieur. La surface d'un grand cercle de la sphère étant $\dfrac{S}{4}$, l'effort demandé est donc

$$F = \frac{S}{2} (H - h) D$$

Application numérique. — Pour faire concorder les unités, il faut poser S $= 4$, H $= 7,58$, h $= 0,08$. On trouve alors F $= 204$ kg.

Remarque. — Si l'un des deux hémisphères est fixe, l'effort à faire est réduit de moitié et devient

$$F = \frac{S}{4} (H - h) D$$

44. *Un baromètre à siphon est formé de deux tubes de sections S et s (S > s), l'un vertical, l'autre incliné sur le premier d'un angle α. On demande : 1° Quel est le déplacement x du mercure dans la branche inclinée lorsque la pression atmosphérique varie de h. 2° les conditions pour que x soit >, = ou < h.*

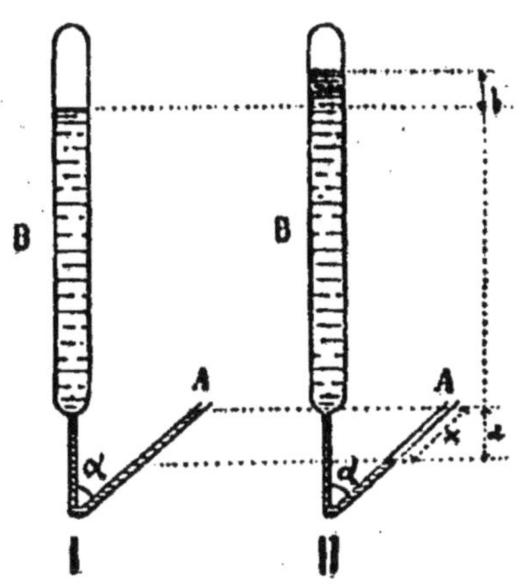

(Grenoble, juillet 1889.)

1° Supposons $h > 0$, c'est-à-dire supposons que la pression atmosphérique augmente. Soit a la hauteur verticale dont s'abaisse alors le mercure dans la branche ouverte A, b celle dont il s'élève dans la branche fermée B. On a

$$a + b = h \qquad (1)$$
$$x \cos α = a \qquad (2)$$

puis, en écrivant que le volume du mercure qui a pénétré en B est égal à celui qui est sorti de A,

$$s x = S b \qquad (3)$$

L'élimination de a et b entre (1), (2), (3), donne

$$x = h \frac{s}{S} \cdot \frac{1}{1 + \frac{S}{s} \cos α}$$

valeur absolument générale, pourvu que, dans le cas d'une variation négative de la pression atmosphérique, on ait soin de changer le sens dans lequel on a compté les quantités a, b et x.

2° On aura $x >, =$ ou $< h$ suivant que l'on aura

$$S (1 - \cos α) > = \text{ou} < s$$

Remarque. — Au point de vue de la sensibilité de l'instrument, il faut d'abord que x soit plus grand que h, et ensuite le plus grand possible pour une valeur donnée de h.

On arrivera à ce résultat, si le rapport $\frac{S}{s}$ est donné, en donnant à α la plus grande valeur possible, c'est-à-dire en rendant horizontale la branche A. On a alors

$$x = h\,\frac{S}{s}$$

Comme le déplacement x est proportionnel à h, on voit qu'après avoir noté une fois pour toutes le point où s'arrête le mercure dans la branche A pour une valeur donnée de la pression atmosphérique, on pourra marquer à l'avance sur cette branche des traits correspondant aux diverses valeurs de la pression atmosphérique et, par une seule lecture, connaître à chaque instant cette pression avec une précision qui dépendra de la valeur donnée à $\frac{S}{s}$.

---

45. *Quelle doit être la capacité d'un vase contenant 3ᵍ d'air à 0° pour que cet air exerce une pression de 500 grammes par centimètre carré? Le poids normal du litre d'air = 1ᵍ,3.*

(Paris, juillet 1885; Dijon, nov. 1893.)

Soit x la capacité du vase en centimètres cubes. La pression normale qui correspond à une colonne de mercure de 76 centimètres de hauteur équivalant, par centimètre carré, à une pression de $76 \times 13,6 = 1033^g,6$, on obtient, en écrivant que le poids des x centimètres cubes d'air contenus dans le vase à la pression de 500ᵍ par centimètre carré est de 3ᵍ, l'équation

$$3 = x \times 0,0013 \times \frac{500}{1033,6}$$

0,0013 étant le poids spécifique normal de l'air [1]. On en déduit $x = 4770^{cm^3},4 = 4^l,770$ à peu près.

---

1. Dans le cours de cet ouvrage, on appellera toujours *densité d'un gaz* la densité de ce gaz rapportée à l'air, *poids spécifique d'un gaz* la densité de ce gaz rapportée à l'eau, et on les désignera respectivement par les lettres d et D.

§ 2. Loi de Mariotte. — Manomètres.

46. Dans un cylindre vertical AB, de longueur 2l + e et de rayon r, glisse sans frottement un piston d'épaisseur e et de poids p. Les deux fonds A et B sont munis d'ajutages à robinets a et b. On fait les deux expériences suivantes : 1° le piston étant maintenu à égale distance

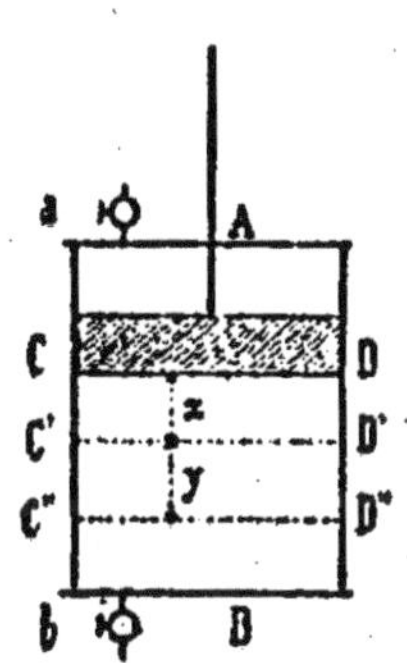

des deux bases, on ouvre a et b dans l'air, puis on les ferme et on laisse descendre le piston; 2° on ouvre ensuite le robinet b. Calculer les deux déplacements successifs du piston et les valeurs de la pression dans l'espace au-dessus à la fin de chacune des deux expériences, la pression atmosphérique étant représentée par une colonne de mercure de hauteur H, la densité du mercure étant D. — Application numérique:
$$r = 10^c, \quad 2l = 20^m, \quad p = 10^{kg}, \quad H = 760^{mm}, \quad D = 13,6.$$

(Alger, avril 1893.)

1° Soit x la longueur, comptée à partir de la position initiale CD, dont le piston descend par son propre poids dans la première expérience. Posons $\pi r^2 = s$, $HD = P$, s désignant la section du piston, P la pression atmosphérique par unité de surface. Lorsque le piston est descendu de x, la pression de l'air qui se trouve au-dessus de lui, augmentée de la pression due au poids du piston, fait équilibre à la pression de l'air comprimé qui se trouve au-dessous de lui. Soit F_1 la pression par unité de surface de l'air raréfié qui se trouve au-dessus, F'_1 la pression par unité de surface de l'air comprimé qui se trouve au-dessous; posons, pour plus de simplicité, $\dfrac{p}{s} = \varpi$, ϖ désignant la pression par unité de surface due au poids p du piston. L'équation d'équilibre sera

$$\varpi + F_1 = F'_1 \tag{a}$$

D'un autre côté, la *loi de Mariotte*, appliquée successivement aux deux masses d'air qui se trouvent au-dessus et au-dessous du piston, donne [1]

$$slP = s (l + x) \, \text{F}_1 \qquad\qquad (b)$$

$$slP = s (l - x) \, \text{F}_1' \qquad\qquad (c)$$

La résolution de ces trois équations donne l'équation du second degré

$$\varpi x^2 + 2Plx - \varpi l^2 = 0$$

dont la racine positive seule convient, car il serait absurde de supposer que le piston peut remonter. Par suite

$$x = l \, \frac{\sqrt{\varpi^2 + P^2} - P}{\varpi} \qquad\qquad (1)$$

d'où

$$\text{F}_1 = P \, \frac{\varpi}{\varpi - P + \sqrt{\varpi^2 + P^2}} \qquad\qquad (2)$$

2° Soit y la longueur dont le piston descend dans la seconde expérience, longueur comptée à partir de sa position $C'D'$ après la première expérience, F_2 la pression, par unité de surface, de l'air raréfié qui se trouve au-dessus quand l'équilibre est établi. La pression qui s'exerce au-dessous du piston étant alors la pression atmosphérique P, l'équation d'équilibre est

$$\varpi + \text{F}_2 = P \qquad\qquad (d)$$

D'ailleurs, la *loi de Mariotte*, appliquée à la masse d'air raréfié qui se trouve au-dessus du piston, donne

$$s (l + x) \, \text{F}_1 = s (l + x + y) \, \text{F}_2 \qquad\qquad (e)$$

Ces deux équations donnent, en remplaçant x et F_1 par les valeurs trouvées plus haut,

$$y = \frac{\varpi l}{P - \varpi} - l \, \frac{\sqrt{\varpi^2 + P^2} - P}{\varpi} \qquad\qquad (3)$$

$$\text{F}_2 = P - \varpi \qquad\qquad (4)$$

Remarque. — La relation (4) peut s'obtenir immédiatement en remarquant que *tout se passe, après la seconde*

---

1. Pour éviter toute erreur, il faut toujours, lorsqu'on applique la loi de Mariotte, employer la formule

$$VH = \text{const.}$$

expérience, comme si on avait laissé tomber d'abord le piston, sous l'influence de son propre poids, de sa position initiale CD. Dans ces conditions, le piston s'arrête lorsque la pression F_2 de l'air raréfié qui est au-dessus de lui, augmentée de la pression ϖ due à son propre poids, est égale à la pression atmosphérique P. D'un autre côté, la *loi de Mariotte*, appliquée à l'air qui est au-dessus du piston, donne

$$slP = s\,(l + x + y)\,(P - \varpi)$$

On trouve alors, pour la *course totale* du piston,

$$x + y = l\,\frac{\varpi}{P - \varpi}$$

d'où la valeur trouvée pour y.

Application numérique. — Afin de faire concorder les unités, il faut poser $r = 1$, $2l = 20$, $p = 10$, $H = 7,6$. Alors $l = 10$, $\varpi = \dfrac{10}{\pi}$, $P = 7,6 \times 13,6 = 103,36$, et l'on trouve

$$x = 0^d,15,\quad y = 0^d,40$$

$$F_1 = 101^{kg},82 \text{ par dm}^2, \text{ ou } F_1 = 748^{mm} \text{ de mercure}$$
$$F_2 = 100^{kg},48 \text{ par dm}^2, \text{ ou } F_2 = 736^{mm} \text{ de mercure}$$

---

47. *Dans un lieu où l'air est parfaitement sec et la température 0°, on constate qu'en élevant un baromètre de H mètres, la colonne mercurielle baisse de h mètres. On demande quelle est la pression atmosphérique correspondant à la position inférieure du baromètre. La densité du mercure = 13,6, le poids normal du litre d'air = 1ᵍᵍ3. — Application numérique. H = 10ᵐ, h = 0ᵐᵐ,93, D = 13,6.*

(Grenoble, juillet 1886).

Soit x la pression demandée en mètres de mercure, a le poids spécifique de l'air à cette pression. Supposons le poids spécifique de l'air constant et égal à a dans toute l'épaisseur H de la couche atmosphérique considérée. Le *principe des colonnes liquides (ou fluides) équivalentes* donne

$$Ha = hD \qquad\qquad (1)$$

D'un autre côté, la *loi de Mariotte* (proportionnalité du poids spécifique d'un gaz à sa pression) donne

$$\frac{x}{0,76} = \frac{a}{0,0013} \qquad (2)$$

0,0013 étant, par suite de l'énoncé, le poids spécifique de l'air à la pression normale de $0^m,76$ de mercure et à 0°. En éliminant a entre (1) et (2) on trouve

$$x = 0,76 \times \frac{h}{H} \times \frac{D}{0,0013}$$

Application numérique. — Pour faire concorder les unités, il faut poser $H = 10$, $h = 0,00093$. On trouve $x = 0^m,7394 = 739^{mm},4$ à peu près.

---

48. *Calculer la valeur de la pression atmosphérique en se servant d'un baromètre à cuvette, parfaitement calibré, sachant que, dans deux positions successives où la chambre barométrique a pour longueur* l *et* l' *centimètres (*l' > l*), la colonne de mercure soulevée a pour hauteurs respectives* h *et* h' *centimètres* [1]. *Connaissant, de plus, en centimètres carrés, la section* s *du tube, calculer, à la pression normale de 76 centimètres de mercure, le volume, en centimètres cubes, de la bulle d'air qui s'est introduite dans la chambre barométrique, ainsi que son poids en grammes. La température est supposée constante et égale à* 0°. *Le poids normal du litre d'air* $= 1^g,3$.

(Dijon, juillet 1892).

1° Soit H, en centimètres de mercure, la pression cherchée. La *loi de Mariotte*, appliquée à la bulle d'air qui s'est introduite dans la chambre barométrique, donne l'équation

$$sl\,(H - h) = sl'\,(H - h')$$

d'où

$$H = \frac{l'h' - lh}{l' - l}$$

---

1. Cette question est connue sous le nom de *Problème d'Arago.*

Remarque. — La loi de Mariotte montre que l'ordre de grandeur $l' \gtreqless l$ entraîne $h' \gtreqless h$ et, par suite, $l'h' \gtreqless lh$. Le problème est donc toujours possible.

2° Soit x le volume cherché. La *loi de Mariotte* donne

$$x \times 76 = sl\,(\text{H} - h)$$

d'où, en remplaçant H par sa valeur,

$$n = sl\,\frac{l'}{l'-l}\,\frac{h'-h}{76}$$

Le poids, en grammes, de la bulle d'air est alors

$$p = sl\,\frac{l'}{l'-l}\,\frac{h'-h}{76} \times 0,0013$$

---

49. *Un tube cylindrique fermé par un bout et plein de mercure est renversé par sa portion ouverte sur une cuve à mercure cylindrique, puis débouché et maintenu verticalement. La portion du tube qui émerge du mercure a une longueur* l, *sa section est* s, *celle de la cuvette est* S. *On introduit dans le tube un volume* V' *d'air à la pression H'. Calculer la hauteur à laquelle s'arrêtera le mercure, la pression extérieure étant H.*

(Clermont, juillet 1891 ; Caen, avril 1892 ; Lyon, avril 1892).

I. Supposons $l > \text{H}$ (fig. I) et soit x la hauteur, comptée à partir du niveau primitif AB du mercure de la cuvette, à laquelle s'arrêtera le mercure dans le tube, y l'élévation de niveau dans la cuvette. Le volume de mercure AA'B'B qui a pénétré dans la cuvette étant égal au volume CC'D'D sorti du tube, on a

$$(S - s)\,y = s\,(\text{H} - x) \tag{1}$$

Appliquons à la masse d'air introduite la *loi de Mariotte* et, pour plus de simplicité, posons

$$\text{V}' = sl' \text{ ou } l' = \frac{\text{V}'}{s}$$

l' représentant la longueur que le volume V' de cette masse d'air occuperait dans le tube sous la pression II'. On aura

$$s (l - x) [II - (x - y)] = sl'II' \qquad (2)$$

En éliminant y entre (1) et (2), on obtient l'équation du second degré

$$f(x) = Sx^2 - S(II + l)x + SlII - (S - s)l'II' = 0$$

Discussion. — Trois cas peuvent se présenter :

1° $SlII = (S - s) l'II'$. Alors $x = 0$ et $x = II + l$. La valeur $x = II + l$ est inacceptable ; seule la valeur $x = 0$ répond à la question et exprime que, dans ce cas, le niveau du mercure dans le tube descend jusqu'au niveau primitif AB du mercure dans la cuvette. En effet, pour qu'il en soit ainsi, il suffit que le volume V' de l'air introduit et sa pression II' soient tels, que

$$(S - s) l'II' = SlII \text{ ou } V'II' = s \frac{S}{S - s} lII.$$

2° $SlII > (S - s) l'II'$. L'équation a alors ses deux racines réelles et positives. Comme

$$f(l) = - Sl'II'$$

et que x doit toujours être plus petit que l, la plus petite racine seule convient [1].

3° $SlII < (S - s) l'II'$. L'équation a alors ses deux racines de signes contraires et comme, dans ce cas, le niveau du mercure dans le tube descend au-dessous du niveau primitif AB du mercure dans la cuvette, la racine négative seule convient.

Il est facile, d'ailleurs, de s'en assurer directement : les équations (1) et (2) deviennent

$$(S - s) y = s (II + x)$$

$$s (l + x) [II + (x + y)] = sl'II'$$

et donnent l'équation du second degré

$$Sx^2 + S (II + l) x + SlII - (S - s) l'II' = 0$$

1. Voir la Note I placée à la fin de la Seconde Partie.

qui ne diffère de la première que par le changement de signe de x, et dont les deux racines sont de signes contraires, la positive seule répondant à la question.

II. Supposons $l = $ H. Les formules précédentes se simplifient, mais rien n'est changé aux conclusions formulées.

III. Supposons, enfin, $l <$ H (fig. 11). L'équation (1) devient

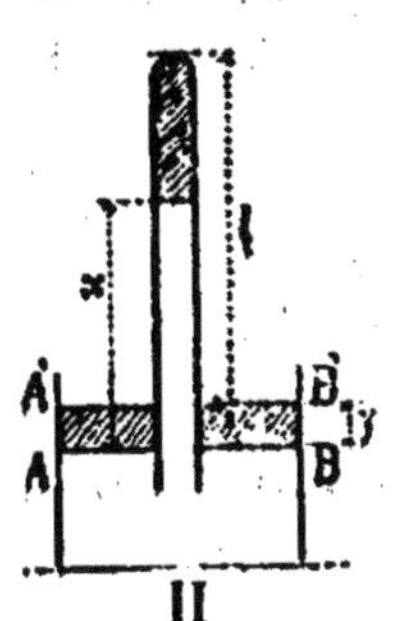

$$(S - s)\, y = s\, (l - x)$$

l'équation (2) ne change pas et, en éliminant y, on obtient l'équation du second degré

$$S x^2 - \big[\text{H}(S - s) + l (S + s)\big] x + s l^2 + (S - s)(l\text{H} - l'\text{H}') = 0$$

qui se discute comme la précédente.

---

50. *Un baromètre à siphon, parfaitement cylindrique dans toute sa longueur, a une section égale à* s. *A un moment donné, la chambre barométrique contient de l'air qui y occupe une longueur* l, *et la différence de niveau dans les deux branches est alors* h. *On verse par la branche ouverte un volume* v *de mercure et la différence de niveau devient* h'. *Calculer : 1° les élévations de niveau* x *et* y *du mercure dans les deux branches; 2° la valeur* H *de la pression atmosphérique. — Application numérique :* s $= 1^{cm2}$, l $= 20^c$, h $= 610^{mm}$, h' $= 560^{mm}$, v $= 15^{cm3}$.

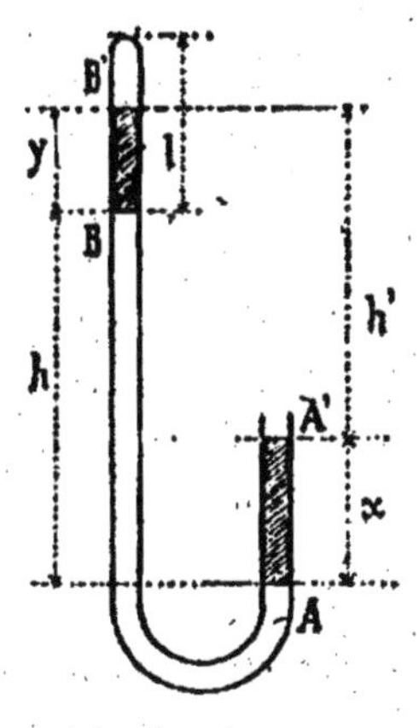

(Clermont, avril 1888; Alger, juillet 1892.)

Désignons par λ la longueur occupée par le volume du mercure v versé par la branche ouverte; on a

$$\lambda = \frac{v}{s} \tag{1}$$

Si A et B sont les niveaux primitifs du mercure dans les deux branches du siphon, A' et B' les niveaux définitifs, il est clair que la somme des volumes des colonnes AA' et BB' est égale au volume versé v. Par suite

$$x + y = \lambda \qquad (2)$$

D'un autre côté

$$(h - x) + y = h' \qquad (3)$$

Enfin, en appliquant à l'air de la chambre barométrique, qui occupait d'abord le volume sl sous la pression $H - h$, et qui occupe maintenant le volume $s(l - y)$ sous la pression $H - h'$, la *loi de Mariotte*, on a

$$sl\,(H - h) = s\,(l - y)\,(H - h') \qquad (4)$$

La résolution de ces quatre équations donne

$$\begin{cases} x = \frac{1}{2}\left[\frac{v}{s} + (h - h')\right] \\[2mm] y = \frac{1}{2}\left[\frac{v}{s} - (h - h')\right] \\[2mm] H = h' + \dfrac{2l\,(h - h')}{\dfrac{v}{s} - (h - h')} \end{cases}$$

Application numérique. — Pour rendre les unités concordantes, il faut poser $s = 1$, $l = 20$, $h = 61$, $h' = 56$, $v = 15$. On trouve $x = 10^c$, $y = 5^c$, $H = 76^c$.

Remarque. — La manipulation indiquée par l'énoncé donne le moyen de résoudre le *problème d'Arago* (48) dans le cas du baromètre à siphon. On arriverait, d'ailleurs, au même résultat si, au lieu d'ajouter un volume v de mercure, on enlevait ce volume de la branche ouverte.

---

51. *La petite branche d'un baromètre de Gay-Lussac complètement clos, renferme de l'azote, gaz qui n'attaque pas le mercure. Dans la grande branche règne, comme à l'ordinaire, le vide barométrique. Comment avec cet appareil pourra-t-on mesurer les variations de l'intensité de la pesanteur* [1] *?*

(Journal de Physique élémentaire de Buguet.)

1. Cette méthode est due à M. Mascart.

Supposons qu'on ait mesuré la hauteur H de la différence des niveaux du mercure dans les deux branches du baromètre, dans un lieu où l'intensité de la pesanteur est g, et soit H' la différence de niveau dans un lieu où l'intensité de la pesanteur est g'. Si ρ est la *densité absolue* du mercure, c'est-à-dire la masse de l'unité de volume de ce corps, les valeurs du poids spécifique du mercure dans le premier et dans le second lieu sont respectivement ρg et $\rho g'$ et, par suite, les pressions supportées par la masse gazeuse, $H\rho g$ et $H'\rho g'$. Si V et V' sont alors les volumes occupés par le gaz dans le premier et dans le second cas, la *loi de Mariotte* donne

$$VH\rho g = V'H'\rho g', \text{ d'où } \frac{g'}{g} = \frac{VH}{V'H'}$$

---

52. *Dans un tube très étroit gradué en parties d'égal volume, fermé à une extrémité, ouvert à l'autre, on a introduit une petite colonne de mercure d'une longueur de 1 centimètres. Le tube étant placé verticalement (position* I*), on lit le volume* V_1 *occupé par l'air qui occupe le reste du tube. On retourne le tube (position* II*.) et on lit le nouveau volume* V_2 *occupé par l'air. En ne tenant pas compte des effets capillaires, on demande :* 1° *la pression atmosphérique* H *du moment* [1] *;* 2° *le volume* V_3 *de l'air quand le tube est horizontal.*

(Marseille, nov. 1892.)

1° La *loi de Mariotte*, appliquée à la masse d'air emprisonnée, dans les positions I et II, donne

$$V_1 (H + l) = V_2 (H - l)$$

d'où

$$H = l \frac{V_1 + V_2}{V_2 - V_1}$$

---

[1] Ce petit appareil constitue une sorte de baromètre très pratique que M. Blakesley, son inventeur, a appelé *Amphisbœma*.

2° La *loi de Mariotte*, appliquée à la position horizontale du tube et à l'une des positions I et II, la position I, par exemple, donne

$$V_2 \Pi = V_1 (\Pi + l),$$

d'où, en remplaçant Π par sa valeur,

$$V_2 = \frac{2V_1 V_2}{V_1 + V_2}.$$

---

53. *Un tube cylindrique de longueur l plonge d'une longueur l' dans un liquide de densité d. On le ferme alors à sa partie supérieure avec le doigt, et on le soulève hors du liquide. Démontrer qu'à ce moment une partie du liquide entré dans le tube s'écoulera ; calculer, lorsque l'équilibre sera établi, les longueurs occupées par l'air et le liquide ; et, enfin, montrer comment ce tube, s'il est gradué en parties d'égale capacité, peut servir de baromètre* [1].

(Marseille, avril 1885; Paris, mai 1889; Caen, juillet 1890.)

1° A l'instant où l'on soulève le tube, l'air qu'il renferme étant à la pression atmosphérique, le liquide commence à s'écouler sous l'influence de la pesanteur seule. Mais, par suite de cet écoulement, le volume qu'occupe l'air à l'intérieur du tube augmentant, sa force élastique diminue de plus en plus. Dès que cette force élastique, augmentée de la pression de la colonne liquide qui reste, fait équilibre à la pression atmosphérique, l'écoulement s'arrête.

2° Soit x la hauteur de la colonne liquide quand l'écoulement s'arrête, Π la pression atmosphérique évaluée en colonne du liquide. Supposons, pour simplifier les calculs, la section du tube égale à l'unité, et appliquons la *loi de Mariotte* à l'air du tube qui, occupant d'abord le volume $l - l'$ sous la pression Π, occupe, lorsque l'écoulement s'arrête, le volume $l - x$ sous la pression $\Pi - x$. On aura la relation

$$(l - l') \Pi = (l - x) (\Pi - x)$$

1. Ce problème est le *problème de la pipette.*

d'où l'équation du second degré

$$f(x) = x^2 - (l + \Pi)\, x + l'\Pi = 0 \qquad (1)$$

dont les deux racines sont réelles et positives. Mais la nature du problème exige évidemment que $x < l'$. Or

$$f(l') = -l'(l - l')$$

quantité essentiellement négative, puisque $l > l'$. Par suite, la plus petite des racines seule convient, et l'on a

$$x = \frac{l + \Pi - \sqrt{(l + \Pi)^2 - 4l'\Pi}}{2}$$

d'où, pour la longueur $l - x$ occupée par l'air,

$$l - x = \frac{l - \Pi + \sqrt{(l + \Pi)^2 - 4l'\Pi}}{2}$$

3° Supposons le tube divisé en parties d'égale capacité. Mesurons directement l' et x : l'équation (1) donne

$$\Pi = x\, \frac{l - x}{l' - x}$$

et la pression atmosphérique, en colonne de mercure, sera, en désignant par D la densité de ce liquide,

$$\Pi = x\, \frac{l - x}{l' - x}\, \frac{d}{D}$$

----

54. *Un tube cylindrique de longueur* l *et de section intérieure* s *est fermé à son extrémité supérieure et muni à son extrémité inférieure d'une soupape* A *s'ouvrant de dehors en dedans. Ce tube étant complètement rempli d'un gaz insoluble dans l'eau à la pression atmosphérique, on l'enfonce dans la mer jusqu'à une certaine profondeur. Après l'avoir retiré, on constate qu'il y est entré un poids* p *d'eau de mer. On demande à quelle profondeur, comptée à partir de la soupape, l'éprouvette est descendue* [1]. *La température* = 0°; *la densité de l'eau de mer* = d.

(Grenoble, juillet 1893.)

----

1. Cet appareil pourrait servir de *sonde marine.*

Soit x la profondeur cherchée, Π_1 la pression atmosphérique en colonne d'eau de mer, l_1 la longueur occupée par l'eau de mer dans le tube, longueur donnée par la relation

$$sl_1 d = p \qquad (1)$$

Sous le volume sl, le gaz a une pression Π_1; sous le volume $s(l - l_1)$, la pression est devenue, en tenant compte de la pression atmosphérique qui s'exerce à la surface libre de la mer, $\Pi_1 + x - l_1$. De là (*loi de Mariotte*) la relation

$$sl\Pi_1 = s(l - l_1)(\Pi_1 + x - l_1) \qquad (2)$$

(applicable d'ailleurs aussi bien au cas d'une immersion complète que d'une immersion incomplète), qui donne

$$x = l_1 \frac{l - l_1 + \Pi_1}{l - l_1} \qquad (A)$$

ou, en remplaçant l_1 par sa valeur tirée de l'équation (1), et Π_1 par sa valeur en colonne de mercure (valeur donnée par la relation $\Pi D = \Pi_1 d$, D désignant la densité du mercure),

$$x = \frac{p}{sd} \cdot \frac{s(ld + \Pi D) - p}{sld - p} \qquad (B)$$

Discussion. — On a toujours, évidemment, $l_1 < l$. La valeur que l'on trouvera pour x sera donc toujours acceptable.

Si $x - l > 0$, l'immersion de l'éprouvette sera complète.

Si $x - l < 0$, elle sera incomplète. Or, la formule (A) donne

$$x - l = \frac{-l_1^2 + (\Pi_1 + 2l) l_1 - l^2}{l - l_1}$$

Comme $l - l_1 > 0$, on voit qu'il y aura immersion complète ou incomplète suivant que le numérateur de $x - l$ sera $>$ ou < 0 et, par suite, suivant que le trinôme de signe contraire

$$f(l_1) = l_1^2 - (\Pi_1 + 2l) l_1 + l^2$$

sera $<$ ou > 0. Or ce trinôme a deux racines, l'_1, l''_1, réelles et positives, l'une plus grande, l'autre plus petite que l. La plus grande ne doit pas entrer dans l'examen de la question;

seule la plus petite, $l''_1 = \dfrac{H_1 + 2l - \sqrt{H_1\,(H_1 + 4l)}}{2}$, doit

figurer. Dès lors, suivant que $l_1 \gtreqless \dfrac{H_1 + 2l - \sqrt{H_1\,(H + 4l)}}{2}$,

$f(l_1) \lesseqgtr 0$ et *l'immersion est complète ou incomplète.*

---

55. *Dans un manomètre à air comprimé, de forme quelconque, la cuvette a une section constante et égale à* S ; *le
tube manométrique, parfaitement calibré, de longueur* l,
a une section s. *On met la cuvette en communication avec
une chaudière où la pression est de* n *atmosphères, et on
demande de quelle hauteur* x *le mercure s'élèvera au-
dessus du plan qui contenait les deux niveaux, lorsque la
pression atmosphérique, équilibrée par une colonne de
mercure de hauteur* H, *s'exerçait sur le mercure de la
cuvette. — Étudier le cas particulier où le manomètre se
compose de deux branches d'égal diamètre.*

(Clermont, avril 1886; Montpellier, juillet 1886;
Lyon, nov. 1889; Alger, juillet 1893.)

Lorsque le mercure, refoulé par la vapeur, s'élève de x
dans le tube, il baisse dans la cuvette d'une longueur y
donnée par la relation

$$sx = (S - s)y \qquad (1)$$

qui exprime que le volume du mercure
qui a pénétré dans le tube est égal à
celui qui est sorti de la cuvette. L'air
du tube, qui occupait primitivement le
volume sl à la pression H, occupe alors
le volume $s(l - x)$ à la pression nH
$- (x + y)$. La loi de Mariotte appliquée à cette masse gazeuse
donne la relation

$$slH = s(l - x)(nH - x - y). \qquad (2)$$

L'élimination de y entre (1) et (2) donne l'équation du second degré

$$f(x) = Sx^2 - [nH(S-s) + Sl]\,x + (S-s)l\,(n-1)\,H = 0 \quad (A)$$

dont les deux racines sont réelles et positives. Mais la nature de la question exige que l'on ait $x < l$, et

$$f(l) = -(S-s)\,lH$$

quantité essentiellement négative. Par suite, l est compris entre les racines, et c'est la plus petite (dont le calcul ne présente aucun intérêt) qui répond à la question.

Cas particulier. — Dans ce cas, $S - s = s$ ou $S = 2s$. L'équation (A) devient

$$2x^2 - (nH + 2l)\,x + lH\,(n-1) = 0$$

et on peut l'obtenir immédiatement en remarquant qu'alors $y = x$, c'est-à-dire que la longueur y dont le mercure descend dans la branche en communication avec le récipient est égale à la longueur x dont il monte dans le tube.

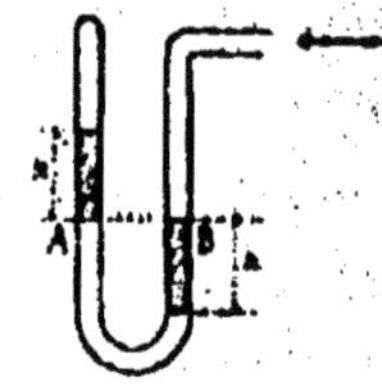

Remarque. — Connaissant la longueur x dont s'élève le mercure dans un manomètre à air comprimé en communication avec un récipient quelconque, les équations du second degré qui précèdent permettent de calculer n, c'est-à-dire la pression en atmosphères dans ce récipient.

---

56. *Un ballon* A *de volume* V *est terminé par un col cylindrique* BC *de section* s *et de longueur* L. *Il est plein d'air à* 0° *et à la pression* H. *On le plonge verticalement, après l'avoir retourné, d'une longueur* l *dans une cuve à mercure à* 0°. *On demande à quelle hauteur* x *le liquide pénètre dans le tube.*

(Clermont, avril 1881.)

L'air du ballon, d'abord à la pression H, est ensuite à la pression $H + l - x$. On a alors (*loi de Mariotte*)

$$(V + sL)\,H = [V + s\,(L - x)]\,(H + l - x) \quad (1)$$

d'où l'équation du second degré

$$f(x) = sx^2 - [V + s(L + l + \text{II})] x + (V + sL) l = 0$$

Discussion. — Cette équation a toujours ses racines réelles, car la quantité sous le radical est supérieure à $(s\text{II} + sl - V - sL)^2$; de plus, elles sont toutes les deux positives. La nature de la question exige que $x < l$; or

$$f(l) = - sl\text{II}$$

quantité négative. Par suite, l est compris entre les deux racines, et c'est la plus petite qui convient.

La relation (1) suppose d'ailleurs que x ne peut pas être plus grand que L, car, dans le cas contraire, le mercure pénétrant dans le ballon, il faudrait la remplacer par une autre, plus complexe.

---

§ 3. Mélange des gaz.

57. *Un ballon de volume* V *renferme un gaz de densité* d *à la pression* H. *Un second ballon de volume* V' *renferme un autre gaz de densité* d' *à la pression* H'. *On met les deux ballons en communication et l'on demande de calculer :* 1° *la force élastique du mélange;* 2° *le rapport entre les poids des deux gaz qu'il contient.* — *Application numérique :* V $= 10^l$, V' $= 3^l$, d $= 1$ (*air*), d' $= 0,069$ (*hydrogène*), H $= 380^{mm}$, H' $= 2$ *atm.*

(Dijon, nov. 1884, juillet 1889.)

1° Soit x la force élastique du mélange. La *formule du mélange des gaz* donne [1]

$$(V + V') x = V\text{H} + V'\text{H}'$$

d'où

$$x = \frac{V\text{H} + V'\text{H}'}{V + V'}$$

---

1. Comme pour la loi de Mariotte, on doit toujours se servir de la formule du mélange des gaz sous la forme

$$V\text{H} = \Sigma v h$$

2° Soit y le rapport demandé, a le poids spécifique de l'air à la température du mélange et sous la pression normale. On a

$$y = \frac{V d a \dfrac{\Pi}{76}}{V' d' a \dfrac{\Pi'}{76}} = \frac{V d \Pi}{V' d' \Pi'}$$

a s'éliminant de lui-même.

Application numérique. — On prend l'atmosphère pour unité. Alors $\Pi = \frac{1}{2}$, $\Pi' = 2$, et on trouve $x = \frac{11}{13}$ atm., $y = 12,1$, à peu près.

---

58. *Un tube barométrique, dressé sur une cuve à mercure, contient de l'air sec, et la colonne de mercure soulevée est d'une hauteur* h. *On introduit dans le tube autant d'air qu'il y en a déjà; la chambre barométrique augmente de moitié et la hauteur de la colonne de mercure descend de* h_1. *Quelle est la pression* H *sous laquelle on opère?*

(Lille, juillet 1883.)

Soit v le volume de l'air, au début, sous la pression $\Pi - h$. La masse égale d'air introduite dans le tube aurait même volume sous la même pression. Après leur mélange, à la fin, le volume est $v + \frac{1}{2} v = \frac{3}{2} v$ et la pression $\Pi - (h - h_1) = \Pi - h + h_1$. Dès lors on a (*formule du mélange des gaz*)

$$\frac{3}{2} v (\Pi - h + h_1) = 2v (\Pi - h)$$

d'où

$$\Pi = h + \frac{3}{4} h_1$$

---

59. *Déterminer la densité d'un mélange de* n *volumes d'azote et de* 1 — n *volumes d'oxygène, sachant que l'air*

atmosphérique *contient, en poids, 23 0/0 d'oxygène pour 77 0/0 d'azote, et que la densité de l'oxygène = 1, 1.*

(Paris, Juillet 1886).

Soit x la densité cherchée. Écrivons d'abord que le poids de n volumes d'azote augmenté du poids de $1 - n$ volumes d'oxygène est égal au poids de 1 volume du mélange. En désignant par a le poids spécifique de l'air, par y la densité de l'azote, prise pour inconnue auxiliaire, on aura

$$nay + (1 - n) a \times 1, 1 = 1 \times a \times x \qquad (1)$$

Écrivons maintenant que le volume de 23 parties, en poids, d'oxygène, augmenté du volume de 77 parties, en poids, d'azote, est égal au volume de 100 parties d'air. On aura

$$\frac{23}{a \times 1,1} + \frac{77}{a \times y} = \frac{100}{a} \qquad (2)$$

L'élimination de y entre (1) et (2) donne, a s'éliminant de lui-même,

$$x = 1,1 - \frac{11}{87} n$$

Remarque. — Pour $n = 0,79$, on doit trouver $x = 1$, à très peu près. C'est en effet ce qui a lieu.

---

60. *On a un ballon plein d'air sous la pression atmosphérique H. On réduit la pression à l'intérieur du ballon de façon qu'elle fasse équilibre à une hauteur x de mercure, puis on fait rentrer un gaz de densité d pour rétablir la pression atmosphérique; on réduit de nouveau la pression de façon qu'elle fasse équilibre à la même hauteur x de mercure, on fait de nouveau rentrer du gaz pour rétablir la pression atmosphérique, et ainsi de suite n fois. A la fin de ces opérations, le ballon contient un mélange dans lequel le poids de l'air est le $\frac{1}{m}$ du poids du gaz. Quelle*

est la valeur de x? — On suppose la température du ballon constante et égale à 0°; le poids spécifique normal de l'air = 0,0013.

(Nancy, juillet 1881).

Avant la première opération du vide, le ballon contenait de l'air à la pression Π; après, il en contient à la pression x, c'est-à-dire que la pression de cet air s'est réduite suivant le rapport $\frac{x}{\Pi}$, car $\left(\frac{x}{\Pi}\right)\Pi = x$. Si, après avoir rétabli la pression Π en faisant rentrer une certaine quantité de gaz dont la pression individuelle, dans le ballon, est alors $\Pi - x$, on fait encore le vide, la pression individuelle x de l'air dans le mélange se réduira encore suivant le rapport $\frac{x}{\Pi}$, car, *dans un mélange, chaque gaz se conduit comme s'il était seul,* et, par suite, cette pression deviendra $\left(\frac{x}{\Pi}\right)x = \frac{x^2}{\Pi}$. De même, après avoir rétabli la pression et fait le vide une troisième fois, puis rétabli la pression Π avec une certaine quantité de gaz, la pression individuelle de l'air sera $\left(\frac{x}{\Pi}\right)\frac{x^2}{\Pi} = \frac{x^3}{\Pi^2}$, diminuant ainsi suivant une progression géométrique dont la raison est $\frac{x}{\Pi}$. Par conséquent, après n opérations, la pression individuelle de l'air dans le mélange sera $\frac{x^n}{\Pi^{n-1}}$, et la pression individuelle du gaz, d'abord égale à $\Pi - x$, sera

$$\Pi - \frac{x^n}{\Pi^{n-1}} = \frac{\Pi^n - x^n}{\Pi^{n-1}}.$$

Soit V le volume du ballon. Le poids de l'air qui y reste est

$$p = V \times 0{,}0013 \times \frac{\left(\frac{x^n}{\Pi^{n-1}}\right)}{76}$$

x et Π étant exprimés en centimètres de mercure; le poids du gaz qu'il contient est

$$P = V\,d \times 0{,}0013 \times \frac{\left(\frac{\Pi^n - x^n}{\Pi^{n-1}}\right)}{76}$$

Par hypothèse, $p = \dfrac{P}{m}$; dès lors

$$x^n = \frac{d}{m} (\Pi^n - x^n)$$

d'où

$$x = \Pi \sqrt[n]{\frac{d}{d + m}}$$

Remarque. — L'équation (1), si l'on se donne x, permet de calculer m, c'est-à-dire la fraction du poids du gaz qui représente le poids de l'air resté dans le ballon (remplissage du ballon-laboratoire dans la *détermination de la densité d'un gaz par Regnault*). On trouve

$$m = d \left[\left(\frac{\Pi}{x} \right)^n - 1 \right]$$

c'est-à-dire que cette fraction sera d'autant plus petite que le gaz sera plus dense, le nombre des opérations plus considérable et le vide fait avec le plus de perfection.

---

§ 4. Pompes.

61. *Un corps de pompe est muni de deux soupapes, l'une a à la partie inférieure, l'autre c à la partie supérieure. Un piston se meut à l'intérieur du corps de pompe; il est percé d'une ouverture également munie d'une soupape b. Les trois soupapes s'ouvrent dans le même sens; la soupape a établit la communication entre le corps de pompe et un réservoir R. Le corps de pompe et le récipient étant remplis d'air à la pression atmosphérique : 1° expliquer le jeu d'une pareille machine; 2° calculer la pression dans le réservoir R après n coups de piston, en ne tenant pas compte de l'espace nuisible* [1].

(Nancy, Juillet 1891).

1. Cette disposition est la même que celle de la machine pneumatique Carré qui, dans les laboratoires, sert à réaliser la congélation de l'eau dans le vide.

1º Supposons le piston au bas de sa course. Lorsqu'on le soulève, le vide se fait au-dessous de lui et l'air du récipient, soulevant la soupape a, pénètre dans le corps de pompe et le remplit, de sorte que sa force élastique diminue; en même temps, l'air qui se trouve dans le corps de pompe au-dessus du piston est comprimé et s'échappe en totalité dans l'atmosphère après avoir soulevé la soupape c. Abaissons le piston : la soupape c se referme immédiatement ainsi que la soupape a, le vide se fait dans le corps de pompe au-dessus du piston, l'air qui se trouve au-dessous ouvre immédiatement la soupape b et se répand en totalité dans le corps de pompe au-dessus du piston, jusqu'au moment où celui-ci arrive au bas de sa course. Si on donne un second coup de piston, les mêmes phénomènes se reproduisent et la force élastique de l'air du récipient diminue encore; seulement, tandis que lors du premier coup de piston la soupape c se soulevait en même temps que lui, désormais la soupape c ne se soulève que lorsque le piston a parcouru un chemin suffisant pour que la masse d'air qui le surmonte possède une pression supérieure à la pression atmosphérique. Etc., etc.

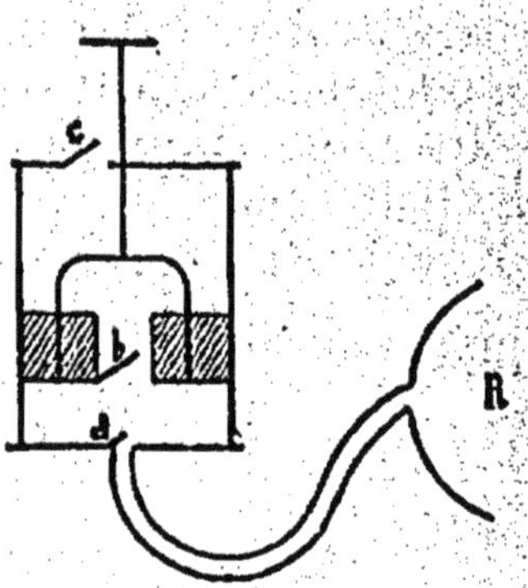

2º Il est évident que, si l'on néglige l'espace nuisible, le calcul de l'épuisement est le même que dans la machine ordinaire. Par suite, si Π_0 est la pression primitive dans le récipient, Π_n la pression après n coups de piston, R la capacité du récipient, C celle du corps de pompe, on a

$$\Pi_n = \Pi_0\left(\frac{R}{R+C}\right)^n$$

Si P_0 est le poids de l'air ou du gaz qui remplissait primitivement le récipient à la pression Π_0, P_n le poids qui reste après n coups de piston, D_0 et D_n les valeurs correspondantes de son poids spécifique, on a (*loi de Mariotte*)

$$P_n = P_0\left(\frac{R}{R+C}\right)^n, \quad D_n = D_0\left(\frac{R}{R+C}\right)^n$$

Remarque. — Il est facile de voir l'avantage que la disposition actuelle présente, au point de vue du travail à effectuer, sur la disposition ordinaire. Dans la machine pneumatique ordinaire, en effet, le gaz contenu au-dessous du piston dans le corps de pompe doit, pour soulever la soupape b, vaincre la pression constante de l'atmosphère, tandis que dans la disposition actuelle il n'a à vaincre que la résistance de l'air de plus en plus raréfié qui se trouve dans la partie supérieure du corps de pompe.

Cet avantage n'est pas le seul. En effet, si l'on cherche la limite du vide en tenant compte de l'espace nuisible u de la partie supérieure, on voit clairement que la machine cessera de fonctionner dès que les soupapes a et b ne pourront plus se soulever. À cet instant, l'air qui se trouve au-dessous du piston aura une pression $x = H_0 \dfrac{u_1}{C}$, et l'air du récipient une pression $\lambda = x \dfrac{u}{C}$. La limite cherchée sera donc

$$\lambda = H_0 \frac{u u_1}{C^2}$$

c'est-à-dire que tout se passe, au point de vue de la raréfaction, comme dans une machine ordinaire à dispositif de Babinet.

——————

62. *Le récipient d'une machine pneumatique a une capacité R et contient un gaz à la pression* H_0 ; *chaque corps de pompe a une capacité égale à* C. *Calculer combien il faudra de coups de piston pour réduire la pression dans le récipient à* h : 1° *en supposant qu'il n'y ait pas d'espace nuisible;* 2° *en supposant que cet espace, le même dans chaque corps de pompe, possède une capacité égale à* u. — *Application numérique :* $H_0 = 760^{mm}$, $h = 3^{mm}$, $R = 4$ *litres,* $C = \dfrac{1}{2}$ *litre,* $\dfrac{u}{C} = \dfrac{1}{1000}$.

(Montpellier, avril 1888; Alger, juillet 1892.)

1° Soit x le nombre de coups de piston demandé. La for-

mule de l'épuisement dans la machine pneumatique (le cas où l'on ne tient pas compte de l'espace nuisible) donne

$$h = \Pi_0 \left(\frac{R}{R + C} \right)^x$$

d'où

$$x = \frac{\log \Pi_0 - \log h}{\log (R + C) - \log R} \qquad (1)$$

Généralement, on trouve $x = n + \frac{1}{n}$, c'est-à-dire une valeur fractionnaire dont la partie entière n correspond à un certain nombre de courses complètes du piston, la partie complémentaire $\frac{1}{n}$ correspondant à une certaine fraction $\frac{1}{\alpha}$ de la course du piston. Pour déterminer $\frac{1}{\alpha}$, calculons la pression h_1 après n coups de piston. On a

$$h_1 = \Pi_0 \left(\frac{R}{R + C} \right)^n \qquad (a)$$

Remarquons que la pression y dans le récipient, après n coups de piston et lorsque le piston a ensuite parcouru la fraction $\frac{1}{\alpha}$ de sa course, est donnée (*loi de Mariotte*) par la relation

$$\left(R + \frac{C}{\alpha} \right) y = R\, h_1, \quad \text{d'où } y = h_1 \frac{R}{R + \frac{C}{\alpha}}$$

Par hypothèse $y = h$; dès lors

$$h = h_1 \frac{R}{R + \frac{C}{\alpha}}$$

d'où

$$\frac{1}{\alpha} = \frac{R}{C} \left(\frac{h_1}{h} - 1 \right) \qquad (b)$$

2° La limite du vide dans une machine pneumatique où l'espace nuisible a une capacité u, étant $\Pi_0 \frac{u}{C}$, on voit d'abord que, pour que le problème soit possible, il faut que $h > \Pi_0 \frac{u}{C}$. La *formule de l'épuisement dans la machine pneu-*

matique (cas où l'on tient compte de l'espace nuisible) donne alors

$$h = H_0 \frac{u}{C} + H_0 \left(1 - \frac{u}{C}\right) \left(\frac{R}{R + C}\right)^x$$

d'où

$$x = \frac{\log H_0 \left(1 - \frac{u}{C}\right) - \log \left(h - H_0 \frac{u}{C}\right)}{\log (R + C) - \log R}. \qquad (2)$$

Cherchons encore à quelle fraction $\frac{1}{\alpha}$ de la course du piston correspond la partie fractionnaire de la valeur qu'on trouve, en général, pour x. A cet effet, calculons la pression h_1 après n coups de piston. On a

$$h_1 = H_0 \frac{u}{C} + H_0 \left(1 - \frac{u}{C}\right) \left(\frac{R}{R + C}\right)^n \qquad (c)$$

Remarquons que la pression y dans le récipient, après n coups de piston, lorsque celui-ci a ensuite parcouru une fraction $\frac{1}{\alpha}$ de sa course, est donnée (*loi du mélange des gaz*) par la relation

$$\left(R + \frac{C}{\alpha}\right) y = R h_1 + u H_0, \text{ d'où } y = \frac{R h_1 + u H_0}{R + \frac{C}{\alpha}}$$

Par hypothèse, $y = h$. Dès lors

$$h = \frac{R h_1 + u H_0}{R + \frac{C}{\alpha}}$$

d'où

$$\frac{1}{\alpha} = \frac{R}{C} \left(\frac{h_1}{h} - 1\right) + \frac{u}{C} \frac{H_0}{h} \qquad (d)$$

Application numérique. — 1° On trouve $x = 46,99$, $\frac{1}{\alpha} = 0,99$.

2° On trouve $x = 49,46$, $\frac{1}{\alpha} = 0,50$.

---

63. *Deux récipients A et B, qui contiennent chacun un volume R d'air à la pression H₀, communiquent avec un corps de pompe de capacité C. Les soupapes s et s' jouent*

le rôle, la première de soupape d'aspiration, la seconde de soupape de refoulement. On suppose que le piston, d'abord au bas de sa course, s'élève et s'abaisse n fois. Quelle est alors la pression dans chaque récipient? On ne tient pas compte de l'espace nuisible.

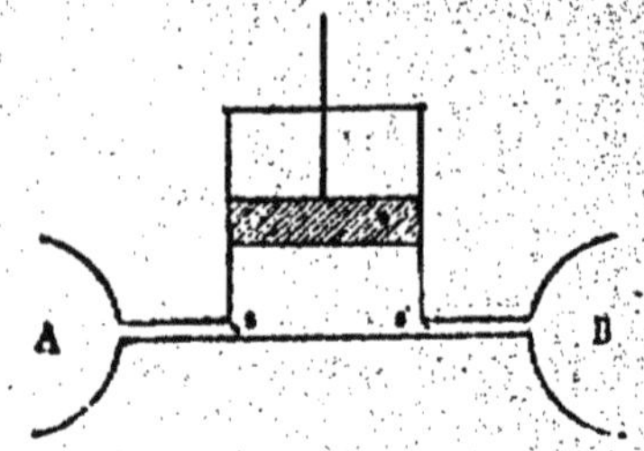

(Clermont, nov. 1880.)

1er récipient A. — Après le $n^{\text{ième}}$ coup de piston, la pression en A est (*formule ordinaire de la machine pneumatique*)

$$\Pi_n = \Pi_0 \left(\frac{R}{R + C}\right)^n \qquad (1)$$

et, par suite, tend vers zéro.

2e récipient B. — Cherchons ce qui se passe après le $p^{\text{ième}}$ coup de piston. La pression $\Pi_p = \Pi_0 \left(\frac{R}{R + C}\right)^p$ qui s'exerce alors en A est aussi la pression de l'air qui remplit la capacité C du corps de pompe. Lorsque cette masse d'air est refoulée en B, elle y prend (*loi de Mariotte*) une pression individuelle $X = \Pi_0 \left(\frac{R}{R + C}\right)^p \frac{C}{R}$ qui s'ajoute à la pression Π'_p de l'air qui s'y trouve déjà, de sorte que, dans ce récipient, après p coups de piston, la pression est (*loi du mélange des gaz*)

$$\Pi'_p = \Pi'_{p-1} + \Pi_0 \left(\frac{R}{R + C}\right)^p \frac{C}{R}$$

Faisons successivement, dans cette relation, $p = 1, 2, 3, 4,\ldots, n$. En remarquant que $\Pi'_0 = \Pi_0$, on aura la série

$$\Pi'_1 = \Pi_0 + \Pi_0 \left(\frac{R}{R + C}\right) \frac{C}{R}$$

$$\Pi'_2 = \Pi'_1 + \Pi_0 \left(\frac{R}{R + C}\right)^2 \frac{C}{R}$$

$$\Pi'_3 = \Pi'_2 + \Pi_0 \left(\frac{R}{R + C}\right)^3 \frac{C}{R}$$

. . . .

$$\Pi'_n = \Pi'_{n-1} + \Pi_0 \left(\frac{R}{R+C}\right)^n \frac{C}{R}$$

En ajoutant membre à membre ces égalités, on trouve

$$\Pi'_n = \Pi_0 + \Pi_0 \frac{C}{R+C}\left[1 + \frac{R}{R+C} + \left(\frac{R}{R+C}\right)^2 + \cdots + \left(\frac{R}{R+C}\right)^{n-1}\right]$$

Mais

$$1 + \frac{R}{R+C} + \left(\frac{R}{R+C}\right)^2 + \cdots + \left(\frac{R}{R+C}\right)^{n-1} = \frac{R+C}{C}\left[1 - \left(\frac{R}{R+C}\right)^n\right]$$

Dès lors, après le $n^{\text{ième}}$ coup de piston, la pression en B est

$$\Pi'_n = 2\Pi_0 - \Pi_0 \left(\frac{R}{R+C}\right)^n \qquad (2)$$

et tend vers $2\Pi_0$, c'est-à-dire vers le double de la pression initiale, résultat évident *a priori*.

Remarque. — La formule (2) peut s'écrire

$$\Pi'_n - \Pi_0 = \Pi_0 - \Pi_n$$

Ainsi, à chaque instant, l'excès total de pression dans B est égal à la chute totale de pression qui s'opère dans A, résultat qu'on pouvait prévoir *a priori*, à cause de l'égale capacité des deux récipients. On aurait donc pu écrire immédiatement la formule (2), et cette remarque permettrait de résoudre la question très simplement dans le cas où l'on voudrait tenir compte de l'espace nuisible.

---

64. *Le tuyau d'une pompe aspirante est plein d'air à la pression atmosphérique, le piston étant au bas de sa course. On demande jusqu'à quelle hauteur x s'élève le liquide quand on soulève le piston. On désignera par l et s la hauteur et la section du tuyau d'aspiration, par l' et s' celles du corps de pompe.*

(Bordeaux, nov. 1871; Paris, avril 1887; Lyon, mai 1889.)

Négligeons la pression de la vapeur d'eau qui se mélange à l'air contenu dans la pompe, et soit Π la pression atmosphérique évaluée en colonne du liquide. *Supposons que l'eau ne dépasse pas le tuyau d'aspiration* quand on soulève le piston. La *loi de Mariotte*, appliquée à la masse d'air qui remplit le tuyau d'aspiration et qui, du volume sl sous la pression Π passe au volume $s(l - x) + s'l'$ sous la pression $\Pi - x$, donne

$$s l \Pi = [s(l - x) + s'l']\,(\Pi - x)$$

d'où l'équation du second degré

$$f(x) = sx^2 - (sl + s'l' + s\Pi)x + s'l'\Pi = 0 \qquad (1)$$

avec la double condition

$$0 < x < l$$

Les racines de cette équation étant réelles et positives, la première condition est satisfaite. Pour la seconde, il faut examiner le signe de

$$f(l) = s'l'\Pi - sl\Pi - s'l'l$$

Deux cas peuvent se présenter :

1° $f(l) < 0$. La condition nécessaire et suffisante est

$$s'l'\Pi - sl\Pi - s'l'l < 0 \quad \text{ou} \quad l > \frac{s'l'\Pi}{s'l' + s\Pi}$$

On a alors, pour les racines x' et x'' de l'équation (1), le classement

$$x' < l < x''$$

x' convient seul et donne la solution du problème.

2° $f(l) > 0$. Il faut et il suffit pour cela que

$$l < \frac{s'l'\Pi}{s'l' + s\Pi}$$

l est alors extérieur à l'intervalle des racines; il est d'ailleurs inférieur à leur demi-somme [1]. D'où le classement

$$l < x' < x''$$

Aucune des racines ne convient. L'hypothèse faite est donc fausse et *le liquide doit dépasser le tuyau d'aspiration*. Appli-

---

1. En effet, si l'on avait $\dfrac{sl + s'l' + s\Pi}{2s} < l$, on en déduirait $l > \dfrac{s'l' + s\Pi}{s}$ et comme on a déjà, par hypothèse, $l < \dfrac{s'l'\Pi}{s'l' + s\Pi}$, on aurait a fortiori $\dfrac{s'l' + s\Pi}{s} < \dfrac{s'l'\Pi}{s'l' + s\Pi}$, inégalité évidemment absurde.

quons encore la loi de Mariotte à la masse d'air contenue dans le tuyau et dont le volume, quand on a soulevé le piston, est alors $s'(l + l' — x)$ sous la pression $H — x$, et nous aurons la nouvelle équation

$$f_1(x) = s'x^2 — s'(l + l' + H)x + (s'l + s'l' — sl)H = 0 \qquad (2)$$

avec la double condition

$$l < x \leqslant l + l'$$

Or

$$f_1(l) = s'l'H — s'll' — slH$$

quantité positive, puisqu'ici, par hypothèse, $l < \dfrac{s'l'H}{s'l' + sH}$; d'ailleurs l est inférieur à la demi-somme des racines [1]. On a alors le classement

$$l < x' < x^1$$

La première condition est donc remplie. Pour la seconde, on a

$$f_1(l + l') = — slH$$

d'où le classement définitif

$$l < x' < l + l' < x''$$

La racine x' est donc seule acceptable.

En résumé, le problème posé a toujours une solution, donnée par la plus petite racine de l'équation (1) si $l \geqslant \dfrac{s'l'H}{s'l' + sH}$, de l'équation (2) si $l < \dfrac{s'l'H}{s'l' + sH}$.

---

§ 5. Principe d'Archimède étendu aux gaz. — Aérostats.

65. *Une mouche s'introduit dans un flacon posé sur l'un des plateaux d'une balance très sensible dont le fléau est horizontal. Que se passera-t-il tant que la mouche*

---

1. En effet, si l'on avait $\dfrac{l + l' + H}{2} < l$, on en déduirait $l > l' + H$, et, par suite, a fortiori, $l' + H < \dfrac{s'l'H}{s'l' + sH}$, inégalité évidemment absurde.

volera à l'intérieur du flacon? Que se passera-t-il au moment où elle viendra se reposer sur une des parois du flacon?

Lorsque la mouche pénètre à l'intérieur du flacon, *elle en fait sortir* un volume d'air égal au sien. Si la balance n'est pas assez sensible pour être influencée par les chocs de l'air projeté contre les parois du flacon, le fléau restera horizontal tant que la mouche volera, car le poids du flacon ne changera pas, le poids de la mouche étant égal au poids du volume d'air qu'elle déplace. Mais, dès que la mouche se posera sur une paroi, comme alors il n'est plus possible de l'assimiler à un corps flottant dans l'air, le fléau s'inclinera du côté du flacon, dont le poids s'est augmenté du poids réel de la mouche, diminué du poids du volume d'air qu'elle déplace.

Remarque. — Si le flacon est *fermé* et contient une mouche, que la mouche vole ou se repose, rien ne sort, rien n'entre, le poids du flacon est invariable et, par suite, le fléau restera toujours horizontal.

---

66. *Deux sphères* A *et* B, *formées de deux métaux dont les densités sont respectivement* D *et* d, *sont suspendues aux deux extrémités d'un fléau de balance et on fait varier le point d'attache de la sphère* B *de façon que le fléau soit horizontal lorsque la pression de l'air dans lequel l'appareil est plongé est la pression normale. L'appareil étant placé sous une cloche, on comprime l'air à n atmosphères et, pour rétablir l'horizontalité du fléau, on déplace la sphère* B. *Quel sera le rapport des distances du point d'attache de la sphère* B *au point de suspension du fléau dans les deux cas.*

(Paris, juillet 1889.)

Soit x et y les longueurs du bras de levier de la sphère B dans le premier et dans le second cas, l la longueur con-

stante du bras de levier de la sphère A, v le volume de A,
v' celui de B, a le poids spécifique de l'air à la température
des expériences. En appliquant le *théorème des moments* et le
principe d'Archimède étendu aux gaz aux deux équilibres men-
tionnés, et en remarquant qu'à la pression de n atmosphères
le poids spécifique de l'air est na, on a les deux équations

$$v\,(D - a) \times l = v'\,(d - a) \times x \qquad (1)$$
$$v\,(D - na) \times l = v'\,(d - na) \times y \qquad (2)$$

d'où

$$\frac{x}{y} = \frac{D - a}{D - na} \cdot \frac{d - na}{d - a}$$

Discussion. — On a $\dfrac{x}{y} - 1 = \dfrac{a\,(n - 1)}{(d - a)\,(D - na)}\,(d - D)$.
La fraction du second membre étant positive (si l'on ne
suppose jamais n assez grand pour que $D - na < 0$), le
signe de l'expression $\dfrac{x}{y} - 1$ dépendra de celui de $d - D$. Dès
lors, si $d > D$, on a $x > y$ et il faut rapprocher la sphère B
du point de suspension; si $d < D$, c'est le contraire.

-----

67. *Une éprouvette cylindrique de section* s, *de longueur* l *et de poids* ϖ *est retournée sur un liquide de densité* d *et flotte en équilibre dans cette position. On demande
quelle est alors la différence des niveaux du liquide à l'extérieur et à l'intérieur de l'éprouvette. On néglige la poussée
exercée par le liquide sur les parois de l'éprouvette. —
Poids spécifique de l'air* = a; *pression
atmosphérique en colonne du liquide* = H.
(Besançon, avril 1881.)

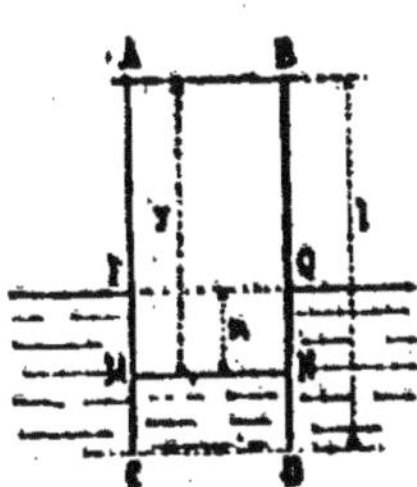

Soit P le poids du volume MNDC de
liquide qui s'est introduit dans l'éprouvette, P' le poids du volume PQDC de
liquide qu'elle déplace, p le poids de l'air
qu'elle contient, p' celui de l'air qu'elle
déplace quand elle flotte en équilibre. Le *principe d'Archimède
étendu au cas de plusieurs fluides superposés* donne la relation

$$ϖ + P + p = P' + p' \qquad (1)$$

Si x est la différence de niveau cherchée, on a d'ailleurs

$$P' - P = sxd \qquad (2)$$

D'un autre côté, la *loi de Mariotte*, appliquée à la masse d'air renfermée dans l'éprouvette donne, en désignant par y la hauteur de cette masse gazeuse, à l'instant où l'éprouvette flotte, la relation

$$\amalg = y\,(\amalg + x) \qquad (3)$$

Enfin,

$$p = sla \qquad (4)$$

$$p' = s\,(y - x)\,a \qquad (5)$$

L'élimination de P et P', ou plutôt de P — P', puis de p, p' et y entre ces cinq équations donne l'équation du 2° degré

$$x^2 + \left[\amalg - \frac{\varpi + sla}{s(d - a)} \right] x - \frac{\varpi H}{s(d - a)} = 0 \qquad (A)$$

Seule la racine positive de cette équation, dont le calcul ne présente aucun intérêt, convient à la question.

Remarque. — Pratiquement, les poids p et p' sont négligeables et, à plus forte raison, leur différence $p - p'$. Les équations précédentes se réduisent donc, pratiquement, au système

$$\varpi + P = P'$$
$$P' - P = sxd$$

qui donne

$$x = \frac{\varpi}{sd}$$

valeur qu'on obtient encore en posant $a = 0$ dans l'équation (A). La donnée l est alors inutile, ainsi que a et H.

---

68. *Un tube de verre cylindrique, de poids* P, *de longueur* l, *de section intérieure* s *et de section extérieure* S, *se termine en* BB' *par une face plane. On y verse du mercure jusqu'en* MM', *de façon que la distance* AM = a. *On ferme avec le doigt l'extrémité* AA', *et on le renverse sur une cuvette profonde, puis on le soulève de manière que le niveau du mercure dans le tube soit à une hauteur* h *au-dessus du niveau du mercure dans la cuvette. On*

demande quel est l'effort qu'on doit exercer pour maintenir le tube dans cette position. — Densité du mercure $= D$; *hauteur barométrique au moment de l'expérience* $= H$.

(Grenoble, juillet 1885.)

Supposons solidifiée, sans changement de densité, la tranche AA′. Le tube AA′BB′ peut être considéré comme un corps plongé dans deux fluides superposés en équilibre, le mercure et l'air. D'après le *principe d'Archimède généralisé*, l'effort x à faire pour maintenir le tube dans la position indiquée est alors égal au poids total du corps flottant diminué de la somme des masses fluides déplacées.

Négligeons le poids de l'air contenu dans le tube. Le poids total ϖ du corps flottant est alors égal au poids P du tube augmenté du poids de la colonne de mercure soulevée $AA'M_1M'_1$. Or $AM_1 = l - BM_1$, et BM_1 se détermine en appliquant la *loi de Mariotte* à l'air renfermé dans le tube, ce qui donne la relation

$$saH = s \times BM_1 \times (H - h)$$

d'où

$$BM_1 = \frac{aH}{H - h} \quad \text{et} \quad AM_1 = l - \frac{aH}{H - h}$$

Par suite

$$\varpi = P + s \left(l - \frac{aH}{H - h} \right) D$$

Négligeons le poids de l'air déplacé par le tube. Le poids ϖ_1 du mercure déplacé est celui d'une colonne de mercure de section S, ayant une hauteur $l - (h + BM_1) = l - h - \frac{aH}{H - h}$. Par suite

$$\varpi_1 = S \left(l - h - \frac{aH}{H - h} \right) D$$

Dès lors

$$x = \varpi - \varpi_1 = P + ShD - (S - s) \left(l - \frac{aH}{H - h} \right) D$$

le signe de x indiquant le sens dans lequel doit s'exercer l'effort.

Pour $S = s$ on a d'ailleurs

$$x = P + Shd$$

résultat évident *a priori*.

—————

69. *Un baromètre parfaitement cylindrique est libre de se mouvoir dans le sens vertical seulement. Trouver sa position d'équilibre dans la cuvette. — Longueur du tube $= l$, rayons de sa section droite $= R$ et r; densité du mercure $= D$; du verre $= d$; pression atmosphérique $= H.$*

(Lyon, nov. 1886.)

Soit x la longueur du tube qui émerge au-dessus du niveau du mercure dans la cuvette lorsque l'équilibre est établi. A ce moment (*principe des corps flottants généralisé*), le poids total du tube, mercure compris, est égal à la somme des poids des masses de mercure et d'air déplacées. Négligeons le poids de la masse d'air déplacée. On aura l'équation d'équilibre

$$\pi (R^2 - r^2) ld + \pi r^2 lD = \pi R^2 (l - x) D \qquad (1)$$

d'où

$$x = l \frac{(R^2 - r^2)(D - d)}{R^2 D}$$

Mais, en posant l'équation (1), on a supposé $x > H$, c'est-à-dire qu'*on a admis qu'au moment de l'équilibre, le mercure remplissait complètement le tube.* Dès lors il faut que $x < H$, ce qui donne la condition

$$l \leqslant H \frac{R^2 D}{(R^2 - r^2)(D - d)} \qquad (a)$$

Si le contraire a lieu, l'équation (1) doit être remplacée par la suivante :

$$\pi (R^2 - r^2) ld + \pi r^2 (H + l - x) D = \pi R^2 (l - x) D \qquad (2)$$

qui donne

$$x = \frac{l(R^2 - r^2)(D - d) - r^2 HD}{(R^2 - r^2) D}.$$

Seulement l'équation (2) suppose $x \geqslant H$, ce qui donne la condition

$$l \geqslant H \frac{R^2 D}{(R^2 - r^2)(D - d)} \qquad (b)$$

inverse de la précédente.

---

70. *On remplit un vase d'un gaz, plus dense que l'air, de densité d, et on y plonge un ballon de volume V, rempli d'air et dont l'enveloppe pèse p. On demande : 1° de déterminer la position d'équilibre que prendra le ballon par rapport à la masse du gaz ; 2° dans quel rapport de volume il faut mélanger l'air et le gaz pour que le ballon flotte dans le mélange. On suppose que la température est 0° et que le poids du litre d'air = 1ᵍ,3.*

(Dijon, avril 1885.)

1° Soit x le volume de la partie du ballon immergée dans le gaz de densité d. Le *principe d'Archimède étendu aux cas de plusieurs fluides superposés* donne

$$(V - x) \times 0,0013 + x \times 0,0013 \times d = V \times 0,0013 + p$$

d'où

$$x = \frac{p}{(d - 1) \, 0,0013}$$

valeur indépendante de V, ce qui était évident *a priori*.

2° Soient y, z les volumes d'air et de gaz dont le mélange doit avoir une densité d' telle que le ballon flotte dans le mélange. Le principe d'Archimède généralisé donne

$$V \times 0,0013 \times d' = V \times 0,0013 + p \qquad (1)$$

En écrivant que le poids des y volumes d'air augmenté du poids de z volumes de gaz est égal au poids de $y + z$ volumes du mélange, on a

$$y \times 0,0013 + z \times 0,0013 \times d = (y + z) \times 0,0013 \times d' \qquad (2)$$

En éliminant d' entre (1) et (2), on trouve

$$\frac{y}{z} = \frac{V \times 0,0013\,(d-1) - p}{p}$$

---

71. *Quel serait au minimum le rayon qu'il faudrait donner à une enveloppe sphérique de cuivre d'une épaisseur de 1 millimètre et parfaitement vide pour qu'elle pût se soutenir dans l'air à 0° et sous la pression normale de 76 centimètres* [1]*? La densité du cuivre à 0° $= 8,85$, le poids spécifique normal de l'air $= 0,001293$.*

Soit V le volume de l'enveloppe, v le volume de sa cavité intérieure. Le *principe d'Archimède* étendu aux gaz donne

$$(V - v) \times 8,85 = V \times 0,001203$$

d'où

$$\frac{v}{V} = \frac{8,848707}{8,85}$$

ou, en désignant par r et R les rayons respectifs des deux enveloppes et en remarquant que $\frac{v}{V} = \frac{r^3}{R^3}$,

$$\frac{r}{R} = \sqrt[3]{\frac{8,848707}{8,85}}$$

Comme, par hypothèse, $r = R - 1$, cette relation donne immédiatement

$$R = 20325^{mm} = 20^m,325 \text{ à peu près.}$$

---

72. *Un aérostat sphérique de diamètre D est construit avec du taffetas pesant ϖ par unité de surface du ballon. Calculer les proportions du mélange d'air et d'un gaz moins dense que l'air, de densité d, dont il faudrait le*

---

1. Ce problème a été proposé, en 1773, dix ans avant l'invention des aérostats, par le général Meusnier, collaborateur de Lavoisier.

*remplir pour lui donner une force ascensionnelle donnée F.
On suppose que le gaz et l'air sont à 0° et à la pression
normale et on sait que, dans ces conditions, le poids du
litre d'air = 1ᵍ,3. — Application numérique : D = 10ᵐ,
ϖ = 250ᵍ par mètre carré, d = 0,069 (hydrogène),
F = 50ᵏᵍ.*

(Montpellier, avril 1886.)

Soit x et y les volumes d'air et de gaz demandés, d' la
densité de leur mélange. En écrivant : 1° que le poids du
mélange est égal à la somme des poids des gaz qui le
forment; 2° que la force ascensionnelle du ballon est égale
à la différence du poids de l'air déplacé et du poids total
du ballon (enveloppe comprise), on a, 0,0013 étant le poids
spécifique de l'air, les deux équations

$$x \times 0,0013 + y \times 0,0013 \times d = (x + y) \times 0,0013 \times d' \qquad (1)$$

$$F = \frac{1}{6}\pi D^3 \times 0,0013 - \left(\frac{1}{6}\pi D^3 \times 0,0013 \times d' + \pi D^2 \varpi \right) \qquad (2)$$

d'où, en éliminant d',

$$\frac{x}{y} = \frac{\pi D^3 \times 0,0013\,(1 - d) - 6\,(F + \pi D^2 \varpi)}{6\,(F + \pi D^2 \varpi)}$$

Application numérique. — Pour faire concorder les unités,
il faut, si l'on prend le décimètre pour unité de longueur
et, par suite, le kilogramme pour unité de poids, poser
D = 100, ϖ = 0,00250, F = 50, d = 0,069. On trouve

$$\frac{x}{y} = 3,0 \text{ à peu près}$$

----

73. *Un ballon de volume* V *dont l'enveloppe pèse* p, *est
rempli, à 0°, d'un gaz de densité* d < 1. *On suppose
l'enveloppe complètement fermée, inextensible, imperméable, et la température invariable et égale à 0° à l'intérieur, pendant que le ballon s'élève. On demande de
trouver la densité de la couche atmosphérique où, après
quelques oscillations, le ballon resterait en équilibre dans*

les hypothèses admises. Le poids spécifique de l'air, au niveau du sol, $= 0,0013$. — Application numérique : $V = 100\ m^3$, $p = 50^{kg}$, $d = 0,069$ (hydrogène).

(Marseille, juillet 1885.)

Soit x le poids spécifique de la couche d'air où le ballon s'arrêtera. En écrivant qu'à ce moment le poids du ballon est égal au poids du volume d'air déplacé (*principe d'Archimède étendu aux gaz*), on a

$$V \times 0,0013 \times d + p = V \times x.$$

d'où

$$x = \frac{V \times 0,0013 \times d + p}{V}$$

Application numérique. — Afin de faire concorder les unités, il faut poser $V = 100\,000$, $p = 50$. On trouve alors [1]

$$x = 0,000589 \text{ à peu près}$$

---

74. *Démontrer que si l'on ouvre et qu'on referme presque aussitôt la soupape d'un aérostat, celui-ci prendra, en descendant, un mouvement uniformément accéléré.*

Soit F la force qui sollicite l'aérostat à l'instant où la chute commence, V son volume, d la densité du mélange d'air et de gaz qui le remplit, p son poids mort, v le volume de ce poids mort, a le poids spécifique de l'air ambiant. On a

$$F = (Vad + p) - (V + v)\,a$$

A mesure que l'aérostat descend, il se dégonfle, le poids spécifique de l'air ambiant augmentant. A un instant quelconque de sa chute, V' étant son volume, a' le poids spécifique de l'air ambiant, la force qui le sollicite sera

$$F' = (V'a'd + p) - (V + v)\,a'$$

Mais, quoique l'aérostat se dégonfle, le poids du mélange gazeux qu'il contient reste constant. Par suite

$$V'a'd = Vad \text{ ou } V'a' = Va$$

1. Le calcul montre que ce ballon monterait à plus de 5000 mètres, si son enveloppe avait une résistance suffisante.

d'où

$$F - F' = v (a' - a)$$

Comme $v(a - a')$ est très petit, $F - F'$ est presque nul et la force qui sollicite l'aérostat dans sa descente est à très peu près constante. Par suite, son mouvement, si l'on néglige la résistance de l'air, est un mouvement uniformément accéléré.

---

§ 6. Siphons. — Dissolution des gaz dans les liquides.

75. *Un siphon ABCD est formé de deux branches ver-ticales, AB = a, CD = b, reliées par un tube horizontal*

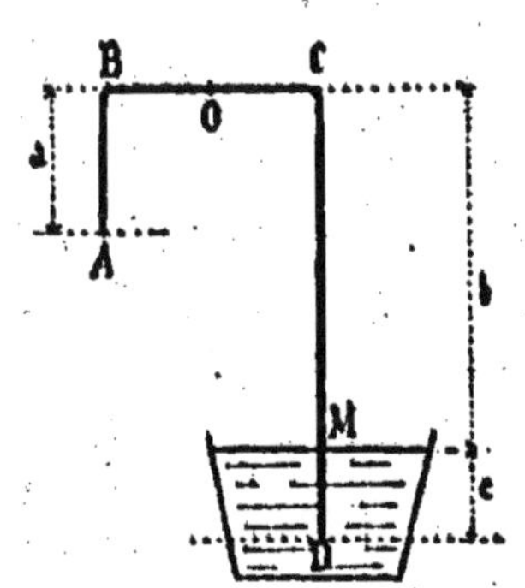

BC. On le remplit d'un liquide de densité d et, le tenant bouché avec le doigt en A, on l'enfonce dans un liquide de densité d' > d jusqu'en M, d'une longueur MD = c < b — a, puis on retire le doigt de A. Que se passera-t-il? Si, laissant les longueurs DM, CM invariables, on fait varier CD, quelle doit être la longueur de AB : 1° pour qu'il ne se produise aucun mouvement; 2° pour que le second liquide s'écoule par le siphon?

(Besançon, nov. 1885.)

Considérons une tranche du siphon placée, pour plus de simplicité, en un point quelconque O de la branche BC. Sur cette tranche, par unité de surface, s'exercent : *du côté de A*, une force $P - ad$, P désignant la pression atmosphérique par unité de surface; *du côté de D*, une force $P + cd' - bd$.

L'excès algébrique de la première sur la seconde est

$$F = (b - a) d - cd'$$

Suivant que $F >$ = ou < 0, c'est-à-dire suivant que

$$a < = \text{ou} > \frac{bd - cd'}{d}$$

l'écoulement aura lieu de A vers D, ou il y aura équilibre, ou, enfin, l'écoulement aura lieu de D vers A.

---

76. *Un vase ABCD, cylindrique, renferme un liquide de densité d. Le couvercle AB laisse passer un siphon MNPQ plongeant jusqu'à la partie inférieure du vase et fermé en Q par un robinet. La distance du niveau du liquide au robinet est h. De plus, le liquide est surmonté d'une couche d'air à la pression atmosphérique de hauteur Aa = l. On ouvre le robinet. Quel sera le niveau du liquide quand l'écoulement cessera? On suppose la température constante. — Pression atmosphérique = H en colonne de mercure; densité de ce liquide = D.*

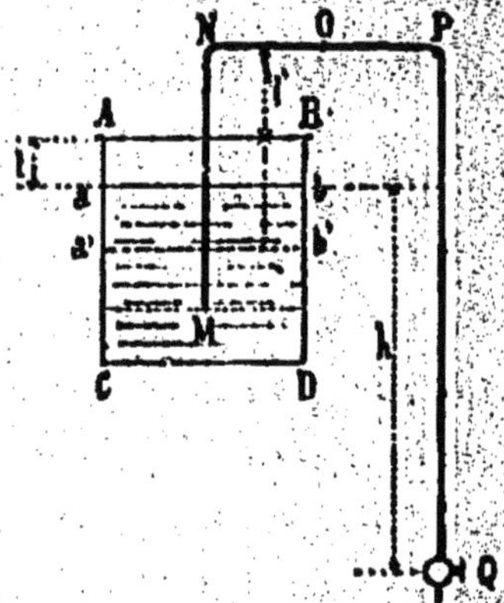

(Grenoble, juillet 1884; Caen, juillet 1887; Grenoble, nov. 1888.)

Soit x la distance du liquide au couvercle AB quand l'écoulement s'arrête, H_1 la pression de l'air raréfié dans le vase à cet instant. En appliquant la *loi de Mariotte* à la masse d'air renfermée dans ABCD, dont on suppose la section égale à l'unité, on a d'abord

$$lH = xH_1 \tag{1}$$

Écrivons maintenant que, par unité de surface, les deux pressions qui s'exercent sur une tranche du siphon, en O, par exemple, pour plus de simplicité, se font équilibre. Du côté de M, la pression est $H_1D - (l' + x)\, d$, l' désignant la longueur de la petite branche du siphon, comptée au-dessus de AB; du côté de Q, elle est $\Pi D - (l' + l + h)\,d$. On aura donc l'équation

$$\Pi_1 D - (l' + x)\,d = \Pi D - (l' + l + h)\,d \qquad (2)$$

dans laquelle l' s'élimine de lui-même. L'élimination de Π_1 entre (1) et (2) donne l'équation du second degré

$$d x^2 + \left[\Pi D - (h + l)\,d\right] x - \Pi D = 0$$

Par hypothèse, $\Pi D > (h + l)\,d$. Cette équation a donc deux racines de signes contraires : seule la racine positive (dont le calcul ne présente aucun intérêt) convient à la question.

---

77. *Un réservoir clos, vide d'air, d'une capacité de 40 litres, renferme 10 litres d'eau distillée et privée d'air. On y introduit 40 litres d'air à la pression de 2 atmosphères. On demande : 1° la pression du gaz non dissous restant dans le réservoir ; 2° les poids d'oxygène et d'azote dissous. — Coeff. de solubilité de l'oxygène = 0,041, de l'azote = 0,021 ; densité de l'oxygène = 1,1, de l'azote = 0,97. On sait que 100 vol. d'air contiennent 21 vol. d'oxygène et 79 vol. d'azote, et que le poids spécifique de l'air, à la température de l'expérience et sous la pression atmosphérique, est 0,0013.*

(Paris, avril 1889.)

1° Soit x la pression, en atmosphères, de l'oxygène non dissous, y celle de l'azote, Π la pression demandée. On a

$$x + y = \Pi \qquad (1)$$

Le coefficient de solubilité de l'oxygène étant 0,041, le volume d'oxygène dissous est, à la pression x, $10 \times 0,041 = 0^l,41$ (*lois de la solubilité des gaz*) ; le volume d'oxygène non dissous est 30 litres à la pression x ; d'un autre côté, les 40 litres d'air contenaient 40 litres d'oxygène dont la pression individuelle était de $\dfrac{21}{100} \times 2$ atmosphères. La *loi du mélange des gaz*, appliquée à la *masse totale* de l'oxygène, donne alors la relation

$$0,41x + 30x = 40 \times \left(\frac{21}{100} \times 2\right) \qquad (2)$$

De même, pour l'azote, on a

$$0,21y + 30y = 40 \times \left(\frac{79}{100} \times 2\right) \qquad (3)$$

Ces trois équations donnent

$$x = 0^{atm},552, \quad y = 2^{atm},092$$

et

$$\text{H} = 2^{atm},644$$

Remarque. — Si l'on ne tenait pas compte de la solubilité de l'oxygène et de l'azote, on trouverait $\text{H} = 2^{atm},667$.

2° Le poids de l'oxygène dissous est

$$p = 0,41 \times 1,1 \times 0,0013 \times 0,552 = 0^{kg},000324 = 0^{g},324$$

Celui de l'azote est

$$p' = 0,21 \times 0,97 \times 0,0013 \times 2,644 = 0^{kg},0007 = 0^{g},7$$

CHAPITRE IV

CHALEUR

§ 1. Thermomètres.

78. *Deux thermomètres gradués, l'un selon l'échelle centigrade et l'autre selon l'échelle Fahrenheit, placés l'un à côté de l'autre dans l'air, peuvent-ils, si la température de l'air au milieu duquel ils se trouvent vient à varier, marquer, à un certain moment, le même nombre de degrés affectés du même signe? Quels seraient ce nombre et ce signe?*

(Marseille, juillet 1885.)

Il est clair, et il suffit de regarder la figure ci-contre pour s'en convaincre, qu'au-dessus de la température de la glace fondante, il est impossible que les deux thermomètres marquent le même nombre de degrés affectés du signe +. Mais il n'en est pas de même au-dessous de cette température, car, les divisions du thermomètre centigrade étant plus espacées que celles du thermomètre Fahrenheit, il doit y avoir, nécessairement, coïncidence pour un certain nombre de degrés affectés du signe —. Soit x ce nombre : un degré centigrade valant $\frac{9}{5}$ de degré Fahrenheit, on aura, en remarquant que le degré — x est, dans l'échelle Fahrenheit, à $32 + x$ divisions au-dessous du degré qui correspond à la glace fondante, l'équation

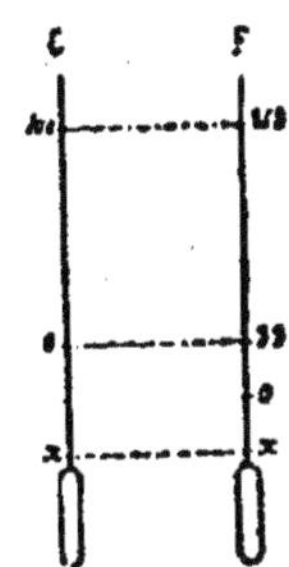

$$x = \frac{9}{5}x + 32$$

d'où

$$x = -40°$$

Remarque. — On peut arriver immédiatement à ce résultat à l'aide de l'*équation de transformation*

$$t_F = \frac{9}{5} t_C + 32$$

qui est générale, si l'on compte chacune des températures positivement au-dessus du zéro, négativement au-dessous. Il suffit d'y poser $t_F = t_C$.

---

79. *Un thermomètre à mercure ayant été brisé, on a conservé la graduation tracée sur une planchette; la distance des traits 0° et 100° est l. Pour le remplacer, on prend un tube de rayon r. On demande quel est le diamètre de la boule qu'on devra souffler au bout du tube pour que la graduation soit exacte; il y a, en outre, n degrés entre le zéro et la boule. — Coeff. de dilat. apparente du mercure = δ.*

(Lille, juillet 1880.)

Soit x le diamètre cherché. Le volume d'une division de la nouvelle tige thermométrique étant $\frac{\pi r^2 l}{100}$, il suffit, pour que la nouvelle graduation soit exacte, que la dilatation apparente pour $1°$ centigrade soit égale à $\frac{\pi r^2 l}{100}$. Or, à $0°$, le volume du mercure qui remplira le nouveau thermomètre jusqu'au zéro sera $\frac{1}{6}\pi x^3 + n \times \frac{\pi r^2 l}{100}$. Il suffit donc que

$$\left(\frac{1}{6}\pi x^3 + \frac{\pi r^2 n l}{100}\right) \delta = \frac{\pi r^2 l}{100}$$

d'où

$$x = \sqrt[3]{\frac{3r^2 l\,(1 - n\delta)}{50\delta}}$$

80. *Un thermomètre complètement enveloppé de la vapeur d'un liquide en ébullition marque $T°$. Quelle température marquerait-il si la tige était, à partir du $n^{ième}$ degré, maintenue à $t°$ ($n < T$ ainsi que t), le réservoir et le reste de la tige étant toujours à $T°$? Coeff. de dilat. du mercure $= \Delta$, du verre $= k$. — Application numérique :* $T = 100°$, $n = 35°$, $t = 10°$, $\Delta = \dfrac{1}{5550}$, $k = \dfrac{1}{38700}$.

(Grenoble, juillet 1893.)

Soit T_1 la température demandée. Si l'on prend pour unité le volume, à $0°$, d'une division du thermomètre, le volume, à $t°$, du mercure compris dans les $T_1 - n$ divisions qui sont maintenues à cette température, sera $(T_1 - n)(1 + ht)$; il serait $(T - n)(1 + kT)$ si la tige du thermomètre plongeait entièrement dans la vapeur. Écrivons que, dans les deux cas, cette masse de mercure, ramenée à $0°$, aurait le même volume. On aura

$$\frac{(T - n)(1 + k)}{1 + \Delta T} = \frac{(T_1 - n)(1 + kt)}{1 + \Delta t}$$

d'où

$$T_1 = n + (T - n) \frac{\left(\dfrac{1 + \Delta t}{1 + kt}\right)}{\left(\dfrac{1 + \Delta T}{1 + kT}\right)} \tag{1}$$

Comme, si l'on désigne par δ le coefficient de dilatation apparente du mercure dans le verre, on a rigoureusement $\dfrac{1 + \Delta t}{1 + kt} = 1 + \delta t$, $\dfrac{1 + \Delta T}{1 + kT} = 1 + \delta T$, la valeur précédente peut s'écrire plus simplement

$$T_1 = n + (T - n) \frac{1 + \delta t}{1 + \delta T} \tag{2}$$

formule qui montre qu'il n'est pas nécessaire, pour résoudre la question posée, de connaître séparément Δ et K, mais seulement δ.

Remarque. — La formule (2) permet de calculer T lorsqu'on connaît T_1. C'est la *correction de la colonne émergente.*

Application numérique. — On trouve, en employant l'une ou l'autre des formules (1) et (2), $T_1 = 99°,11$, valeur qui montre l'importance de la correction de la colonne émergente.

---

81. *Un thermomètre à poids contient, à 0°, P grammes de mercure. Calculer le poids de mercure qui s'écoulera pour chaque degré d'élévation de température. — Coeff. de dilat. du mercure = m, du verre = k.*

(Montpellier, nov. 1884; Lyon, juillet 1888; Montpellier, nov. 1891.)

Soit p le poids de mercure qui sort du thermomètre lorsque la température s'élève de 0° à $t°$. En écrivant que le volume du contenant est égal au volume du contenu, on a, en désignant par D_0 la densité du mercure à 0°,

$$\frac{P}{D_0}(1 + kt) = \frac{P - p}{D_0}(1 + mt)$$

d'où

$$p = P\,\frac{(m - k)t}{1 + mt} \qquad (1)$$

Pour une élévation de température de 0° à $t + 1$ degrés, on aurait de même, en désignant par p' le poids de mercure sorti,

$$p' = P\,\frac{(m - k)(t + 1)}{1 + m(t + 1)} \qquad (2)$$

Dès lors, à une température t, le poids $\varpi = p' - p$ de mercure qui s'écoulera pour 1 degré d'élévation de température sera

$$\varpi = P\,\frac{m - k}{(1 + mt)\left[1 + m(t + 1)\right]}$$

Ce poids n'est donc pas toujours le même, et diminue à mesure que la température s'élève.

Remarque. — Les relations (1) et (2) peuvent s'écrire, en toute rigueur (80),

$$P - p = \frac{P}{1 + \varepsilon t}, \quad P - p' = \frac{P}{1 + \varepsilon(t + 1)}$$

d'où

$$\varpi = P \frac{\delta}{(1 + \delta t)\left[1 + \delta(t + 1)\right]}$$

formule qui conduit aux mêmes conclusions que la précédente.

---

82. *Un tube de verre ayant la forme d'un thermomètre à
poids contient, à 0°, un poids* P *de mercure. On le remplit
d'air sec, on le porte à une certaine température* t *et on le
ferme à la lampe, la pression extérieure étant* H_0. *Après
refroidissement du tube, on brise sa pointe sous le mercure
et l'on trouve que le tube étant ramené à 0° et l'air intérieur à une pression* H_1, *il est rentré un poids* p *de mercure. Calculer la température* t *à laquelle le tube a été
porté* [1]. — *Coeff. de dilat. cubique du verre* = k, *des
gaz* = α.

(Montpellier, avril 1891.)

Soit D la densité du mercure à 0°. Le volume du tube, à 0°,
est $\frac{P}{D}$, à $t°$, ce volume est $\frac{P}{D}(1 + kt)$ et est égal au volume
de la masse d'air sec qui le remplit à $t°$ sous la pression H_0.
Après refroidissement du tube à 0°, le volume de cette masse
d'air n'est plus que $\frac{P - p}{D}$, sous la pression H_1. *L'équation
des gaz parfaits* [2] donne alors

$$\frac{\frac{P}{D}(1 + kt) H_0}{1 + \alpha t} = \frac{P - p}{D} H_1$$

ou, en remarquant qu'à très peu près $\dfrac{1 + kt}{1 + \alpha t} = 1 - (\alpha - k)t$,

$$P\left[1 - (\alpha - k)t\right] H_0 = (P - p) H_1$$

d'où

$$t = \frac{PH_0 - (P - p) H_1}{(\alpha - k) H_0}$$

---

1. Cet appareil n'est autre que le *thermomètre à air de Dulong et Petit*
2. On désigne ici par *équation des gaz parfaits* la relation connue

$$\frac{VH}{1 + \alpha t} = \text{const.}$$

§ 2. **Dilatation des corps solides.**

83. *Une barre de fer et une barre de cuivre ont, à une température t, la même longueur L. A quelle température T faut-il les porter pour que la différence de leurs longueurs soit égale à l? — Coeff. de dilat. linéaire du fer = λ, du cuivre = λ', et λ' > λ.*

(Dijon, oct. 1885 ; Caen, nov. 1888 ; Nancy, mai 1889 ;
Poitiers, avril 1893.)

Soit **T** la température cherchée, et supposons d'abord $l > 0$, c'est-à-dire supposons que c'est par suite de la dilatation de chacune des barres sous l'influence d'une augmentation commune de température que leur différence de longueur devient égale à *l*. On a

$$L \frac{1 + \lambda' T}{1 + \lambda' t} - L \frac{1 + \lambda T}{1 + \lambda t} = l$$

ou, approximativement,

$$L\left[1 + \lambda'\,(T - t)\right] - L\left[1 + \lambda\,(T - t)\right] = l \qquad (1)$$

d'où

$$T = t + \frac{l}{L\,(\lambda' - \lambda)}$$

Supposons maintenant $l < 0$, c'est-à-dire supposons que c'est par suite de la contraction de chacune des barres sous l'influence de la même diminution de température que leur différence de longueur devient égale à *l*. L'équation (1) donnera, en y remplaçant *l* par — *l*,

$$T = t - \frac{l}{L\,(\lambda' - \lambda)}$$

Les deux températures qui correspondent à la question sont donc équidistantes de la température *t*.

Remarque. — Connaissant **L**, *l*, **T**, *t* et, par exemple, λ, on peut calculer λ' : c'est le principe d'une *méthode de comparaison employée par Dulong et Petit* pour déterminer le coefficient de dilatation des métaux. On peut aussi, connaissant

L, *l*, *t*, λ et λ′, calculer T : c'est le principe d'une *méthode employée par Borda* pour déterminer la température d'une barre métallique.

---

84. *Dans un cône de cuivre* ABC *se trouve creusée une cavité conique* MNP *de hauteur* h *et de rayon* r. *Cette cavité est remplie complètement à* 0° *par un cône de platine de mêmes dimensions. On chauffe le tout à* t°. *On demande :* 1° *la différence des volumes du cône creux et du cône de platine;* 2° *la différence des hauteurs* DD′. — *Coeff. de dilat. lin. du cuivre* = k, *du platine* = k′, *et* k′ < k.

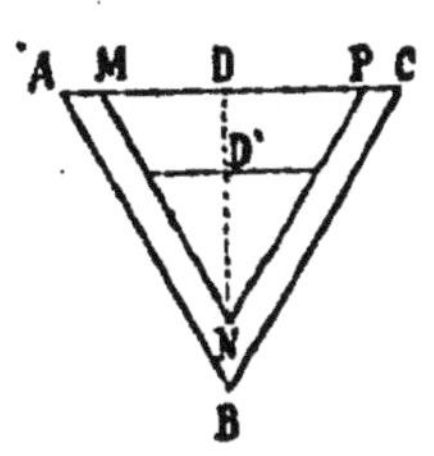

(Lille, juillet 1886.)

1° *Le cône creux s'étant dilaté comme s'il eût été plein*, a pris un volume égal à $\frac{1}{3} \pi r^2 h (1 + 3kt)$, et le cône de platine un volume égal à $\frac{1}{3} \pi r^2 h (1 + 3k't)$. La différence de ces volumes est donc

$$v = \pi r^2 ht (k - k')$$

2° Soient x et y les hauteurs des cônes de cuivre et de platine. Chacun d'eux est semblable au cône creux dont les dimensions étaient r et h. Les volumes de deux solides semblables étant entre eux comme les cubes des dimensions homologues, on a

$$\frac{x^3}{h^3} = 1 + 3kt, \quad \frac{y^3}{h^3} = 1 + 3k't$$

d'où

$$x = h \sqrt[3]{1 + 3kt}, \quad y = h \sqrt[3]{1 + 3k't}$$

Par suite

$$DD' = h \left(\sqrt[3]{1 + 3kt} - \sqrt[3]{1 + 3k't} \right)$$

ou, en remarquant qu'approximativement $\sqrt[3]{1 + 3kt} = 1 + 3kt$, $\sqrt[3]{1 + 3k't} = 1 + k't$,

$$DD' = h(k - k')t$$

---

85. *Une horloge à balancier avance de n secondes par jour quand la température est 0°, et retarde de n' secondes par jour quand elle est + t°. Quel est le coefficient de dilatation linéaire du balancier ?*

(Paris, nov. 1891.)

Soit x le coefficient de dilatation cherché, l_0 la longueur du pendule à 0°, l_t sa longueur à $t°$. On a

$$l_t = l_0 (1 + xt) \qquad (1)$$

La durée du jour étant de 86 400 secondes, le pendule l_0 fait, par hypothèse, 86 400 $+ n$ oscillations dans 86 400 secondes; au contraire, le pendule, lorsqu'il a la longueur l_t, fait, par hypothèse, 86 400 $- n'$ oscillations dans 86 400 secondes. La durée d'une oscillation du pendule est donc, à 0°, $\dfrac{86\,400}{86\,400 + n}$ secondes; à $t°$, cette durée est $\dfrac{86\,400}{86\,400 - n'}$ secondes. *Les durées des oscillations de deux pendules simples étant proportionnelles aux racines carrées des longueurs*, on a, dès lors,

$$\frac{\left(\dfrac{86\,400}{86\,400 - n'}\right)}{\left(\dfrac{86\,400}{86\,400 + n}\right)} = \sqrt{\frac{l_t}{l_0}} \qquad (2)$$

L'élimination du rapport $\dfrac{l_t}{l_0}$ entre (1) et (2) donne

$$x = \frac{(86\,400 + n)^2 - (86\,400 - n')^2}{(86\,400 - n')^2 t}$$

------

86. *On veut faire avec de l'acier et du laiton un pendule compensateur dont la longueur soit constante et égale à L. Le coefficient de dilatation linéaire de l'acier = a, celui du laiton = l. On demande les longueurs x et y des barres d'acier et de laiton.*

D'après le mode de construction du *pendule à gril*, il faut d'abord que l'on ait

$$x - y = L \qquad (1)$$

En écrivant que les dilatations des deux barres, de $0°$ à une température quelconque $t°$, doivent être égales, on a

$$xat = ylt \qquad\qquad (2)$$

La résolution des équations (1) et (2) donne, t s'éliminant de lui-même dans l'équation (2),

$$x = \mathrm{L}\,\frac{l}{l-a}, \; y = \mathrm{L}\,\frac{a}{l-a}$$

---

87. *Le fléau d'une balance est formé d'une tige prismatique en fer de 1^{cm^2} de section et de 40^c de longueur à $0°$, suspendue horizontalement par son centre. Calculer le poids, en milligrammes, qu'il faudra ajouter à l'une des extrémités du fléau pour le maintenir horizontal quand, la température moyenne de l'un des bras étant $15°$, celle de l'autre est de $25°$. — Densité du fer $= 7,8$; coeff. de dilat. lin. du fer $= 0,0000122$.*

(Montpellier, juillet 1893.)

Soit x le poids cherché, exprimé d'abord en grammes. Le bras du fléau chauffé à $25°$ s'allongeant plus que celui qui est porté à $15°$, il est évident que le poids x doit être appliqué à l'extrémité de ce dernier. La longueur de ce bras est d'ailleurs $20\,(1 + 0,0000122 \times 15) = 20^c,00366$; celle de l'autre est $20\,(1 + 0,0000122 \times 25) = 20^c,0061$; par suite, les distances respectives des centres de gravité des deux bras au point de suspension sont $\dfrac{20,00366}{2} = 10^c,00183$, $\dfrac{20,0061}{2} = 10^c,00305$, leur poids commun étant $1 \times 20 \times 7,8 = 156$ grammes. Dès lors, en appliquant au poids cherché x et aux poids des deux bras du fléau le *théorème des moments*, on aura la relation

$$x \times 20,00366 + 156 \times 10,00183 = 156 \times 10,00305$$

d'où

$$x = 0^g,0095 = 9^{mg},5$$

---

§ 3. Dilatation des liquides.

88. *Un ballon dont le col est étiré en pointe contient, à 0°, V cm³ de mercure; en le chauffant à t°, on en fait sortir v cm³ de mercure mesurés à 0°. Calculer, d'après ces données, le coefficient de dilatation x du verre entre 0° et t°. — Coeff. de dilat. absolue du mercure entre 0° et t° = m.*

(Nancy, avril 1892.)

A $t°$, le volume du ballon est $V(1 + xt)$; à cette même température, le volume de mercure qui reste dans le ballon est $V(1 + mt) - v(1 + mt) = (V - v)(1 + mt)$. En écrivant que le *volume du contenant est égal au volume du contenu,* on a

$$V(1 + xt) = (V - v)(1 + mt)$$

d'où

$$x = \frac{(V - v)mt - v}{Vt}$$

Remarque. — Cette expérience est une de celles que l'on peut faire avec le *thermomètre à poids.*

---

89. *Un vase conique contient une certaine quantité de mercure à 0°. A quelle température faut-il le porter pour que la hauteur du niveau du mercure augmente de $\frac{1}{185}$ de sa hauteur primitive? — Coeff. de dilat. absolue du mercure $= \frac{1}{5550}$.*

(Besançon, avril 1893.)

Le vase, en se dilatant, reste semblable à lui-même, de sorte que tout se passe comme s'il ne se dilatait pas et que sa hauteur seulement devint plus grande. Dans ces conditions, soit x la température cherchée, $OH = h$ la hauteur occupée par le mercure à 0°, $OH' = h'$ la hauteur occupée par le liquide à $x°$, $AH = r$ le rayon de la surface libre du mercure à 0°,

A'H' $= r'$ le rayon de la surface libre à $x°$. Par hypothèse, il faut que

$$h' = h\left(1 + \frac{1}{185}\right) \qquad (1)$$

D'un autre côté,

$$\frac{1}{3}\pi r^2 h\left(1 + \frac{1}{5550}x\right) = \frac{1}{3}\pi r'^2 h' \qquad (2)$$

et l'on sait que

$$\frac{h}{r} = \frac{h'}{r'} \qquad (3)$$

L'élimination de h, h', r et r' conduit à la relation

$$1 + \frac{1}{5550}x = \left(\frac{186}{185}\right)^3$$

d'où

$$x = 99° \text{ environ}$$

---

90. *Un vase de fer dont le volume intérieur est* V *à* 0° *contient un lingot de platine. Le reste de sa capacité est rempli par du mercure. Que doivent être les poids* P *et* P' *de mercure et de platine pour que la dilatation apparente de l'enveloppe soit nulle entre* 0° *et une température quelconque* t? — *Densité du mercure à* 0° $=$ d, *du platine* $=$ d'; *coeff. de dilat. du mercure* $=$ m; *coeff. de dilat. cubique du fer* $=$ k, *du platine* $=$ k'.

(Dijon, juillet 1893.)

Si la dilatation apparente de l'enveloppe est nulle entre 0 et $t°$, le vase sera toujours plein de mercure (lingot de platine compris), aussi bien à 0° qu'à $t°$. Exprimons qu'à ces deux températures le *volume du contenant est égal au volume du contenu*, c'est-à-dire à la somme des volumes du mercure et du platine. A 0°, on a

$$V = \frac{P}{d} + \frac{P'}{d'} \qquad (1)$$

A $t°$, la densité du mercure est $\dfrac{d}{1 + mt}$, la densité du platine $\dfrac{d'}{1 + k't}$; par suite, le volume du mercure devient

$\frac{P}{d}$ (1 + mt), celui du platine $\frac{P}{d'}$ (1 + $k't$) (comme on peut le voir sans passer par l'intermédiaire de la formule des densités); quant au volume du vase, il est V (1 + kt), et l'on a

$$V (1 + kt) = \frac{P}{d} (1 + mt) + \frac{P'}{d'} (1 + k't) \qquad (2)$$

Ces deux équations donnent

$$\begin{cases} P = Vd \dfrac{k - k'}{m - k'} \\ P' = Vd' \dfrac{m - k}{m - k'} \end{cases}$$

valeurs indépendantes de t, et l'on voit que, pour que le problème soit possible, il faut qu'on ait

$$m > k > k'$$

ce qui a effectivement lieu ici.

Remarque. — L'équation (1) permet d'écrire l'équation (2) sous la forme plus simple

$$Vkt = \frac{P}{d} mt + \frac{P'}{d'} k't$$

qu'on peut obtenir directement en écrivant, conformément à l'énoncé, que *la dilatation du vase de 0° à t° doit être égale à la somme des augmentations de volume du mercure et du platine.* On voit encore immédiatement que t s'élimine, ce qui donne à l'équation (2) la forme encore plus simple

$$Vk = \frac{P}{d} m + \frac{P'}{d'} k'$$

qu'on peut obtenir aussi directement en remarquant que *si la dilatation du vase, lorsque la température s'élève de 0° à 1°, est égale à la somme des augmentations de volume du mercure et du platine pour la même élévation de température, il en sera de même pour une élévation de température de t°.*

---

91. *On introduit p kilogrammes de mercure dans un ballon de verre qu'on ferme ensuite à la lampe. On demande quelle est la capacité de ce ballon à la température*

de 0°, sachant que le volume occupé par l'air au-dessus du mercure est le même à toutes les températures. — Coeff. de dilatation cubique du verre = k; coeff. de dilat. du mercure = m; densité du mercure à 0° = d.

(Dijon, avril 1881.)

Soit x le volume cherché, exprimé en litres. A 0°, le volume occupé par l'air est $x - \dfrac{p}{d}$; à $t°$, la capacité intérieure du ballon étant devenue $x\,(1 + kt)$ et le volume du mercure $\dfrac{p}{d}\,(1 + mt)$, le volume occupé par l'air est $x\,(1 + kt) - \dfrac{p}{d}\,(1 + mt)$. Il faut que

$$x - \frac{p}{d} = x\,(1 + kt) - \frac{p}{d}\,(1 + mt) \qquad (1)$$

d'où

$$x = \frac{p}{d}\,\frac{m}{k}$$

valeur indépendante de t.

Remarque. — L'équation (1) se réduit immédiatement à

$$xkt - \frac{p}{d}\,mt = 0 \text{ ou } xk = \frac{p}{d}\,m$$

relation qu'on peut écrire directement en remarquant que, *pour que le volume occupé par l'air au-dessus du mercure reste toujours le même à toutes les températures, il suffit que l'augmentation du volume du ballon de 0° à t°, ou, ce qui revient au même, de 0° à 1°, soit égale à la dilatation du mercure pour la même élévation de température.*

---

92. *Deux hauteurs barométriques de 755 mm. ont été obtenues, l'une à* — 6°, *l'autre à* + 15°. *Quelles corrections faut-il leur faire subir pour les ramener à ce qu'elles eussent été à 0°? Quelle différence y a-t-il réellement entre les deux pressions observées? — Coeff. de dilat. du mercure* $= \dfrac{1}{5550}$; *coeff. de dilat. linéaire du laiton qui forme l'échelle* = 0,000019.

1° Soit H_0 la hauteur de la colonne de mercure qui, à 0°, fait équilibre à la colonne barométrique de 755 mm, mesurée à $- 6^\circ$. On a (*formule des corrections barométriques*)

$$H_0 = 755 \times \frac{1 - 6 \times 0,000019}{1 - \frac{1}{5550} \times 6} = 755^m,74$$

De même, la hauteur H'_0 de la colonne de mercure qui, à 0°, fait équilibre à la colonne barométrique de 755^{mm} mesurée à $+ 15^\circ$ est

$$H'_0 = 755 \times \frac{1 + 15 \times 0,000019}{1 + \frac{1}{5550} \times 15} = 753^{mm},18$$

2° On a

$$H_0 - H'_0 = 2^{mm},56$$

Remarque. — Ces résultats montent l'importance des corrections relatives à la température dans les observations barométriques.

---

93. *On sait que dans un thermomètre le rapport entre la capacité du réservoir jusqu'au zéro et la capacité d'une division de la tige est 6480. Après avoir ouvert et vidé ce thermomètre, on y introduit un liquide dont le coefficient de dilatation $= \frac{1}{2400}$. Dans la glace fondante, le liquide remplit le thermomètre jusqu'au zéro de la graduation. À quelle division s'élèvera-t-il à la température de 20°? — Coeff. de dilat. cubique du verre $= \frac{1}{38700}$.*

(Paris, nov. 1885; Besançon, juillet 1888.)

Prenons pour unité le volume d'une division de la tige, ce qui fait que le volume du réservoir jusqu'au zéro devient alors égal à 6480, et soit x le numéro de la division cherchée. En écrivant qu'à 20° *le volume du contenant est égal au volume du contenu*, on aura immédiatement

$$(6480 + x)\left(1 + \frac{20}{38700}\right) = 6480\left(1 + \frac{20}{2400}\right) \qquad (1)$$

d'où $x = 50^\circ$.

Remarque. — L'équation (1) permettrait de calculer le coefficient de dilatation du liquide si on connaissait x. C'est ainsi que l'on opère dans la *méthode du thermomètre à tige* ou *méthode des thermomètres comparés.*

---

94. *Un thermomètre à mercure pèse* P *dans l'air,* p *dans l'eau, à* 0°. *Trouver le poids du verre et celui du mercure qui le constituent, sachant qu'à* t° *le mercure remplit complètement la tige du thermomètre* [1]. — *Densité du verre* = d, *du mercure* = D ; *coeff. de dilat. apparente du mercure dans le verre* = δ.

(Montpellier, nov. 1892.)

Soit x le poids du verre, y celui du mercure. On a d'abord

$$x + y = P \qquad (1)$$

Le poids $P - p$ du volume d'eau déplacé représentant la somme des volumes du mercure et du verre à 0°, augmentée du volume intérieur u de la tige à 0°, on a ensuite

$$\frac{x}{d} + \frac{y}{D} + u = P - p \qquad (2)$$

Or, l'augmentation apparente du volume du mercure de 0° à t° étant justement égale au volume intérieur u de la tige, on a aussi

$$u = \frac{y}{D}\delta t \qquad (3)$$

La résolution des équations (1), (2) donne, après l'élimination de u,

$$\begin{cases} x = d\,\dfrac{(P - p)\,D - P\,(1 + \delta t)}{D - d\,(1 + \delta t)} \\[2mm] y = D\,\dfrac{P - (P - p)\,d}{D - d\,(1 + \delta t)} \end{cases}$$

---

95. *Une balance supposée parfaite porte aux deux extrémités de son fléau deux poids égaux* P, *l'un en fer,*

---

1. Cette méthode permettrait de calculer la capacité calorifique du thermomètre, constante qu'il est nécessaire de connaître dans les déterminations calorimétriques.

l'autre en platine. On plonge simultanément chacun de ces poids dans du mercure à 0° et on demande dans quel sens la balance s'inclinera et quel poids il faudra ajouter pour rétablir l'équilibre. L'équilibre ainsi rétabli, on chauffe le bain de mercure ainsi que les poids P à t°, et l'on demande encore dans quel sens la balance s'inclinera et quel poids il faudra ajouter d'un côté pour rétablir l'équilibre. — Coeff. de dilat. cubique du fer $= \alpha$, du platine $= \alpha'$; coeff. de dilat. du mercure $= m$. Densité du fer $= d$, du platine $= d'$, du mercure $= D$. D'ailleurs, $\alpha' > \alpha$, $d' > d$.

(Grenoble, avril 1891.)

1° A 0°, les volumes des poids de fer et de platine sont respectivement $\dfrac{P}{d}$, $\dfrac{P}{d'}$, les poussées qu'ils éprouvent $\dfrac{P}{d} D$, $\dfrac{P}{d'} D$.

Mais $d' > d$; par suite, $\dfrac{P}{d} D > \dfrac{P}{d'} D$, et la balance s'inclinera du côté du poids de platine (*résultat évident à priori*) sous l'action d'une force

$$F = P \left(\frac{1}{d} - \frac{1}{d'} \right) D$$

qui représente le poids qu'il faut ajouter du côté du fer pour rétablir l'équilibre.

2° A t°, les volumes des poids de fer et de platine sont respectivement $\dfrac{P}{d} (1 + \alpha t)$, $\dfrac{P}{d'} (1 + \alpha' t)$, les poussées qu'ils éprouvent $\dfrac{P}{d} (1 + \alpha t) \dfrac{D}{1 + mt}$, $\dfrac{P}{d'} (1 + \alpha' t) \dfrac{D}{1 + mt}$. Mais $\dfrac{1 + \alpha t}{d} > \dfrac{1 + \alpha' t}{d'}$, car $\dfrac{d'}{1 + \alpha' t} > \dfrac{d}{1 + \alpha t}$. Par suite, la poussée subie par le fer est toujours plus grande que la poussée subie par le platine, *ce qui était évident à priori*, et la balance s'inclinera encore du côté du poids en platine sous l'action d'une force

$$F' = P \left(\frac{1 + \alpha t}{d} - \frac{1 + \alpha t'}{d'} \right) \frac{D}{1 + mt}$$

qui représente le poids qu'il faut ajouter du côté du fer pour rétablir l'équilibre.

---

96. *Un corps solide est immergé complètement dans un liquide et y subit une poussée p, le tout étant à la température t. La température devenant t′, la nouvelle poussée est p′. Connaissant le coefficient de dilatation cubique c du solide et le coefficient de dilatation m du liquide, calculer le rapport $\dfrac{p'}{p}$ et chercher les conditions nécessaires et suffisantes pour que ce rapport soit égal à 1.*

(Lille, avril 1892.)

1° Soit V le volume du corps à $t°$, d la densité du liquide à cette température : on a (*principe d'Archimède*)

$$p = Vd \qquad\qquad (1)$$

A $t'°$, le volume du corps sera $V\dfrac{1 + ct'}{1 + ct}$, la densité du liquide sera $d\dfrac{1 + mt}{1 + mt'}$: on aura donc

$$p' = V\frac{1 + ct'}{1 + ct} \times d\frac{1 + mt}{1 + mt'} \qquad\qquad (2)$$

Par suite,

$$\frac{p'}{p} = \frac{1 + ct'}{1 + ct} \times \frac{1 + mt}{1 + mt'}$$

2° Pour que, quelle que soit la température, $\dfrac{p'}{p} = 1$, il faut que

$$\frac{1 + mt'}{1 + mt} = \frac{1 + ct'}{1 + ct} \text{ ou } (m - c)\,(t' - t) = 0$$

d'où la condition

$$m = c$$

évidente *a priori*.

------

97. *A une température t, un fragment très petit d'une substance solide dont on veut étudier la dilatation flotte à la surface d'un liquide dont la densité d′ diffère très peu de la densité d du solide. On élève lentement et régulièrement la température du liquide jusqu'à ce que, à une température t′, le fragment s'enfonce et reste en équilibre* *parfait au milieu du liquide. Calculer le coefficient de dilatation cubique c de la substance donnée entre t^o et t'^o, sachant que le coefficient de dilatation du liquide $= m$.[1]*

Soit p le poids du fragment. A t'^o, la densité de ce fragment est $\dfrac{d}{1 + c\,(t' - t)}$, son volume est $\dfrac{p}{d}\,[1 + c\,(t' - t)]$, la densité du liquide dans lequel il flotte est $d'\,\dfrac{1 + mt}{1 + mt'}$. Le *principe des corps flottants* donne alors

$$p = \frac{p}{d}\,[1 + c\,(t' - t)] \times d'\,\frac{1 + mt}{1 + mt'}$$

d'où

$$c = \frac{d\,(1 + mt') - d'\,(1 + mt)}{d'\,(1 + mt)\,(t' - t)}$$

---

98. *Un cylindre de hauteur 1 à 0° est formé, jusqu'à la $m^{\text{ième}}$ partie de sa hauteur, par du platine et le reste par du fer. On l'abandonne sur du mercure également à 0°. 1° Quelle position prendra-t-il exactement? 2° Qu'arrivera-t-il si la température s'élève à t^o? — Densité du fer $= d$, du platine $= d'$, du mercure $= D\ (d' > D > d)$; coeff. de dilat. cub. du fer $= k$, du platine $= k'$, du mercure $= \mu\ (\mu > k > k')$.*

(Poitiers, juillet 1893.)

1° Il est évident que le cylindre ne pourra se maintenir en équilibre qu'à condition que le platine soit complètement immergé, car, dans le cas contraire, puisque $d' > D$, le poids du liquide déplacé serait inférieur au poids total du cylindre. Si x est la longueur de

1. Cette ingénieuse méthode, qui permet de déterminer le coefficient de dilatation de corps solides dont on ne possède que de petits fragments, est due à M. Thoulet.

fer immergée à 0°, le *principe des corps flottants* donne, en prenant pour unité la section du cylindre, l'équation :

$$\frac{l}{m} d' + \left(l - \frac{l}{m} \right) d = \left(\frac{l}{m} + x \right) D \qquad (1)$$

d'où

$$x = \frac{l}{m} \left[\frac{d' + (m-1)\, d}{D} - 1 \right]$$

Suivant que $x <$ = ou $> l - \frac{l}{m}$, c'est-à-dire suivant que

$$m > = \text{ ou } < \frac{d' - d}{D - d}$$

une partie du cylindre seule sera immergée, ou la totalité du cylindre jusqu'à la base supérieure, ou enfin le cylindre flottera au milieu du mercure.

2° Supposons que la température s'élève de 0° à t°, et soit y la longueur, *ramenée à 0°*, de la portion de fer immergée à t°. Le poids total du cylindre $\frac{l}{m} d' + \left(l - \frac{l}{m} \right) d$ ne change pas, mais le volume de la partie en platine est $\frac{l}{m} (1 + k't)$, celui de la partie de fer immergée est $y(1 + kt)$, et la densité du mercure devient $\frac{D}{1 + \mu t}$. L'équation (1) devient alors

$$\frac{l}{m} d' + \left(l - \frac{l}{m} \right) d = \left[\frac{l}{m} (1 + k't) + y(1 + kt) \right] \frac{D}{1 + \mu t} \qquad (2)$$

d'où

$$y = \frac{l}{m} \left[\frac{d' + (m-1)d}{D} \frac{1 + \mu t}{1 + kt} - \frac{1 + k't}{1 + kt} \right]$$

La *longueur vraie* de la partie immergée à t° est, par suite, $\frac{k}{3}$ étant le coefficient de dilatation linéaire du fer,

$$y \left(1 + \frac{k}{3} t \right) = \frac{l}{m} \left(1 + \frac{k}{3} t \right) \left[\frac{d' + (m-1)d}{D} \frac{1 + \mu t}{1 + kt} - \frac{1 + k't}{1 + kt} \right]$$

Mais $y > x$, car $\frac{1 + \mu t}{1 + kt} > 1$, $\frac{1 + k't}{1 + kt} < 1$. Par suite, à fortiori, $y \left(1 + \frac{k}{3} t \right) > x$. Le cylindre s'enfonce donc plus dans le mercure à t° que dans le mercure à 0°, *résultat évident a priori*, à cause de la plus grande dilatabilité du liquide.

Quant aux trois conditions précédentes, elles seront réalisées suivant que

$$m > = \text{ou} < \frac{(d' - d)(1 + \mu t) - D(k' - k)t}{D(1 + kt) - d(1 + \mu t)}$$

---

99. *Un aréomètre semblable à l'aréomètre de Baumé, sauf pour la graduation, occupe à 0° un volume de 30 cm³. La tige, bien cylindrique, a une section extérieure de 1 cm² et est graduée en millimètres, le zéro étant au sommet. L'appareil, plongé dans l'eau distillée à + 4°, enfonce jusqu'au trait 20. On porte l'eau à 100° avec l'aréomètre, on admet que la partie de la tige qui émerge est maintenue à 100° par la vapeur d'eau, et on constate qu'il enfonce alors jusqu'à la division 9. On demande la densité de l'eau à 100°. — Coeff. de dilat. cubique du verre = 0,000026.*

(Besançon, avril 1886.)

Chaque division de l'aréomètre correspond à un volume égal à $1 \times 0,1 = 0^{\text{cm}^3},1$; par suite, dans la première expérience, la portion du volume de l'aréomètre plongée dans l'eau est de $(30 - 20 \times 0,1) \times (1 + 4 \times 0,000026)^{\text{cm}^3}$ et, dans la seconde, de $(30 - 9 \times 0,1)(1 + 0,000026 \times 100)^{\text{cm}^3}$. Si on désigne par P le poids de l'aréomètre, par x la densité cherchée, le *principe des corps flottants* donne les équations

$$P = (30 - 20 \times 0,1)(1 + 0,000026 \times 4) \qquad (1)$$

$$P = (30 - 9 \times 0,1)(1 + 0,000026 \times 100)x \qquad (2)$$

d'où

$$x = \frac{28(1 + 0,000026 \times 4)}{29,1(1 + 0,000026 \times 100)}$$

Mais, à très peu près,

$$\frac{1 + 0,000026 \times 4}{1 + 0,000026 \times 100} = 1 - 0,000026 \times 96$$

Par suite,

$$x = \frac{28}{29,1}(1 - 0,000026 \times 96) = 0,9508$$

---

§ 4. Dilatation et mélange des gaz.

100. *Dalton donne, au sujet de la dilatation de l'air, les indications suivantes : « J'ai trouvé à plusieurs reprises que 1000 parties d'air atmosphérique, sous la pression ordinaire de l'atmosphère, se dilatent depuis 55° Fahrenheit jusqu'à 212° Fahrenheit de manière à former un volume de 1325 parties. » Quelle serait, d'après cela, la dilatation de l'air pour un degré centigrade?*

(Bordeaux, avril 1891.)

En exprimant, en degrés centigrades, les températures données par Dalton, on les trouve respectivement égales à 12°,78 et 100°. Soit alors x le coefficient de dilatation cherché. *L'équation des gaz parfaits* donne

$$1325 = 1000 \times \frac{1 + 100\,x}{1 + 12,78\,x}, \text{ d'où } x = 0,00391$$

valeur trop grande, la valeur exacte du coefficient de dilatation de l'air entre 0° et 100°, sous la pression normale de 76° de mercure, étant 0,00367.

---

101. *La chambre d'un baromètre contient un peu d'air, de sorte qu'à t° et sous la pression H il marque seulement H'. La longueur du tube qui reste au-dessus de la surface libre du mercure est l. Les circonstances venant à changer, cet instrument marque H″ à la température t'. Trouver la véritable valeur de la pression atmosphérique dans le second cas [1]. — Coeff. de dilat. des gaz = α.*

Grenoble, juillet 1880.)

Soit x la pression atmosphérique cherchée exprimée en fonction de la même unité que les longueurs H, H', l, H″. Prenons pour unité de surface la section du tube. La masse

---

1. Problème d'Arago généralisé.

d'air contenue dans la chambre barométrique passe du volume l, de la température t et de la pression $\mathrm{II} - \mathrm{II}'$, au volume $l + \mathrm{II}' - \mathrm{II}''$, à la température t' et à la pression $x - \mathrm{II}''$. *L'équation des gaz parfaits* donne alors

$$\frac{l\,(\mathrm{II} - \mathrm{II}')}{1 + \alpha t} = \frac{(l + \mathrm{II}' - \mathrm{II}'')\,(x - \mathrm{II}'')}{1 + \alpha t'}$$

d'où

$$x = \mathrm{II}'' + l\,\frac{1 + \alpha t'}{1 + \alpha t} \cdot \frac{\mathrm{II} - \mathrm{II}'}{l + \mathrm{II}' - \mathrm{II}''}$$

---

102. *Un ballon de volume* V *termine l'une des branches d'un tube recourbé servant de manomètre à air libre. On place dans le ballon un corps* A *de poids* p. *Lorsque le mercure est au même niveau dans les deux branches du manomètre, le ballon est plein d'air à* t° *et sous la pression atmosphérique* H. *On porte la température à* t'° *et, en même temps, on verse assez de mercure dans le tube pour réduire à* V' *le volume occupé par l'air et le corps* A. *La différence des niveaux est alors* H'. *Calculer le volume et la densité du corps* A [1]. — *Coeff. de dilat. des gaz* $= \alpha$.

(Rennes, juillet 1885.)

Soit x le volume, y la densité du corps A. La masse d'air qui occupait le volume $\mathrm{V} - x$ à la température t et sous la pression II, occupe, après l'expérience, le volume $\mathrm{V}' - x$ à la pression $\mathrm{II} + \mathrm{II}'$. *L'équation des gaz parfaits* donne alors, en négligeant la dilatation du corps, la relation

$$\frac{(\mathrm{V} - x)\,\mathrm{II}}{1 + \alpha t} = \frac{(\mathrm{V}' - x)\,(\mathrm{II} + \mathrm{II}')}{1 + \alpha t'}$$

d'où

$$\begin{cases} x = \dfrac{\mathrm{V}'\,(\mathrm{II} + \mathrm{II}')\,(1 + \alpha t) - \mathrm{V}\mathrm{II}\,(1 + \alpha t')}{(\mathrm{II} + \mathrm{II}')\,(1 + \alpha t) - \mathrm{II}\,(1 + \alpha t')} \\[4mm] y = p\,\dfrac{(\mathrm{II} + \mathrm{II}')\,(1 + \alpha t) - \mathrm{II}\,(1 + \alpha t')}{\mathrm{V}'\,(\mathrm{II} + \mathrm{II}')\,(1 + \alpha t) - \mathrm{V}\,\mathrm{II}\,(1 + \alpha t')} \end{cases}$$

---

[1]. Cet appareil n'est autre que le *voluménomètre* de Regnault.

103. *Un tube deux fois recourbé a une branche ouverte et l'autre fermée. Sa section est uniforme et égale à s. La partie inférieure de ce tube renferme du mercure et la branche fermée une certaine quantité d'air, la longueur de cette branche étant l. A 0°, le niveau du mercure est le même dans les deux branches. On chauffe à t° celle qui est fermée. On demande le volume et la pression de l'air. — Pression atmosphérique = H; coeff. de dilat. de l'air = α.*

(Grenoble, juillet 1891.)

Prenons pour inconnue la dépression x du mercure refoulé par l'air lorsqu'on chauffe la branche fermée à $t°$; il est évident que le mercure monte de la même longueur dans la branche ouverte, de sorte qu'à $t°$ la pression de l'air contenu dans la branche fermée est $H + 2x$. Cette masse gazeuse, si l'on néglige la dilatation du tube, a passé du volume sl, à 0° et sous la pression H, au volume $s(l + x)$, à $t°$ et sous la pression $H + 2x$. En lui appliquant l'*équation des gaz parfaits*, on a

$$slH = \frac{s(l + x)(H + 2x)}{1 + \alpha t}$$

d'où l'équation du second degré

$$2x^2 + (H + 2l)x - Hl\alpha t = 0$$

Les deux racines de cette équation étant réelles et de signes contraires, on prendra la positive, qui seule convient ici, puisqu'on suppose $t > 0$, et l'on aura

$$x = \frac{-(H + 2l) + \sqrt{(H + 2l)^2 + 8Hl\alpha t}}{4}$$

Le volume de la masse d'air sera alors

$$V = s(l + x) = s\,\frac{2l - H + \sqrt{(H + 2l)^2 + 8Hl\alpha t}}{4}$$

et sa pression

$$F = H + 2x = \frac{H - 2l + \sqrt{(H + 2l)^2 + 8Hl\alpha t}}{2}$$

Remarque. — Le problème généralisé ($t \gtrless 0$) admettrait les deux racines.

104. *Un appareil en verre ayant la forme d'un thermo-mètre contient à 0° du mercure jusqu'au point A. A cette même température, la tige contient de l'air à la pression II. On chauffe tout l'appareil à une température t et l'on constate que le volume apparent de l'air est devenu n fois plus petit. Évaluer la pression de cet air. — Coeff. de dilat. de l'air = α; coeff. de dilat. cubique du verre = k.*

(Nancy, avril 1878; Marseille, avril 1891.)

Soit x la pression demandée. Désignons par V le volume occupé par la masse d'air à 0° sous la pression II. A $t°$, le volume apparent de cette masse d'air étant $\dfrac{V}{n}$, son volume réel est $\dfrac{V}{n}(1 + kt)$, L'équation des gaz parfaits, appliquée à cette masse d'air, donne

$$V II = \frac{\dfrac{V}{n}(1 + kt)x}{1 + \alpha t}, \text{ d'où } x = n II \frac{1 + \alpha t}{1 + kt}$$

105. *Un vase clos, plein d'air à la pression atmosphé-rique, est muni d'une soupape de 8 cm² de surface chargée d'un poids de 20 kg. A quelle température faudrait-il porter ce vase pour que la soupape s'ouvrît? On négligera la dilatation du vase. — Coeff. de dilat. de l'air = 0,00367.*

(Paris, décembre 1885; Nancy, novembre 1887; Paris, avril 1891.)

Prenons pour *unité de pression* l'atmosphère industrielle (19). La pression due au poids qui charge la soupape est alors de $\dfrac{20}{8} = 2,5$ atmosphères, et le problème revient à chercher à quelle température x il faut porter l'air du vase pour que sa pression devienne égale à $2,5 + 1 = 3,5$ atmosphères. La *formule des gaz parfaits* donne alors

$$3,5 = 1 \times (1 + 0,00367x), \text{ d'où } x = 681°,2$$

106. *On a rempli d'air pur et sec un ballon de volume V, à 0° et à 760ᵐᵐ de pression. Le ballon ayant été réchauffé à t°, et la pression atmosphérique étant devenue Π^{mm}, on ouvre le robinet et on laisse l'équilibre s'établir. On demande quel est le poids d'air sorti du ballon. — Poids spécifique normal de l'air = a; coeff. de dilat. des gaz = α; coeff. de dilat. cubique du verre = k.*

(Marseille, oct. 1884; Lyon, nov. 1884; Besançon, nov. 1887;
Clermont. oct. 1889.)

Le poids d'air qui remplit le ballon à 0° et sous la pression de 760ᵐᵐ est $P = Va$; le poids d'air qui reste dans le ballon après qu'on a ouvert le robinet, et qui y occupe le volume $V (1 + kt)$ à t° et à la pression Π, est (*formule du poids d'un gaz*) $P' = V (1 + kt) \dfrac{a}{1 + \alpha t} \times \dfrac{\Pi}{760}$. Par suite, le poids de l'air sorti est

$$p = P - P' = Va \left(1 - \frac{1 + kt}{1 + \alpha t} \cdot \frac{\Pi}{760} \right)$$

p étant exprimé en kilogrammes, si V est exprimé en litres.

Remarque. — Connaissant p, on peut déterminer α : ce procédé a été employé par Regnault.

---

107. *Quelle pression se produirait à l'intérieur d'un vase plein d'oxygène liquide à la température de — 130°, si on élevait sa température à 500°? Dans ces conditions, la totalité de l'oxygène liquide passe à l'état gazeux. — La densité de l'oxygène liquide à — 130° = 1,031; celle de l'oxygène gazeux = 1,1056; coeff. de dilat. des gaz = $\dfrac{1}{273}$; le poids spécif. normal de l'air = 0,001293. On négligera la dilatation du vase.*

(Paris, juil. 1885.)

Soit V le volume du vase en litres : il renferme un poids d'oxygène $p = V \times 1,031$ kg. Soit x la pression demandée en millimètres de mercure : le poids d'oxygène gazeux que renferme le vase à 500° est (*formule du poids d'un gaz*) $p' =$

$$V \times 1,1056 \times \frac{0,001293}{1 + 500 \times \frac{1}{273}} \times \frac{x}{760} \text{ kilogrammes. En ex-}$$

primant que $p = p'$, on a

$$V \times 1,051 = V \times 1,1056 \times \frac{0,001293}{1 + 500 \times \frac{1}{273}} \cdot \frac{x}{760}$$

d'où

$$x = 1\,582\,000^{mm} = 2081 \text{ atm. à peu près}$$

---

108. *Un corps de pompe est entouré d'un manchon contenant un liquide à la température* T ; *par le tuyau du corps de pompe on introduit de l'air. Quelle quantité faut-il en introduire pour que le piston s'élève d'une hauteur égale à* h ? — *Section et poids du piston* $=$ S *et* P ; *coeff. de dilat. de l'air* $=$ α ; *poids spécif. normal de l'air* (*supposé pur et sec*) $=$ a ; *densité du mercure* $=$ D ; *pression atmosphérique* $=$ H. *On néglige l'air contenu dans le tuyau.*

(Grenoble, juillet 1882.)

Soit x le poids cherché. Cette masse d'air occupe, à l'intérieur du corps de pompe, un volume Sh, et sa pression, devant équilibrer la pression atmosphérique augmentée du poids du piston, équivaut à celle d'une colonne de mercure de hauteur $H + \dfrac{P}{SD}$, $\dfrac{P}{SD}$ représentant, en colonne de mercure, la pression équivalente à la pression par unité de surface $\dfrac{P}{S}$ du piston. La *formule du poids d'un gaz* donne alors

$$x = Sh \frac{a}{1 + \alpha T} \cdot \frac{H + \dfrac{P}{SD}}{76}$$

H et h étant exprimés en centimètres, P en grammes, S en centimètres carrés, et, par suite, x en grammes.

8

109. *Aux deux extrémités du fléau d'une balance sont suspendus deux corps A et B. Le premier a un poids p et un volume v; le second, un poids p' et un volume v'. L'équilibre existe dans une atmosphère à 0° et à la pression de 760ᵐᵐ. La température devenant t et la pression H, on demande : 1° la relation qui doit exister entre H et t pour que l'équilibre subsiste; 2° dans le cas où cette relation n'est pas satisfaite, de quel côté il faut ajouter des poids pour rétablir l'équilibre; 3° quelle est la valeur de ces poids. On négligera la dilatation des corps A et B et la poussée exercée sur les poids ajoutés. — Poids spécif. normal de l'air (supposé pur et sec) = a; coeff. de dilat. des gaz = α.*

(Grenoble, juillet 1890.)

1° Dans la première expérience, les poids apparents des deux corps sont $p - va$ et $p' - v'a$; dans la seconde expérience, ces poids sont devenus *(formule du poids d'un gaz)*

$$p - v \, \frac{a}{1 + \alpha t} \, \frac{H}{760} \quad \text{et} \quad p' - v' \, \frac{a}{1 + \alpha t} \, \frac{H}{760}.$$

Pour que, dans les deux cas, il y ait équilibre, il faut que

$$p - va = p' - v'a, \quad p - v \, \frac{a}{1 + \alpha t} \, \frac{H}{760} = p' - v' \, \frac{a}{1 + \alpha t} \, \frac{H}{760}$$

d'où la relation

$$(v - v') \left(1 - \frac{1}{1 + \alpha t} \, \frac{H}{760} \right) = 0$$

qui donne la condition

$$\frac{1}{1 + \alpha t} \cdot \frac{H}{760} = 1$$

ou

$$H = 760 \, (1 + \alpha t) \tag{1}$$

2° Si la relation (1) n'est pas satisfaite, il est clair que la balance s'inclinera du côté du corps qui a le plus petit volume, si, par suite du changement de température et de pression, le poids spécifique de l'air et, par suite, la poussée, ont augmenté, tandis qu'elle s'inclinera en sens contraire si la poussée a diminué. Dans l'un et l'autre cas, c'est sur le plateau opposé qu'il faudra ajouter une surcharge.

3° Quel que soit le plateau où on le place, la valeur de la surcharge sera

$$\varpi = (v - v') \, a \left(1 - \frac{1}{1 + \alpha t} \frac{H}{760} \right) \qquad (2)$$

Elle dépend de la différence $v - v'$ des volumes et est indépendante de leurs valeurs absolues, ainsi que des poids des corps A et B, ce qui était évident *a priori*.

---

110. *Déduire la valeur du kilogramme, en unités de poids arbitraires, de l'expérience suivante* [1] :

1° On mesure, en décimètres cubes, le volume V_0 *d'un cylindre à 0°, on le suspend au-dessous d'un des plateaux d'une balance bien sensible, on le tare; 2° on le plonge dans de l'eau à* $t°$ *et on rétablit l'équilibre avec des poids dont la somme,* P, *est évaluée en fonction de l'unité de poids arbitraire choisie.*

On connaît : 1° le coefficient de dilatation cubique c *du cylindre de 0° à* $t°$; *2° la dilatation* Δ_t *de l'unité de volume de l'eau de 4° à* $t°$; *3° le poids spécifique* a *de l'air dans lequel on fait les pesées, et qui est à la même température que l'eau; 4° le poids spécifique* ϖ *de la matière des poids marqués employés.*

Soit, en kilogrammes, T le poids apparent de la tare, X le poids absolu du cylindre, p la valeur des poids P ; soit x la valeur cherchée du kilogramme. Il est clair que

$$x = \frac{P}{p} \qquad (1)$$

Par suite, il suffit d'évaluer p pour avoir x. Or la première opération donne la relation

$$T = X - V_0 \, (1 + ct) \, a \qquad (2)$$

---

1. Ce procédé a été employé par Lefèvre-Gineau, en 1799, pour établir la valeur, en unités arbitraires, du kilogramme-étalon. Le cylindre de cuivre dont il se servait était plongé dans de l'eau à 0°.

La seconde donne, en remarquant qu'à t_0 le poids spécifique de l'eau est $\dfrac{1}{1 + \Delta_t}$, et que le volume du cylindre devient $V_0 (1 + ct)$,

$$T = X + p \left(1 - \frac{a}{\varpi}\right) - V_0 (1 + ct) \frac{1}{1 + \Delta_t} \qquad (3)$$

En éliminant $T - X$ entre (2) et (3), on obtient

$$p = V_0 \frac{1 + ct}{1 + \Delta_t} \frac{1 - a (1 + \Delta_t)}{1 - \dfrac{a}{\varpi}}$$

Par suite,

$$x = \frac{P (1 + \Delta_t)}{V_0 (1 + ct)} \cdot \frac{1 - \dfrac{a}{\varpi}}{1 - a (1 + \Delta_t)}$$

---

111. *Le poids spécifique d'un corps, mesuré par la méthode du flacon, serait* D_1 *si l'on ne tenait pas compte de la poussée de l'air ambiant. On demande quelle correction il faut apporter à ce résultat, en supposant que, pendant la durée des opérations, l'air est pur et sec, à la pression normale et à la même température que le corps et l'eau, que l'on suppose être à* 4°. — *Poids spécif. de l'air à* 4° *et à la pression normale* $= 0,00128.$

(Lyon, juillet 1891.)

Soit P le poids absolu du corps, D sa densité à 0° (densité cherchée), c son coefficient de dilatation cubique, Π le poids absolu des *poids marqués* qui lui font équilibre dans la première partie de l'opération, Δ leur densité, δ leur coefficient de dilatation. La véritable équation d'équilibre, dans cette pesée, est, non $P = \Pi$, mais

$$P \left[1 - \frac{0,00128}{\left(\dfrac{D}{1 + 4c}\right)} \right] = \Pi \left[1 - \frac{0,00128}{\left(\dfrac{\Delta}{1 + 4\delta}\right)} \right] \qquad (1)$$

Soit p le poids absolu du volume d'eau à 4° que chasse le corps lorsqu'on l'introduit dans le flacon, ϖ le poids absolu des poids marqués qui font équilibre à ce poids d'eau, dont le volume est, à la température de 4°, exprimé rigoureusement par le nombre p. La véritable équation d'équilibre, dans cette seconde partie de l'opération, est, non $p = \varpi$, mais

$$p\,(1 - 0{,}00128) = \varpi\left[1 - \frac{0{,}00128}{\left(\dfrac{\Delta}{1 + 4}\right)}\right] \qquad (2)$$

D'ailleurs, par hypothèse,

$$\frac{\Pi}{\varpi} = D_1 \qquad (3)$$

Dès lors, si l'on divise membre à membre les relations (1) et (2), et que l'on remarque que le rapport $\dfrac{P}{p}$ représente le poids spécifique du corps à 4°, c'est-à-dire que $\dfrac{P}{p} = \dfrac{D}{1 + 4c}$, on arrive facilement, les quantités Δ et δ s'éliminant d'elles-mêmes, à la valeur

$$D = \left[D_1 - 0{,}00128\,(D_1 - 1)\right](1 + 4c)$$

Pratiquement, on peut négliger, dans le binôme $1 + 4c$, le terme $4c$. On a donc

$$D = D_1 - 0{,}00128\,(D_1 - 1)$$

d'où, pour la correction demandée,

$$\varepsilon = -\,0{,}00128\,(D_1 - 1)$$

---

112. *Un ballon en porcelaine* B *communique avec un tube vertical en verre plongeant dans une cuvette très large con-tenant du mercure. Tout l'appa-reil étant plein de gaz à 0°, et la pression extérieure étant* II, *le mercure s'élève dans la bran-che verticale à une hauteur* l. *On chauffe le ballon à* t° *et on maintient le reste de l'appareil à 0° : le mercure descend d'une longueur* l' *dans la branche* CA. *On demande de*

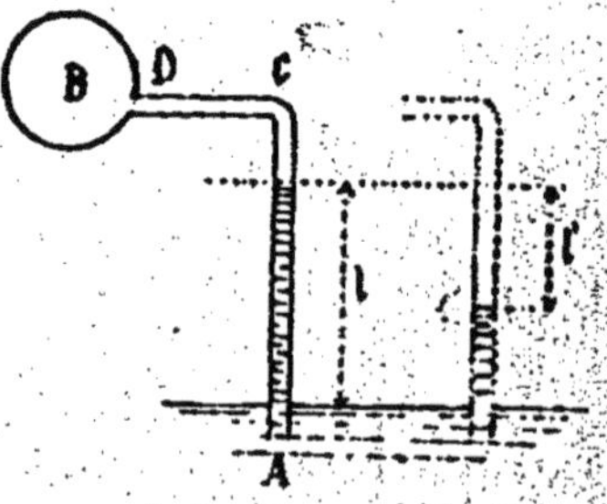

calculer le volume du ballon jusqu'en D. *La pression extérieure reste constante et égale à* H *pendant toute l'expérience ; le tube* DCA *a une longueur* L *et une section* s. — *Coeff. de dilat. de la porcelaine* = k, *des gaz* = α.

(Nancy, juillet 1886.)

Soit x le volume demandé. A 0°, la masse de gaz qui occupe le volume x du ballon est à la pression $H - l$, ainsi que celle qui, dans le tube DCA, occupe le volume $s (L - l)$, car ces deux masses, puisqu'il y a équilibre, sont évidemment à la même pression. Pour la même raison, les deux masses de gaz qui occupent respectivement, l'une le volume $x (1 + kt)$ du ballon à $t°$, l'autre le volume $s [L - (l - l')]$ dans le tube à 0°, sont à la même pression $H - (l - l')$. Or il est clair que, si l'on réduisait, dans les deux cas, les volumes de ces deux masses à 0° et à la pression de 760^{mm}, le volume total qu'elles occuperaient alors serait toujours le même. De là l'équation

$$\frac{x(H-l)}{760} + \frac{s(L-l)(H-l)}{760} = \frac{x(1+kt)}{1+\alpha t} \cdot \frac{H-(l-l')}{760} + s[L-(l-l')]\frac{H-(l-l)}{760}$$

qui donne

$$x = sl'(1 + \alpha t) \frac{L - l + l'}{(H - l) t (\alpha - k) - l' (1 + kt)}$$

Remarque 1. — En écrivant que le poids total du gaz contenu dans le ballon et du gaz contenu dans le tube est toujours le même, on arriverait à la même équation.

Remarque 2. — Connaissant x, on pourrait calculer t. C'est le principe du *pyromètre de Deville*.

---

113. *Calculer la force ascensionnelle d'un aérostat à air chaud dont le diamètre est de* D *mètres, sachant que l'enveloppe pèse* p^{kg} *par mètre carré, que la température de l'ai. ex   rieur est* t, *celle de l'air intérieur étant* T. *L'air inté   eur est supposé à la pression normale et on*

admet que son poids est de 1ᵏᵍ,293 par mètre cube. —
Coeff. de dilat. de l'air = 0,00367.

(Montpellier, juillet 1893.)

Soit F la force ascensionnelle demandée, exprimée en tonnes, la tonne étant prise, ici, pour unité de poids, le mètre pour unité de longueur, le mètre carré pour unité de surface. Le poids de l'air déplacé est en tonnes, $P = \frac{1}{6}\pi D^3 \times \frac{0,001293}{1 + \alpha t}$, le poids spécifique de l'air étant, d'après l'énoncé, 0,001293. Le poids total de l'aérostat est en tonnes

$$p = \pi D^2 \times \frac{p}{1000} + \frac{1}{6}\pi D^3 \times \frac{0,001293}{1 + \alpha T} \cdot \text{ Par définition, } F = P - p.$$

Dès lors

$$F = \frac{\pi D^3}{6} \times 0,001293 \frac{\alpha(T - t)}{(1 + \alpha t)(1 + \alpha T)} - \frac{\pi D^2 p}{1000}$$

---

114. *On a un ballon dont le poids mort est* p. *Calculer le poids* P *et le volume* V *d'hydrogène, de densité* d, *qu'il faut y introduire pour qu'il flotte dans l'air sans toucher le sol et sans s'élever. — Pression de l'air = H; température de l'air et de l'hydrogène = t; poids spécif. normal de l'air = a; coeff. de dilat. des gaz = α; volume du poids mort = v.*

(Clermont, nov. 1891.)

Le poids total du ballon rempli d'hydrogène sera $p + V\frac{ad}{1 + \alpha t} \times \frac{H}{76}$; le poids de l'air déplacé sera $(V + v) \times \frac{a}{1 + \alpha t} \times \frac{H}{76}$. Pour que l'équilibre ait lieu, il faut que

$$p + V\frac{ad}{1 + \alpha t} \times \frac{H}{76} = (V + v)\frac{a}{1 + \alpha t} \times \frac{H}{76}$$

On déduit de là

$$V = \frac{p(1 + \alpha t) \times 76 - vaH}{aH(1 - d)} \qquad (a)$$

et

$$P = V\frac{ad}{1 + \alpha t} \times \frac{H}{76} = \left(p - \frac{va}{1 + \alpha t} \times \frac{H}{76}\right)\frac{d}{1 - d} \qquad (b)$$

Remarque. — Pratiquement, $v = 0$. Alors

$$V = \frac{p\,(1 + \alpha t) \times 76}{a\,(1 - d)\,\Pi}, \quad \Pi = \frac{pd}{1 - d}$$

---

115. *Deux boules de verre* A *et* B, *pleines d'air à* 0° *et à* 760^{mm} *de pression, sont réunies par un tube cylindrique horizontal de section* s. *Un index de liquide occupe le milieu du tube et sépare les deux masses d'air, dont les volumes, limités à l'index, sont* A *et* B. *On chauffe* A *à* t° *et* B *à* t° (t' > t). *L'équilibre s'établit et l'on demande la valeur du déplacement de l'index, celui-ci ne sortant pas du tube. On négligera la dilatation du verre.* — *Coeff. de dilat. de l'air* = α.

(Rennes, juillet 1886, juillet 1891.)

Soit x le déplacement de l'index de A vers B, Π la pression commune aux deux masses gazeuses, une fois l'équilibre établi. En appliquant à chacune de ces masses *l'équation des gaz parfaits*, on a les deux équations

$$A \times 76 = \frac{(A + sx)\,\Pi}{1 + \alpha t'}, \quad B \times 76 = \frac{(B - sx)\,\Pi}{1 + \alpha t}$$

d'où, en éliminant Π,

$$x = \frac{AB\,(\alpha t' - t)}{s[A\,(1 + \alpha t') + B\,(1 + \alpha t)]}$$

Remarque. — Posons $t' - t = \theta$. Alors

$$x = \frac{AB\alpha\theta}{s\,[(A + B)\,(1 + \alpha t) + A\alpha\theta)]}$$

Connaissant x et t, on peut donc déterminer θ. Cet appareil constitue, en effet, une sorte de *thermomètre différentiel,* analogue à celui de Leslie (**116**).

---

116. *Deux boules égales,* A *et* B, *pleines d'air, sont réunies par un tube cylindrique* ACB *deux fois recourbé,* *présentant une branche horizontale et deux verticales. Ce tube est partiellement plein d'eau qui s'élève au même niveau, en M et en N, lorsque les températures des boules sont égales. On demande ce que deviennent ces niveaux lorsque, la boule A étant à 0°, l'air de la boule B est porté à une température t. On suppose que le tube a une section assez faible pour que l'on puisse négliger les volumes MM', NN' à côté de ceux des boules, M' et N' étant les nouvelles surfaces libres du liquide. On supposera que, quand les deux boules sont à 0°,*

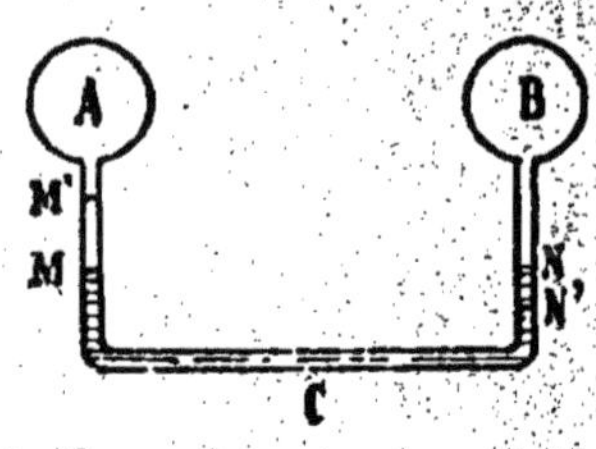

l'air qu'elles contiennent est à la pression de H_0 *centimètres de mercure, et on négligera la dilatation du verre. — Densité du mercure* $= D$ *; coeff. de dilat. de l'air* $= \alpha$.

(Marseille, nov. 1893.)

Les masses d'air contenues dans les deux boules gardant, par hypothèse, à très peu près le même volume, lorsque l'air de la boule B est porté de 0° à *t*°, *l'équation des gaz parfaits* donne

$$H = H_0 (1 + \alpha t)$$

H désignant, en centimètres de mercure, la pression de l'air de la boule B à *t*°. Cette relation donne, pour la différence des pressions dans les deux boules,

$$H - H_0 = H_0 \alpha t$$

En centimètres d'eau, cette différence serait $H_0 D \alpha t$. Or elle est évidemment égale à la différence M' N' des niveaux de l'eau dans les deux branches de l'appareil. Comme l'eau est montée dans la branche A de la quantité dont elle est descendue dans la branche B, on voit que, en centimètres,

$$MM' = NN' = \frac{1}{2} H_0 D \alpha t$$

Remarque. — Connaissant MM' ou NN', on peut déterminer *t*. Cet appareil n'est autre, en effet, que le *thermomètre différentiel de Leslie.*

117. *Démontrer que tout mélange de gaz ou de vapeurs qui obéissent individuellement aux lois de Mariotte et de Gay-Lussac est lui-même soumis à ces deux lois.*

Soient v, v', v'',... les volumes, aux températures t, t', t'',..., et sous les pressions h, h', h'',... des masses de gaz ou de vapeur qui composent le mélange. Faisons occuper au mélange, d'abord un volume V à la température T et sous la pression II, puis un volume V' à la température T' et sous la pression II'. On aura (*formule du mélange des gaz généralisée*) les deux relations

$$\frac{VII}{1 + \alpha t} = \frac{vh}{1 + \alpha t} + \frac{v'h'}{1 + \alpha t'} + \frac{v''h''}{1 + \alpha t''} + \ldots$$

$$\frac{V'II'}{1 + \alpha T'} = \frac{vh}{1 + \alpha t} + \frac{v'h'}{1 + \alpha t'} + \frac{v''h''}{1 + \alpha t''} + \ldots$$

d'où

$$\frac{VII}{1 + \alpha T} = \frac{V'II'}{1 + T\alpha'}$$

ce qu'il fallait démontrer.

---

118. *Un réservoir vide d'air, maintenu à la température de 0°, a pour volume intérieur 1 mètre cube. On y refoule 800 litres d'air à 0° et à la pression de 0^m,840 de mercure, et 700 litres d'acide carbonique (anhydride carbonique) mesurés lorsque le gaz a une température de 100° et une force élastique de 0^m,760. On demande : 1° quelle sera la force élastique F du mélange lorsqu'il aura pris la température du réservoir; 2° quel sera le poids p de 1 litre du mélange. — Poids normal du litre d'air = 1^g,293; coeff. de dilat. des gaz = 0,00367; densité de l'anhydride carbonique = 1,529.*

(Rennes, nov. 1885; Lille, oct. 1888.)

1° La formule du mélange des gaz généralisée (**117**) donne

$$1000 \times F = 800 \times 0,840 + \frac{700 \times 0,760}{1 + 0,00367 \times 100}$$

d'où
$$F = 1^m,061 = 1^{atm},4 \text{ environ}$$

2° Les poids respectifs de l'air et de l'anhydride carbonique refoulés dans le réservoir sont (*formule du poids d'un volume de gaz*)

$$P_1 = 800 \times 0,001293 \times \frac{0,840}{0,760} = 1^{kg},143$$

$$P_2 = 700 \times 0,001293 \times 1,529 \times \frac{1}{1 + 0,00367 \times 100} = 1^{kg},012$$

Le poids du mélange est alors

$$P = P_1 + P_2 = 2^{kg},155$$

et le poids d'un litre du mélange

$$p = \frac{P}{1000} = 0^{kg},002155 = 2^g,155$$

---

119. *Un mélange gazeux renferme des poids égaux d'oxygène et d'hydrogène. Calculer : 1° le volume occupé par 10g de ce mélange à 0° et sous la pression de 760mm; 2° la pression que devraient supporter ces 10g du mélange pour qu'à 100° leur volume fût de 10 litres. — Densité de l'hydrogène = 0,0695; densité de l'oxygène = 1,112; poids spécif. normal de l'air = 0,001293; coeff. de dilat. des gaz = 0,00367.*

(Paris, juillet 1885.)

1° Les 10g du mélange renfermant 5g de chacun des gaz, si v est le volume qu'occuperaient les 5g d'hydrogène du mélange à la température et à la pression du mélange, on a (*formule du poids d'un volume de gaz*)

$$5 = v \times 0,001293 \times 0,0695 \qquad (1)$$

d'où

$$v = 55639^{cm^3} = 55^l,639 \text{ environ}$$

La densité de l'oxygène par rapport à celle de l'hydrogène étant $\frac{1,112}{0,0695} = 16$, il est évident que le volume des 5g d'oxygène, à la température et à la pression du mélange, sera

$$v' = \frac{v}{16} = 3^l,477 \text{ environ}$$

Par suite, le volume du mélange gazeux est

$$V = v + v' = 59^l,116 \text{ environ}$$

2° Le mélange gazeux donné, étant formé de gaz qui suivent exactement les lois de Mariotte et de Gay-Lussac, obéit à ces deux lois (117). Dès lors, si x est la pression demandée, évaluée en millimètres, *l'équation des gaz parfaits* donne

$$59,116 \times 760 = \frac{10x}{1 + 100 \times 0,00367} \qquad (2)$$

d'où

$$x = 6141^{mm},6 = 8^{atm},1 \text{ environ}$$

---

120. *Un récipient plein d'air sec, de capacité* V, *communique avec un manomètre à air comprimé de section négligeable. Au début, la pression du gaz dans le récipient est* H, *la température* t, *et le mercure a le même niveau dans les deux branches du manomètre, la longueur de l'air dans la branche fermée étant* l. 1° *Montrer que si l'on fait varier d'une quantité quelconque la température de tout l'appareil, l'égalité du niveau du mercure dans les deux branches se maintiendra, à la condition de négliger la dilatation des enveloppes et du mercure.* 2° *Calculer le poids d'air qu'il faut introduire dans le récipient pour que, la température de l'appareil entier demeurant constante et égale à* t, *il s'établisse dans le manomètre une différence de niveau du mercure égale à* h. — *Poids du litre d'air normal* = a, *coeff. de dilat. de l'air* = α.*

Marseille, juillet 1893.)

1° Supposons que, par suite de l'interposition d'une cloison solide infiniment mince, on fasse subir la variation de température indiquée aux masses gazeuses du récipient R et de la branche B du manomètre (fig. I), en conservant à chacune

son volume primitif. Si t' est la nouvelle température, la pression de chaque côté deviendra (*équation des gaz parfaits*)

$$\Pi' = \Pi \frac{1 + \alpha t}{1 + \alpha t}$$

c'est-à-dire sera la même de part et d'autre. Supprimons la
cloison, ce qui permettra au gaz d'exercer son action sur le
mercure dans chaque branche A et B du manomètre, l'horizontalité des niveaux ne sera pas troublée, puisque de part
et d'autre s'exercera la pression Π'.

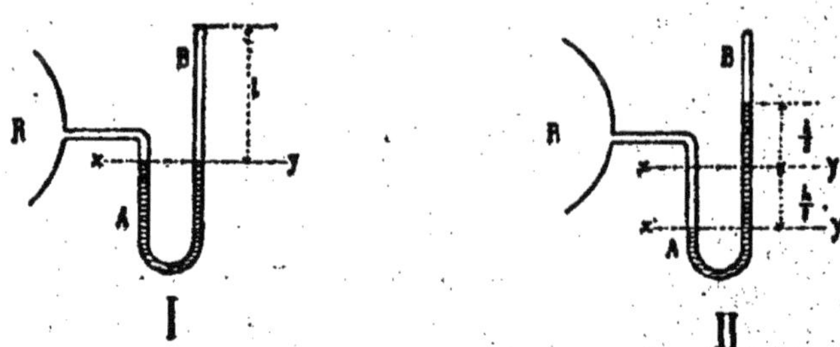

2° L'air qui occupait dans le tube B une longueur l occupe
maintenant une longueur $l - \dfrac{h}{2}$, car la quantité dont s'est
abaissé le mercure en A est la même que celle dont il est
monté en B (fig. II). Sa force élastique est alors devenue

$$\Pi \frac{l}{l - \dfrac{h}{2}} = \Pi \frac{2l}{2l - h}$$, et, par suite, sur le plan horizontal $x'y'$

qui passe par le niveau du mercure dans la branche A s'exerce
une pression $\Pi \dfrac{2l}{2l - h} + h$. La force élastique de l'air du

récipient s'est donc accrue de $\left(\Pi \dfrac{2l}{2l - h} + h \right) - \Pi = h$

$\left(1 + \dfrac{2l}{2l - h} \right)$, valeur qui représente (*loi du mélange des gaz*)
la force élastique individuelle de l'air introduit. Le volume
de cet air étant V à la température t, son poids est

$$p = V \cdot \frac{a}{1 + \alpha t} \cdot \frac{h \left(1 + \dfrac{\Pi}{2l - h} \right)}{76}$$

p étant exprimé en grammes si Π, h, l sont exprimés en centimètres, V en centimètres cubes.

§ 5. Densité des gaz.

121. *Dans les expériences de Regnault pour la détermination de la densité du gaz carbonique (anhydride carbonique), on avait les données suivantes :*

	Pressions	Poids ajouté
Ballon plein de gaz......	756^{mm},34	0^g,808
Ballon vide.............	1 ,71	20 ,2085
Ballon plein d'air.......	747 ,21	1 ,693
Ballon vide............	7 ,56	14 ,2343

Calculer la densité de ce gaz.

(Clermont, juillet 1886.)

Les expériences de Regnault étaient faites à 0°. Par suite, le poids 20^g,2085 — 0^g,808 = 19^g,4005 est celui du volume d'anhydride carbonique qui occupait le ballon à 0° et à la pression 756^{mm},34 — 1^{mm},71 = 754^{mm},63 (*loi du mélange des gaz*). Le poids p d'anhydride carbonique qui remplirait le ballon à 0° et à la pression 760^{mm} est alors donné (*loi de Mariotte*) par la proportion

$$\frac{p}{19,4005} = \frac{760}{754,63} \qquad (1)$$

De même, le poids p' d'air qui remplirait le ballon à 0° et à la pression 760^{mm} est donné par la proportion

$$\frac{p'}{12,4455} = \frac{760}{739,65} \qquad (2)$$

La densité demandée est donc

$$d = \frac{p}{p'} = \frac{19,4005 \times 739,65}{12,4455 \times 754,63} = 1,529$$

---

122. *Un flacon à l'émeri rempli d'air sec à 15° et à 760^{mm} est équilibré, dans l'autre plateau de la balance, par un flacon égal, hermétiquement clos. On fait passer dans le premier flacon un courant d'un certain gaz jusqu'à* *ce que l'air soit remplacé par ce gaz. On le ferme alors et on le porte sur la balance : son poids a augmenté de 1ᵍ. Enfin, on chasse le gaz et on remplit le flacon d'eau distillée à 15° : l'excès de son poids sur celui du flacon plein d'air sec est de 543ᵍ. Calculer la densité de ce gaz en admettant que ni la température ni la pression n'ont varié pendant l'expérience [1]. — Densité de l'eau à 15° = 0,99957 ; poids normal du litre d'air = 1ᵍ,293.*

(Nancy, juillet 1885 ; Alger, juillet 1892 ; Montpellier, avril 1892.)

Soit d la densité cherchée. L'augmentation de poids de 1 gramme représente la différence entre le poids d'un volume du gaz, remplissant le premier flacon à 15° et à 760ᵐᵐ et le poids du volume d'air sec qui le remplissait à la même température et sous la même pression. Par suite, si V est, en centimètres cubes, le volume du flacon à 15°, on a

$$ V \times \frac{d \times 0,001293}{1 + 0,00367 \times 15} - V \times \frac{0,001293}{1 + 0,00367 \times 15} = 1^{\mathrm{g}} \qquad (1) $$

la poussée de l'air sur le premier flacon étant équilibrée par la poussée égale qu'il exerce sur le second. De même l'augmentation de poids de 543ᵍ représente la différence entre le poids d'eau qui remplit le premier flacon à 15° et le poids du volume d'air sec qui le remplit à la même température et à la pression 760ᵐᵐ, d'où la relation

$$ V \times 0,99957 - V \times \frac{0,001293}{1 + 0,00367 \times 15} = 543^{\mathrm{g}} \qquad (2) $$

En divisant (1) et (2) membre à membre, V s'élimine et on trouve $d = 2,5$.

---

123. *La densité de l'acide sulfureux gazeux (anhydride sulfureux) à 0° et sous la pression de 760ᵐᵐ est 2,224. Le coefficient de dilatation de ce gaz entre 0° et 100°, sous la même pression, est 0,0039 ; celui de l'air, dans le*

---

1. Cette méthode s'emploie lorsque le gaz dont on veut déterminer la densité attaque le mercure.

même intervalle, 0,00367. On demande la densité de l'acide sulfureux gazeux à 100° et sous la pression de 760ᵐᵐ.

(Paris, nov. 1881; Dijon, nov. 1887; juillet, 1893.)

Soit a le poids spécifique de l'air à 0° et sous la pression de 760ᵐᵐ. Les poids p et p' d'un même volume V d'acide sulfureux gazeux et d'air, à 100° et sous la pression de 760ᵐᵐ, sont respectivement

$$p = Va \times 2,234 \times \frac{1}{1 + 100 \times 0,0039}$$

$$p' = Va \times \frac{1}{1 + 100 \times 0,00367}$$

La densité demandée est donc, par définition,

$$d = \frac{p}{p'} = 2,107 \text{ au lieu de } 2,224$$

Remarque. — Ce résultat montre nettement que la densité des gaz dont le coefficient de dilatation est plus grand que celui de l'air, diminue quand la température s'élève.

---

124. *A quelle température l'oxygène, sous la pression H, aurait-il la même densité que l'hydrogène à t° et sous la pression H'? La densité de l'oxygène est normalement 16 fois plus grande que celle de l'hydrogène; le coeff. de dilat. des gaz = 0,00367.*

(Lyon, avril 1881; Montpellier, avril 1881.)

La densité des gaz qui, comme l'oxygène et l'hydrogène, peuvent être considérés comme obéissant exactement aux lois de Mariotte et de Gay-Lussac étant constante, c'est du *poids spécifique* de l'oxygène et de l'hydrogène que veut parler l'énoncé, c'est-à-dire de leur densité par rapport à l'eau. Soit alors x la température cherchée, d la densité de l'oxygène, d' celle de l'hydrogène, a le poids spécifique normal de l'air. L'équation du problème est

$$\frac{ad}{1 + 0,00367x} \cdot \frac{H}{760} = \frac{ad'}{1 + 0,00367t} \cdot \frac{H'}{760}$$

d'où, en remarquant que $\dfrac{d}{d'} = 16$,

$$x = \frac{16(1 + 0,00367t)\Pi - \Pi'}{0,00367\Pi'}$$

---

125. *Deux ballons de capacité* V *et* V' *communiquent par un tube étroit, de volume négligeable, et contiennent à 0° un gaz de densité* d. *Calculer les densités* x *et* y *que prend le gaz dans les deux ballons, si l'on porte le premier à* t° *et le second à* T°.

(Marseille, nov. 1891; Nancy, nov. 1891.)

Il est clair qu'il s'agit ici des variations du poids spécifique du gaz (**124**). En exprimant que, lorsqu'on a chauffé les ballons, le poids total du gaz n'a pas changé, on a d'abord

$$V x + V' y = (V + V')d \qquad (1)$$

Maintenant, il est évident qu'une fois les deux ballons portés à $t°$ et à $T°$, il y a mélange des deux masses gazeuses; mais, puisqu'il y a équilibre, ces deux masses sont à la même pression. Soit Π cette pression, prise pour inconnue auxiliaire. Les *formules relatives aux poids spécifiques dans le cas des gaz* donnent

$$x = \frac{d}{1 + \alpha t}\,\frac{\Pi}{76} \qquad (2)$$

$$y = \frac{d}{1 + \alpha T}\,\frac{\Pi}{76} \qquad (3)$$

La résolution de ces trois équations donne

$$\begin{cases} x = \dfrac{(V + V')\,(1 + \alpha T)}{V(1 + \alpha T) + V'(1 + \alpha t)}\, d \\[2ex] y = \dfrac{(V + V')\,(1 + \alpha t)}{V(1 + \alpha T) + V'(1 + \alpha t)}\, d \end{cases}$$

---

§ 6. Vapeurs. — Mélange des gaz et des vapeurs.

126. *La section inférieure* AB *de la soupape de sûreté* ABCD *d'une chaudière à vapeur est de* 5^{cm2}, *son poids de* 1626^g,8. *Sur l'extrémité* E *de la tige de cette soupape appuie un levier de poids négligeable mobile autour du point* O. *On suspend en un point* F, *tel que* OF $= 5$OE, *un poids de* 6^{kg}, *on chauffe et on constate que la soupape se soulève au moment où la température est de* 160° *dans la chaudière. On demande quelle est, en millimètres de mercure, la tension maximum de la vapeur d'eau à cette température* [1] ? — *Pression atmosphérique* $= 760^{mm}$; *densité du mercure* $= 13,6$.

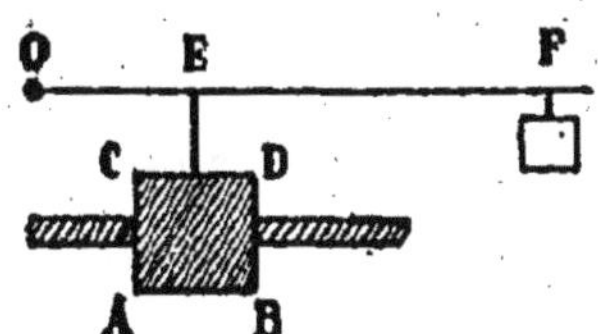

(Grenoble, avril 1885; Clermont, avril 1890.)

Soit x la tension demandée, en millimètres de mercure. Prenons le kilogramme pour unité de poids. Les forces qui agissent sur la soupape sont, *pour la maintenir fermée* : 1° la pression atmosphérique qui, pour la pression normale de 760^{mm} de mercure, correspond, par centimètre carré, à $76 \times 13,6 = 1033^g,6 = 1^{kg},0336$, et, par conséquent, exerce ici une pression de $5 \times 1,0336 = 5^{kg},1680$; 2° son poids, qui est de 1^{kg},6268 ; 3° la surcharge, dont l'effet (*théorie du levier*) est $5 \times 6 = 30^{kg}$. *Pour la soulever* : la tension de la vapeur qui, exprimée en centimètres de mercure, est $\frac{x}{10}$, correspond, par centimètre carré, à une pression de $\left(\frac{x}{10} \times 13,6\right)^g = \frac{x \times 13,6}{10\,000}$kg, et, par suite, exerce sur la soupape une pression totale de $5 \times \frac{x \times 13,6}{10\,000}$ kg. On a donc l'équation

$$5 \times \frac{x \times 13,6}{10\,000} = 5,168 + 1,6268 + 30$$

---

[1]. Ce problème montre comment une soupape de sûreté peut remplacer un manomètre.

d'où

$$x = 5411^{mm} = 7^{atm},1$$

l'atmosphère correspondant à une pression de 700^{mm} de mercure.

---

127. *Dans un corps de pompe cylindrique, de section égale à 1$^{dm^2}$, se meut un piston sans poids parfaitement mobile. Au-dessous du piston, et remplissant tout l'espace, se trouve un poids d'eau égal à 0^g,8125. On chauffe l'ensemble à 273° : le piston se soulève. On demande, en kilogrammes, le poids dont il faudra le charger pour le maintenir à 1 décimètre du fond. On négligera la dilatation du vase. — Poids du litre d'air normal = 1^g,3;*

densité de la vap. d'eau = $\dfrac{5}{8}$ *; densité du mercure = 13,6;*

coeff. de dilat. des gaz = $\dfrac{1}{273}$ *; hauteur barométrique = 76^c.*

(Marseille, nov. 1891.)

Prenons pour inconnue auxiliaire la pression x, évaluée en décimètres de mercure, de la vapeur d'eau obtenue lorsqu'on chauffe l'eau à 273°, température à laquelle elle occupe, d'après l'énoncé, un volume de 1 dm³. La *formule du poids d'un volume de vapeur* donne, en prenant le kilogramme pour unité de poids, la relation

$$0,0008125 = 0,0013 \times \frac{5}{8} \times \frac{1}{1 + \frac{1}{273} \times 273} \times \frac{x}{7,6}$$

d'où [1]

$$x = 2 \times 7,6 = 15^d,2$$

La pression due à la vapeur d'eau, pression qui tend à soulever le piston, est donc de 2 atmosphères. Dès lors, la pression nécessaire pour maintenir le piston à la hauteur

---

1. Le choix des données rend ce calcul excessivement simple. Il en est de même pour la généralité des problèmes donnés dans le ressort de la Faculté de Marseille.

demandée sera égale à $1^{atm} = 7^d,6$ de mercure. Le poids dont il faut charger le piston pour le maintenir dans la position indiquée est donc

$$P = 7,6 \times 13,6 = 1^{kg},0336$$

---

128. *Un baromètre est formé avec un tube de section* s. *La distance entre le niveau du mercure dans la cuvette et le sommet du tube est* L, *la pression atmosphérique est* H. *On introduit dans la chambre barométrique un poids* p *d'un certain liquide; soit* d *la densité de vapeur de ce liquide, supposée constante,* F *la tension maximum de cette vapeur à la température de l'expérience. Trouver la quantité* x *dont le mercure s'abaisse; discuter. On négligera les variations de niveau du mercure dans la cuvette. — Poids spécif. de l'air à* t° *et sous la pression* H = a.

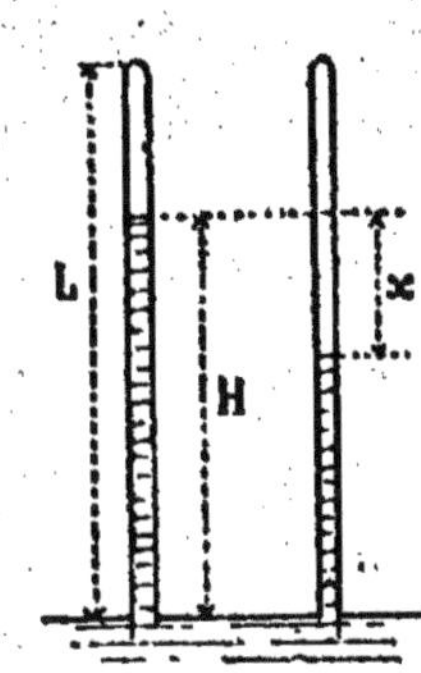

(Grenoble, juillet 1891.)

Supposons le poids p tel qu'il n'y ait pas un excès de liquide non vaporisé. Le volume occupé par la vapeur étant $s(L - H + x)$, la *formule du poids d'un volume de vapeur* donne

$$p = s(L - H + x)\, ad\, \frac{x}{H}$$

car x représente ici, en colonne de mercure, la tension de la vapeur. On déduit de là l'équation du second degré

$$f(x) = x^2 + (L - H)\, x - \frac{pH}{sad} = 0 \qquad (1)$$

Discussion. — Les racines de cette équation sont réelles et de signes contraires. La racine positive seule convient à la question à condition que l'on ait $x \leqslant F$ ou $F \geqslant x$. Pour cela, il faut et il suffit que

$$f(F) = F^2 + (L - H)\, F - \frac{pH}{sad} \geqslant 0$$

On en conclut qu'il faut que

$$p \leqslant sad \frac{F^2 + (L - \Pi)\, F}{\Pi}$$

Si p atteint sa valeur maximum $sad \dfrac{F^2 + (L - \Pi)\, F}{\Pi}$,

l'équation (1) admet, pour la solution du problème, $x = F$, résultat évident *a priori*.

Remarque. — On pourrait supposer $L < \Pi$. La vaporisation ne se produira alors que si $\Pi - L < F$. Si elle se produit, le volume occupé par la vapeur est x, sa pression $\Pi - L + x$ et l'on obtient l'équation

$$f(x) = x^2 + (\Pi - L)\, x - \frac{p\Pi}{sad} = 0$$

qui se discute comme la précédente.

---

129. *Une cloche cylindrique renversée verticalement sur le mercure contient de la vapeur d'éther. Elle est graduée en millimètres, le zéro étant au sommet. Le niveau du mercure dans la cloche est à la division 240, celui du mercure dans la cuve à la division 700. On enfonce la cloche jusqu'à ce que le niveau du mercure dans la cloche vienne à la division 120. On demande s'il y a eu condensation partielle de l'éther ou non. Dans le premier cas, quel serait le poids d'éther liquide ? Dans le second cas, à quelle division affleurerait le mercure de la cloche ? — Température de l'expérience $= 20°$; pression atmosphérique $= 750^{mm}$; tens. max. de la vap. d'éther à $20° = 433^{mm}$; densité de la vap. d'éther (supposée indépendante de la fraction de saturation) $= 2,56$; section de la cloche $= 4 cm^2$; poids spécif. normal de l'air $= 0,0013$; coeff. de dilat. des gaz $= 0,00367$.*

(Besançon, juillet 1892.)

1° Quand le niveau du mercure dans la cloche est à la division 240, la hauteur de la colonne de mercure soulevée est $700 - 240 = 460^{mm}$; comme la hauteur barométrique est de 750^{mm}, on en conclut que la force élastique de la vapeur d'éther est $750 - 460 = 290^{mm}$. Quand on enfonce la cloche, le volume de la vapeur d'éther se réduit dans le rapport de 240 à 120, c'est-à-dire devient moitié de ce qu'il était primitivement. Dès lors, s'il n'y avait pas condensation, la force élastique de la vapeur d'éther deviendrait $2 \times 290 = 580^{mm}$; mais $580 > 433$. Par suite, il y a *condensation partielle*.

2° Pour avoir le poids ϖ de l'éther liquéfié, il suffit de calculer la différence entre le poids p de la vapeur d'éther qui remplit d'abord les 240 divisions de la cloche sous la pression de 290^{mm} de mercure, et le poids p' de la vapeur d'éther qui remplit ensuite 120 divisions de la cloche à la pression de 433^{mm} de mercure. Or (*formule du poids d'un volume de vapeur*), en réduisant les hauteurs données en centimètres,

$$p = 4 \times 24 \times 2,56 \times \frac{0,0013}{1 + 0,00367 \times 20} \times \frac{290}{760} \text{ grammes}$$

$$p' = 4 \times 12 \times 2,56 \times \frac{0,0013}{1 + 0,00367 \times 20} \times \frac{433}{760} \text{ grammes}$$

Par suite

$$\varpi = p - p' = 4 \times 12 \times 2,56 \times \frac{0,0013}{1 + 0,00367 \times 20} \times \frac{1}{76}(2 \times 29 - 43,3) = 0^{g},029$$

---

130. *Étant donnés 20 litres d'air saturé d'humidité à la température de 15° sous la pression de 588^{mm}, on demande quel serait le volume occupé par la même masse gazeuse à 30°, sous la pression de 606^{mm}. — Tens. max. de la vap. d'eau à 15° $= 12^{mm},7$; coeff. de dilat. des gaz $= \dfrac{1}{273}$.*

(Grenoble, juillet 1880; Marseille, juin 1888; Dijon, nov. 1888.)

Soit x le volume cherché. *L'énoncé ne donnant pas la tension maximum de la vapeur d'eau à 30°*, on doit en conclure que l'augmentation de pression qu'éprouve la vapeur d'eau par le fait de la compression et de l'élévation de température du mélange (air humide) dont elle fait partie, n'est pas suffisante pour lui faire dépasser son point de saturation à cette température. Mais alors, le mélange d'air et de vapeur se conduisant comme un mélange de gaz (117), *il est inutile de connaître la tension maximum de la vapeur d'eau à 15°,* et l'équation des gaz parfaits donne immédiatement

$$\frac{x \times 606}{1 + \frac{30}{273}} = \frac{20 \times 588}{1 + \frac{15}{273}} , \text{ d'où } x = 20^l,416$$

Remarque. — La tension individuelle de la vapeur d'eau dans le mélange, lorsque celui-ci occupe son volume final, est donnée par la relation

$$\frac{20,416 \times f}{1 + \frac{30}{273}} = \frac{20 \times 12,7}{1 + \frac{15}{273}} , \text{ d'où } f = 13^{mm},08$$

Comme, à 30°, la tension maximum de la vapeur d'eau est $31^{mm},5$, l'hypothèse que l'on a été forcé d'introduire dans la solution précédente est justifiée.

---

131. *La cloche d'une machine pneumatique a une capacité de 3 litres; elle est remplie d'air humide à la pression de 750^{mm}, la tension de la vapeur d'eau contenue dans cet air étant de 20^{mm}. On demande : 1° la tension de la vapeur d'eau dans la cloche lorsque la pression y sera réduite à 100^{mm}; 2° le poids de l'air humide enlevé. — Température de l'expérience $= 27°$; coeff. de dilat. des gaz $= \dfrac{1}{273}$; poids normal du litre d'air $= 1^g,293$.*

(Nancy, Juillet 1885.)

1° Soit x la tension demandée. Il est clair que la tension de la vapeur d'eau suivra la même loi de décroissance que la tension du mélange (64). Par suite

$$\frac{x}{20} = \frac{100}{750} , \text{ d'où } x = \frac{8^{mm}}{3}$$

2° Les poids successifs d'air humide contenus dans la cloche sont respectivement, en kilogrammes (*formule du poids d'un volume d'air humide*),

$$p = 3 \times 0{,}001293 \times \frac{1}{1 + \frac{1}{273} \times 27} \times \frac{750 - \frac{3}{8} \times 20}{760}$$

$$p' = 3 \times 0{,}001293 \times \frac{1}{1 + \frac{1}{273} \times 27} \times \frac{100 - \frac{3}{8} \times \frac{8}{3}}{760}.$$

Le poids de l'air humide enlevé est alors

$$y = p - p' = 0^{kg}{,}002096 = 2^g{,}096$$

132. *On mélange 100^l d'air saturé d'humidité à 15° avec un égal volume d'air saturé à 0°. On admet que le volume du mélange est de 200^l et sa température 7°,5. Calculer le poids d'eau qui se déposera à l'état liquide. — Tens. max. de la vap. d'eau à 15° = 12^{mm},7, à 7°,5 = 7^{mm},8, à 0^v = 4^{mm},6. Poids spécif. normal de l'air = 0,001293. Densité de la vap. d'eau = 0,622 ; coeff. de dilat. des gaz = 0,00367.*

(Montpellier, juillet 1881.)

Soit x le poids demandé. Les poids p et p' de vapeur d'eau contenus dans les deux volumes d'air humide que l'on mélange sont respectivement, en kilogrammes (*formule du poids d'un volume de vapeur*),

$$p = 100 \times 0{,}001293 \times 0{,}622 \times \frac{1}{1 + 0{,}00367 \times 15} \times \frac{12{,}7}{760}$$

$$p' = 100 \times 0{,}001293 \times 0{,}622 \times \frac{4{,}6}{760}$$

À 7°,5 le poids de vapeur d'eau, à la tension maximum 7^{mm},8, que contient le mélange, est, en kilogrammes,

$$p'' = 200 \times 0{,}001293 \times 0{,}622 \times \frac{1}{1 + 0{,}00367 \times 7{,}5} \times \frac{7{,}8}{760}$$

Or, évidemment,

$$x = p + p' - p''$$

En effectuant les calculs, on trouve $x = 0^g{,}053$.

133. *On emploie un appareil de Gay-Lussac destiné à vérifier la loi du mélange des gaz et des vapeurs. Le tube qui contient le gaz a pour section S, le tube manométrique latéral une section s. On a introduit au commencement un volume V d'un gaz sec, sous la pression atmosphérique II. On introduit ensuite un excès d'un liquide vaporisable, et cela sans ajouter ni enlever de mercure [1]. On constate que le niveau du mercure dans la branche qui contient le gaz a baissé de h. La pression extérieure ainsi que la température n'ayant pas varié dans l'intervalle, on demande quelle est, à cette température, la tension maximum de la vapeur émise par le liquide employé [1].*

(Marseille, juillet 1888.)

Soit x la tension cherchée, II_1 la force élastique du mélange, II' la tension individuelle du gaz seul dans le mélange. On a

$$x = II_1 - II' \qquad (1)$$

D'un autre côté, si z est la hauteur dont le mercure s'est élevé dans la branche manométrique B, on a

$$II_1 = II + z + h \qquad (2)$$

Mais la hauteur z est donnée par la relation

$$sz = Sh \qquad (3)$$

qui exprime que le volume du mercure qui a passé dans le tube manométrique B est égal à celui qui est sorti de la grosse branche A. Pour obtenir maintenant une quatrième équation qui permette d'éliminer II_1, II' et z, *il suffit de considérer les variations de volume que subit le gaz seul*, en passant, à la température de l'expérience, de la pression II à la pression II'. Le volume du gaz étant V sous la pression II, V + Sh sous la pression II', la *loi de Mariotte* donne

$$VII = (V + Sh) II' \qquad (4)$$

---

1. Ordinairement, on verse du mercure dans la branche manométrique de façon à ramener le volume du mélange à sa valeur primitive.

La résolution des équations (1), (2), (3), (4) donne

$$x = \mathrm{H}\,\frac{Sh}{\mathrm{V} + sh} + h\,\frac{S + s}{s}$$

---

134. *On introduit dans un corps de pompe muni d'un piston 20^l d'hydrogène et 5^l de gaz ammoniac, tous les deux à la pression atmosphérique. On comprime le mélange jusqu'à ce que le gaz ammoniac commence à se liquéfier et on constate que sa pression est alors de 32,5 atmosphères. Quelle est la tension du gaz ammoniac à la température considérée?*

(Nancy, juillet 1886, juillet 1888.)

Soit x la tension demandée. Il est clair que jusqu'à l'instant précis où la liquéfaction du gaz ammoniac commence, le mélange d'hydrogène et de gaz ammoniac se comporte comme un *mélange de gaz*. Par suite, en désignant par y le volume du mélange à la pression de 32,5 atmosphères, on a (*loi de Mariotte*)

$$(20 + 5) \times 1 = y \times 32,5 \tag{1}$$

Pour avoir maintenant une équation donnant x, il suffit de considérer, *ainsi qu'on doit le faire dans tous les cas semblables*, les variations de volume et de pression que subit l'hydrogène seul, lequel, d'après les *lois du mélange des gaz et des vapeurs*, occupe à lui seul, dans tous les cas, le volume du mélange sous une pression égale à la pression totale du mélange diminuée de la pression individuelle de la vapeur. Ce gaz, qui occupait primitivement un volume de 20^l à la pression de 1 atmosphère, occupe, après la compression, le volume y à la pression de $32,5 - x$ atmosphères. On a donc (*loi de Mariotte*)

$$20 \times 1 = y\,(32,5 - x) \tag{2}$$

L'élimination de y entre (1) et (2) donne $x = 6^{atm},5$.

---

135. *Un ballon de verre fermé contient de l'air saturé d'humidité à 20° et à la pression totale de 750^{mm}. On* *demande : 1° la densité d de l'air humide ; 2° la pression intérieure* H *dans le ballon quand on le refroidit à 10°. —*

Poids spécif. normal de l'air $= \dfrac{1}{770}$; *coeff. de dilat. de l'air* $= \dfrac{11}{3000}$; *densité de la vap. d'eau* $= 0,622$; *tens. max. de la vap. d'eau à 20°* $= 18^{mm}$, *à 10°* $= 9^{mm}$.

(Lyon, juillet 1881.)

1° Le poids du litre d'air humide, à 20° et à la pression de 750^{mm}, est (*formule du poids d'un volume d'air humide*)

$$p = \frac{1}{770} \times \frac{1}{1 + \dfrac{11}{3000} \times 20} \times \frac{750 - \dfrac{3}{8} \times 18}{760} = 0^{kg},0011833$$

Par suite, le poids spécifique D et la densité d de l'air humide sont

$$D = 0,0011833, \quad d = \frac{0,0011833}{\left(\dfrac{1}{770}\right)} = 0,9109$$

2° Pour avoir une équation qui donne H, il suffit de remarquer que, par hypothèse, le volume de la masse d'air sec contenue dans le ballon reste le même et égal au volume du ballon quand on le refroidit à 10°, mais que sa pression individuelle, d'abord égale à $750 - 18 = 732^{mm}$, devient $(H - 9)^{mm}$ par suite de la condensation partielle de la vapeur d'eau à cette température (*loi du mélange des gaz et des vapeurs*). En appliquant alors à cette masse d'air (134) *l'équation des gaz parfaits*, on a

$$\frac{732}{1 + \dfrac{11}{3000} \times 20} = \frac{H - 9}{1 + \dfrac{11}{3000} \times 10}$$

d'où $H = 716^{mm}$ environ.

---

136. *Un ballon de verre de 5 litres, fermé à la lampe, renferme de l'air sec. On y introduit 5^{cm3} d'eau et, après*

l'avoir enveloppé de glace fondante, on constate que la tension du gaz qu'il renferme est de 768^mm,6. Quelle sera la tension dans le ballon lorsque celui-ci sera plongé dans l'eau à 100°? — Coeff. de dilat. de l'air = 0,00367; tens. max. de la vap. d'eau à 0° = 4^mm,6; poids spécif. normal de l'air = 0,0013; densité de la vap. d'eau = 0,622. On négligera la dilatation du verre et de l'eau, ainsi que le volume occupé par ce liquide.

(Grenoble, juillet 1885.)

Cherchons d'abord si, à 100°, la tension de la vapeur d'eau contenue dans le ballon sera maximum, c'est-à-dire égale à 760^mm. Le poids de 5 litres de vapeur d'eau est, dans ces conditions,

$$5 \times 0,0013 \times 0,622 \times \frac{1}{1 + 0,00367 \times 100} = 0^{kg},0029$$

Comme il est inférieur à $0^{kg},005$, poids de l'eau contenue dans le ballon, il y aura, à 100°, un excès d'eau liquide et, par suite, la tension de la vapeur d'eau dans le ballon chauffé à 100° sera de 760^mm.

Soit maintenant x la pression totale demandée. En considérant les variations de volume et de pression que subit l'air sec seul (134) dont la tension individuelle, d'abord égale à $768,6 - 4,6 = 764^{mm}$ *(loi du mélange des gaz et des vapeurs)*, devient, à 100°, $(x - 760)^{mm}$, et en appliquant à ce gaz *l'équation des gaz parfaits*, on a

$$\frac{x - 760}{1 + 0,00367 \times 100} = 764$$

d'où

$$x = 1804^{mm},4 = 2^{atm},37$$

l'atmosphère correspondant à une pression de 760^mm.

———————

137. *Dans une éprouvette renversée sur la cuve à eau, on introduit 100^{cm3} d'un gaz pris à 10° à la pression de 76^c de mercure. On demande : 1° le volume qu'il occupera dans l'éprouvette sous la pression atmosphérique, qui est* encore de 76°, mais à la température de 20°; 2° le poids de l'eau qui se vaporise. On négligera la dilatation de l'enveloppe. — *Poids spécif. normal de l'air* $= 0,0013$; *densité de la vap. d'eau* $= 0,622$; *tens. max. de la vap. d'eau à 20°* $= 1^c,8$; *coeff. de dilat. des gaz* $= 0,00367$.

(Marseille, avril 1893.)

1° Soit x le volume cherché. Ce volume x représente en même temps le volume de gaz sec (**134**) contenu dans le mélange à 20° et sous la pression de $76 — 1,8 = 74^c,2$ de mercure (*loi du mélange des gaz et des vapeurs*). Par suite, en appliquant à cette masse de gaz l'*équation des gaz parfaits*, on aura la relation .

$$\frac{100 \times 76}{1 + 0,00367 \times 10} = \frac{x \times 74,2}{1 + 0,00367 \times 20}$$

d'où $x = 106^{cm3}$ à peu près.

2° Le poids p de l'eau qui se vaporise est évidemment le poids de 106^{cm3} de vapeur d'eau à 20° sous la pression de $1^c,8$ de mercure. Par suite (*formule du poids d'un volume de vapeur*),

$$p = 106 \times 0,0013 \times 0,622 \times \frac{1}{1 + 0,00367 \times 20} \times \frac{1,8}{76} = 0^g,0019$$

---

138. *Un tube barométrique parfaitement cylindrique dont le sommet s'élève à une hauteur* L *au-dessus du niveau de la cuvette, supposée très large, contient de l'air sec qui occupe au-dessus du mercure, dans le tube, une longueur* l. *On introduit dans le tube un liquide qui se vaporise entièrement et sature l'espace* x *occupé finalement par le mélange d'air et de vapeur. Déterminer* x. — *Pression atmosphérique* $=$ H; *tens. max. de la vap. à la temp. de l'expérience* $=$ F.

(Paris, oct. 1892.)

1° Supposons $L > H$ et la section du tube égale à l'unité. La loi de Mariotte, appliquée à la masse d'air sec (**134**) qui

entre dans la composition du mélange et qui occupe succes.
sivement les volumes l et x sous les pressions $H - (L - l)$

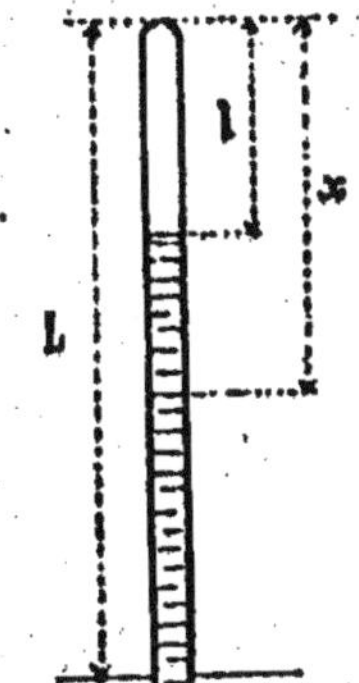

et $\left[H - (L - x)\right] - F$ (*loi du mélange des gaz et des vapeurs*), donne la relation·

$$l\,(H - L + l) = x\,(H - L + x - F)$$

d'où l'équation du second degré

$$x^2 - (L + F - H)x - l(l + H - L) = 0 \qquad (A)$$

dont les racines sont réelles et de signes contraires, la racine positive seule, dont le calcul ne présente aucun intérêt, répondant à la question.

2° Supposons $L < H$. On obtient encore l'équation (A). Mêmes conclusions.

3° Supposons $L = H$. L'équation (A) devient

$$x^2 - Fx - l^2 = 0$$

Mêmes conclusions, et $x = \dfrac{F + \sqrt{F^2 + 4l^2}}{2}$.

---

139. *Déterminer la composition centésimale, en volumes, d'un mélange d'air et de vapeur d'eau dont la température est $t°$ et la pression* H, *sachant que cet air serait saturé si l'on abaissait la température à* $t'°$. — *Tension max. de la vapeur d'eau à* $t'° = F'$; *coeff. de dilat. des gaz* $= \alpha$.

(Paris, juillet 1887.)

Admettons que le volume du mélange reste invariable quand on abaisse la température de $t°$ *à* $t'°$, hypothèse sans laquelle le problème posé est insoluble. Supposons, pour plus de simplicité, le volume du mélange égal à 100, et soient x et y les volumes d'air et de vapeur d'eau (ramenés à la pression H du mélange) qui le constituent, f la tension primitive inconnue de la vapeur d'eau dans le mélange à $t°$. Les valeurs de x et de y sont immédiatement données (*loi de Mariotte*) par les relations

$$xH = 100\,(H - f) \qquad (1)$$

$$yH = 100\,f \qquad (2)$$

Si l'on remarque maintenant que, lorsqu'on refroidit le mélange de t^o à t'^o, la masse et le volume de la vapeur d'eau qu'il contient restent invariables, l'*équation des gaz parfaits*, appliquée à cette masse de vapeur, donne

$$\frac{f}{1 + \alpha t} = \frac{F'}{1 + \alpha t'} \qquad (3)$$

L'élimination de f entre (1), (2), (3) fournit la composition centésimale cherchée :

$$\text{Air.} \dots \dots \quad x = 100 \, \frac{\Pi (1 + \alpha t') - F' (1 + \alpha t)}{\Pi (1 + \alpha t')}$$

$$\text{Vap. d'eau.} \quad y = 100 \, \frac{F' (1 + \alpha t)}{\Pi (1 + \alpha t')}$$

---

§ 7. Hygrométrie.

140. *Quel est le poids* P *de* V *litres d'un gaz de densité* d, *à* t^o *et sous la pression* Π^{mm}, *l'état hygrométrique de ce gaz étant* e. — *Tens. max. de la vap. d'eau à* $t^o = F^{mm}$, *poids spécif. normal de l'air* $= 0{,}001293$; *densité de la vap. d'eau* $= \dfrac{5}{8}$.

(Besançon, nov. 1885; Rennes, oct. 1888; Dijon, nov. 1888.)

La tension de la vapeur d'eau mélangée au gaz étant Fe (*définition de l'état hygrométrique*), la tension individuelle du gaz est $\Pi = Fe$ (*mélange des gaz et des vapeurs*). Dès lors les poids p_1 et p_2 du gaz sec et de la vapeur qu'il contient sont respectivement, en kilogrammes,

$$p_1 = V \times 0{,}001293 \times d \times \frac{1}{1 + \alpha t} \times \frac{\Pi - Fe}{760}$$

$$p_2 = V \times 0{,}001293 \times \frac{5}{8} \times \frac{1}{1 + \alpha t} \times \frac{Fe}{760}$$

et le poids cherché, somme de ces deux poids, est, en kilogrammes,

$$P = V \times 0{,}001293 \times \frac{1}{1 + \alpha t} \times \frac{\Pi d - Fe \left(d - \dfrac{5}{8} \right)}{760}$$

Remarque. — En faisant $d = 1$ dans cette formule, on retrouve la formule connue

$$P = V \times 0,001293 \times \frac{1}{1 + \alpha t} \times \frac{II - \frac{3}{8} Fe}{760}$$

---

141. *Un vase clos est d'abord en communication avec l'atmosphère. On le ferme, puis on dessèche l'air qu'il contient. On demande de déduire l'état hygrométrique de la diminution de pression qui s'est produite.*

(Nancy, juillet 1886.)

Soit F la tension maximum de la vapeur d'eau à la température de l'air, au moment où l'on ferme le récipient. En vertu de la *loi du mélange des gaz et des vapeurs*, la diminution f de force élastique représente la pression individuelle de la vapeur d'eau. Dès lors, l'état hygrométrique demandé est $e = \frac{f}{F}$.

---

142. *On fait passer à travers des tubes desséchants 1 mètre cube d'air à la température de 22° et à la pression de 770^{mm} [1]. L'augmentation de poids des tubes étant de 9^g,50, on demande : 1° quel était l'état hygrométrique de l'air; 2° le rapport du poids de vapeur d'eau contenu dans le mètre cube d'air humide étudié au poids de l'air sec contenu dans ce mètre cube. — Tens. max. de la vap. d'eau à 22° = 19^{mm},6; poids normal du litre d'air = 1^g,293; densité de la vap. d'eau = 0,622; coeff. de dilat. des gaz = $\frac{1}{273}$.*

(Marseille, nov. 1889.)

1° Soit f la force élastique, évaluée en millimètres de mercure, de la vapeur d'eau qui a été absorbée par les tubes. La

---

1. L'appareil employé ici n'est autre que l'*hygromètre chimique.*

formule qui donne le poids d'un volume de vapeur fournit, si l'on prend le mètre cube pour unité de volume, la tonne pour unité de poids, la relation

$$0,0000095 = 0,001293 \times 0,622 \times \frac{1}{1 + \frac{22}{273}} \times \frac{f}{760}$$

d'où $f = 9^{mm},7$. L'état hygrométrique cherché est donc

$$e = \frac{9,7}{19,6} = 0,49$$

2° Le poids d'air sec contenu dans le mètre cube d'air humide est, en tonnes,

$$p = 0,001293 \times \frac{1}{1 + \frac{22}{273}} \times \frac{770 - 9,7}{760} = 0,0011977$$

Par suite, le rapport demandé est

$$\frac{0,0000095}{0,0011977} = 0,008 \text{ environ}$$

---

143. *Dans un récipient de* 350^l, *à la température de* 20° *et contenant de l'air sec, on introduit* 4^g *d'eau distillée qui s'évaporent complètement. On demande quel est l'état hygrométrique qui s'établit dans le récipient. On chauffe ensuite ce récipient à* 500°, *de la vapeur d'eau s'échappe. Quel est le nouvel état hygrométrique? — Tens. max. de la vap. d'eau à* 20° = 17^{mm}, *à* 50° = 92^{mm}. *Poids normal du litre d'air* = 1^g,293; *densité de la vap. d'eau* = 0,622. *Coeff. de dilat. des gaz* = 0,00367.

(Lyon, nov. 1878; Dijon, avril 1889.)

1° Soit f la force élastique de la vapeur d'eau formée à 20°, exprimée en millimètres de mercure. Prenons le gramme pour unité de poids et, par suite, le centimètre cube pour unité de volume. La *formule du poids d'un volume de vapeur* donne

$$4 = 350000 \times 0,001293 \times 0,622 \times \frac{1}{1 + 0,00367 \times 20} \times \frac{f}{760}$$

d'où $f = 11^{mm}, 56$. Par suite, l'état hygrométrique cherché est

$$e = \frac{11,59}{17} = 0,68$$

2° La vapeur d'eau pouvant s'échapper librement quand on chauffe le récipient à 50°, conserve, à cette température, la pression qu'elle avait à 20°. L'état hygrométrique à 50° sera donc

$$e_1 = \frac{11,59}{92} = 0,12$$

---

144. *Quel est le poids exact, dans le vide, d'une masse de mercure qui, dans l'air, à 10° et sous la pression de 764ᵐᵐ de mercure, l'état hygrométrique de cet air étant 0,8, pèse 375ᵍ,185? — Densité du mercure = 13,596; densité du cuivre des poids marqués = 8,5; coeff. de dilat. cubique du cuivre = 0,000051, du mercure = 0,000016; tens. max. de la vap. d'eau à 10° = 9ᵐᵐ, 17; poids normal du litre d'air = 1ᵍ,293; coeff. de dilat. des gaz = 0,00367.*

(Lyon, juillet 1880.)

La force élastique de la vapeur d'eau contenue dans l'air est $0,8 \times 9,17 = 7^{mm}, 336$; par suite, le poids spécifique de l'air dans lequel s'effectue la pesée est $0,001293 \times$

$$\frac{1}{1 + 10 \times 0,00367} \times \frac{764 - \frac{3}{8} \times 7,336}{760} = 0,001249.$$

Soit alors x le poids cherché, en grammes. En écrivant que *le poids apparent de la masse de mercure est égal à celui des poids marqués*, on a l'équation

$$x\left(1 - \frac{1 + 10 \times 0,00016}{13,596} \times 0,001249\right) = 375,185 \times \left(1 - \frac{1 + 10 \times 0,000051}{8,5} \times 0,001249\right)$$

d'où

$$x = 375^g,185 \times 0,999936 = 375^g,161$$

La masse de mercure pèse donc 24^{mg} de moins dans le vide que dans l'air, ce qui s'explique aisément par la faible densité du cuivre des poids marqués, relativement à celle du mercure.

---

145. *Dans une enceinte de 20ˡ maintenue à 60°, on introduit 30ˡ d'air sec à 750ᵐᵐ et à 25°, puis 8ᵍʳ d'eau distillée. Dire si toute cette eau s'évapore : Si oui, quel est l'état hygrométrique? Si non, quel est le poids de l'eau évaporée? Donner, dans tous les cas, la pression totale dans l'enceinte. — Tens. max. de la vap. d'eau à 60° =*
149ᵐᵐ; densité de la vap. d'eau = 0,622; poids spécif. normal de l'air = 0,001293; coeff. de dilat. des gaz =
0,00367.

(Lyon, avril 1879; Nancy, août 1881; Alger, nov. 1888.)

1° Supposons qu'il y ait évaporation complète. Dans ces conditions, la tension de la vapeur d'eau dans le mélange serait donnée (*formule donnant le poids d'un volume de vapeur*) par la relation

$$0^{kg},008 = 20 \times 0,001293 \times 0,622 \times \frac{1}{1 + 0,00367 \times 60} \times \frac{f}{760}$$

d'où $f = 461^{mm}$ environ. La tension maximum de la vapeur d'eau à 60° étant seulement de 149^{mm}, on voit que l'évaporation ne sera pas complète, et que *l'état hygrométrique de l'enceinte sera toujours égal à 1.*

Quant au poids x, exprimé en kilogrammes, de l'eau évaporée, on a, puisque la vapeur contenue dans l'enceinte est à saturation,

$$x = 20 \times 0,001293 \times 0,622 \times \frac{1}{1 + 0,00367 \times 60} \times \frac{149}{760}$$
$$= 0^{kg},00258 = 2^{g},58$$

calcul qu'on peut abréger en remarquant que, d'après la *loi de Mariotte,*

$$\frac{x}{0,008} = \frac{149}{461}$$

2° Soit II la pression totale demandée. La pression individuelle de l'air dans le mélange étant (II — 149)ᵐᵐ (*loi du mélange des gaz et des vapeurs*), l'équation des gaz parfaits, appliquée à cette masse d'air (**134**), donne

$$\frac{20 (II — 149)}{1 + 0,00367 \times 60} = \frac{30 \times 750}{1 + 0,00367 \times 25}$$

d'où $II = 1406^{mm}$.

146. *Un litre d'air humide est pris à la température de 50°, à la pression de 760*^{mm} *et à l'état hygrométrique* $\frac{3}{4}$.

On le comprime jusqu'à rendre sa pression double de la valeur primitive, sans changer la température. 1° Dire s'il y a condensation partielle de la vapeur d'eau et, si oui, calculer le poids de vapeur d'eau condensée ; 2° déterminer le volume final du mélange gazeux. — Tens. max. de la vap. d'eau à 50° = 92^{mm}. *Poids spécif. normal de l'air = 0,001293 ; densité de la vap. d'eau = 0,622 ; coeff. de dilat. des gaz = 0,00367.*

(Marseille, juillet 1891 ; Paris, oct. 1891.)

1° La vapeur d'eau prenant un volume 2 fois moindre, sa tension, s'il n'y avait pas condensation, serait doublée et, par suite, l'état hygrométrique deviendrait égal à $\frac{6}{4}$, c'est-à-dire serait plus grand que 1, ce qui est impossible : il y a donc *condensation partielle*, et la tension de la vapeur d'eau dans le mélange est de 92^{mm}.

2° Soit x le volume demandé. Comme ce volume est le même que le volume final de l'air sec qui entre dans la composition du mélange (**134**), il suffit, pour la déterminer, d'appliquer la *loi de Mariotte* à cette masse d'air, dont la pression primitive est $760 - \frac{3}{4} \times 92 = 691^{mm}$, et la pression finale $2 \times 760 - 92 = 1428^{mm}$. On a alors

$$1 \times 691 = x \times 1428$$

d'où

$$x = \frac{691}{1428} = 0^l,485$$

Le poids de vapeur d'eau contenue primitivement dans l'air humide était

$$p_1 = 1 \times 0,001293 \times 0,622 \times \frac{1}{1 + 0,00367 \times 50} \times \frac{\frac{3}{4} \times 92}{760}$$

Celui qui reste après la liquéfaction est

$$p_2 = 0{,}485 \times 0{,}001293 \times 0{,}622 \times \frac{1}{1 + 0{,}00367 \times 50} \times \frac{02}{760}$$

Le poids de vapeur d'eau condensée est alors

$$p_1 - p_2 = 0^{kg},000022 = 0^{g},022 \text{ environ}$$

---

147. *A quelle température* x *faudrait-il élever de l'air parfaitement sec pour que, sous la même pression* H, *son poids spécifique fût égal à celui de l'air humide dont la température serait* t *et l'état hygrométrique* e? — *Densité de la vap. d'eau* $= \dfrac{5}{8}$; *tens. max. de la vap. d'eau à* $t^o = F$; *coeff. de dilat. des gaz* $= \alpha$.

(Lille, juillet 1885.)

Soit a le poids spécifique normal de l'air. La tension de la vapeur de l'air humide dont l'état hygrométrique est e est, par définition même, $f = Fe$. Dès lors son poids spécifique à t^o et sous la pression H est (*formule du poids spécifique d'un gaz*) $\dfrac{a}{1 + \alpha t} \cdot \dfrac{H - \frac{3}{8} Fe}{760} \cdot$ D'un autre côté, le poids spécifique de l'air sec à x^o et sous la pression H est $\dfrac{a}{1 + \alpha x} \cdot \dfrac{H}{760} \cdot$ On a donc

$$\frac{a}{1 + \alpha x} \cdot \frac{H}{760} = \frac{a}{1 + \alpha t} \cdot \frac{H - \frac{3}{8} Fe}{760}$$

d'où

$$x = \frac{H \alpha t + \frac{3}{8} Fe}{\alpha \left(H - \frac{3}{8} Fe \right)}$$

---

148. *Un ballon de volume* V', *rempli d'air sec, est mis en communication avec un ballon de volume* V *plein d'air dont l'état hygrométrique est* e. *Déterminer l'état hygro-*

métrique nouveau quand les masses gazeuses seront mélangées. On suppose la température constante et l'on donne la tension maximum F de la vapeur d'eau à cette température.

(Caen, nov. 1891.)

Soit e' l'état hygrométrique cherché, f la force élastique individuelle primitive de la vapeur d'eau dans le ballon de volume V, f' sa force élastique individuelle finale quand les masses gazeuses sont mélangées et occupent le volume V + V'. Par définition,

$$e = \frac{f}{F}, \quad e' \frac{f'}{F}$$

d'où

$$e' = e \frac{f'}{f} \tag{1}$$

Mais la *loi de Mariotte* étant, dans les circonstances indiquées, applicable à la vapeur d'eau, on a

$$Vf = (V + V') f' \tag{2}$$

Dès lors,

$$e' = e \frac{V}{V + V'}$$

La donnée F est donc inutile.

---

§ 8. Calorimétrie.

149. *Pour déterminer la température d'un foyer, on y met un morceau de platine pesant P grammes. Quand ce platine a bien pris la température du foyer, on le retire et on le plonge brusquement dans un calorimètre en laiton contenant M grammes d'eau à 0°, dont le poids est de P' grammes. La température stationnaire du mélange est θ°. Calculer, d'après ces données, la température du foyer, sachant que la chaleur spécifique du laiton, entre 0° et θ°, est c et que la chaleur spécifique moyenne du platine entre*

0° et une température quelconque t *est* p $+$ p't. — *Appli-cation numérique :* P $=$ 100ᵍ, M $=$ 980ᵍ, P' $=$ 30ᵍ, θ $=$ 5°, c $=$ 0,0939, p $=$ 0,0317, p' $=$ 0,000 006.

(Lyon, juillet 1882; Clermont, nov. 1881; Montpellier, avril 1892;
nov. 1892; Lyon, nov. 1893.)

Soit x la température cherchée. Pour avoir une équation qui donne cette température, il suffit d'écrire qu'*il y a égalité entre la quantité de chaleur perdue par* Pᵍ *de platine en se refroidissant de* $x°$ *à* θ° *et la quantité de chaleur gagnée par le calorimètre et l'eau qu'il contient en s'élevant de* 0° *à* θ° (*formule des mélanges*). La quantité de chaleur nécessaire pour élever 1ᵍ de platine de 0° à $x°$ étant $(p + p'x)x$ calories-grammes, et la quantité de chaleur nécessaire pour élever 1ᵍ de platine de 0° à θ° étant $(p + p'θ)θ$ calories-grammes, la quantité de chaleur nécessaire pour élever 1ᵍ de platine de θ° à $x°$ est $(p + p'x)x — (p + pθ')θ = [p + p'(x + θ)](x — θ)$ calories-grammes et représente aussi la quantité de chaleur dégagée par 1ᵍ de platine en se refroidissant de $x°$ à θ° ; par suite, la quantité de chaleur qu'abandonnent P grammes de platine en se refroidissant de $x°$ à θ° est $P[p + p'(x + θ)](x — θ)$ calories-grammes. D'un autre côté, la chaleur spécifique de l'eau pouvant être regardée, ainsi que celle du cuivre, comme constante entre 0° et θ°, la quantité de chaleur absorbée par le calorimètre et l'eau qu'il contient, pour s'élever de 0° à θ°, est $P'cθ + Mθ = (P'c + M)θ$ calories-grammes. On a donc

$$P[p + p'(x + θ)](x — θ) = (P'c + M)θ$$

d'où l'équation du second degré

$$Pp'x^2 + Ppx — [(M + P'c + Pp)θ + Pp'θ^2] = 0 \qquad (1)$$

dont les deux racines sont réelles et de signes contraires. La racine positive seule convenant à la question, on a

$$x = \frac{— Pp + \sqrt{P^2p^2 + 4Pp'[(M + P'c + Pp)θ + Pp'θ^2]}}{2Pp'}$$

Application numérique. — On trouve $x = 1256°$ environ.

Remarque. — Si l'on suppose la chaleur spécifique du platine constante entre 0° et $x°$, c'est-à-dire si l'on pose $p' = 0$, on trouve, soit directement, soit en partant de l'équation (1),

$$x = \frac{(Pp + P'c + M)\theta}{Pp}$$

d'où, en remplaçant les lettres par les données numériques indiquées, $x = 1555°$ environ, valeur qui montre l'importance du terme $p't$, dès que la température est un peu élevée.

---

150. *Deux calorimètres* A *et* B *renferment à leur inté- rieur deux spirales de platine* C *et* D *parfaitement iden- tiques et qui peuvent être traversées par un même courant électrique. Le calorimètre* A *contient* 94ᵍ,40 *d'eau, le calo- rimètre* B 80ᵍ,34 *d'essence de térébenthine; le poids réduit en eau (capacité calorifique totale du calorimètre) du calorimètre* A, *de la spirale et des accessoires est de* 2ᵍ,21; *il en est de même pour le calorimètre* B. *Après avoir fait passer le courant électrique pendant un certain temps, on constate que la température de* A *s'est élevée de* 3°,17 *et celle de* B *de* 8°,36. *Calculer la chaleur spécifique de l'es- sence de térébenthine.*

(Grenoble, avril 1881.)

Soit x la chaleur spécifique demandée. Les spirales de platine étant identiques ont reçu la même quantité de cha- leur du générateur d'électricité employé et, par suite, les *quantités de chaleur absorbées par les deux calorimètres sont égales*. La quantité de chaleur absorbée par le calorimètre A est $94,40 \times 3,17 + 2,21 \times 3,17$ calories-grammes ; la quan- tité de chaleur absorbée par le calorimètre B est $81,34 \times x \times 8,36 + 2,21 \times 8,36$ calories-grammes. On a donc

$$(94,40 + 2,21) \times 3,17 = (81,34 \, x + 2,21) \times 8,36$$

d'où $x = 0,4225$.

---

151. *Un vase fermé, d'une capacité de 1 litre et dont les parois sont complètement imperméables à la chaleur, est* *rempli d'air à 0° et à 760ᵐᵐ. On y introduit 5ᵍʳ de mercure à 18°, puis on laisse l'équilibre de température s'établir. On demande la pression finale dans le vase. On admet que la chaleur spécifique de l'air est constante et égale à 0,16. On négligera la dilatation du vase et le volume occupé par le mercure. — Poids spécif. normal de l'air = 0,001293; coeff. de dilat. des gaz = 0,00367. Chal. spécif. du mercure = 0,03.*

(Nancy, juillet 1885.)

Soit t la température finale du mélange, prise pour inconnue auxiliaire, Π la pression cherchée en millimètres de mercure. L'*équation des gaz parfaits* donne ici, puisqu'on suppose le volume de l'air constant,

$$\Pi = 760\,(1 + 0,00367t) \qquad (1)$$

D'un autre côté, en écrivant que *la quantité de chaleur gagnée par l'air*, dont le poids est de 1ᵍʳ,293, *est égale à la quantité de chaleur perdue par le mercure*, on a, ces quantités de chaleur étant exprimées en calories-grammes,

$$1,293 \times 0,16 \times t = 5 \times 0,03 \times (18 - t) \qquad (2)$$

L'élimination de t entre les équations (1) et (2) donne $\Pi = 781^{mm}$ environ.

---

152. *Une boîte en laiton mince, ayant la forme d'un cylindre très aplati, contient 1080ᵍ d'eau. L'une des bases de la boîte est exposée normalement aux rayons du soleil; cette base, qui est noircie de façon à absorber complètement les rayons solaires, a 3 dm² de surface. On constate que la température de l'eau s'élève de $\frac{1}{2}$ degré centigrade en 1 minute. On demande : 1° quel est le nombre de calories reçues en 1 heure par une surface de 1 cm² exposée normalement aux rayons solaires; 2° quel serait le nombre de calories reçues en 24 heures par la surface* *d'un cercle ayant un rayon égal à celui de la Terre, c'est-à-dire ayant 127 000 000 kilomètres carrés de surface, exposée normalement aux rayons solaires (chaleur reçue en 24 heures par la surface de la Terre). On négligera la capacité calorifique du laiton qui forme la boîte [1].*

(Lyon, juillet 1892; Paris, juillet 1892.)

1° Par minute, la boîte reçoit $1080 \times \frac{1}{2} = 540$ calories-grammes. Dès lors, une surface de 1 cm² reçoit, par minute, $\frac{540}{300}$ calories-grammes, et, par heure,

$$\frac{540}{300} \times 60 = 108 \text{ calories-grammes} = 0,108 \text{ calorie}$$

2° En 24 heures, une surface de 1 cm² recevra $108 \times 24 = 2\,592$ calories-grammes $= 2,592$ calories. Un kilomètre carré recevra alors, en 24 heures, $2,592 \times 10^{10}$ calories, et 127 000 000 kilomètres carrés recevront

$$127\,000\,000 \times 2,592 \times 10^{10} = 329\,184 \times 10^{13} \text{ calories}$$

---

153. *On verse 3ᵏᵍ de plomb fondu, dont la température est 400°, dans 2ˡ d'eau à 15°. Déterminer la température du mélange. — Point de fusion du plomb = 376°; chal. spécif. du plomb liquide = 0,04, du plomb solide = 0,031; chal. de fusion du plomb = 5,37.*

(Rennes, avril 1891.)

Soit x la température cherchée. Écrivons que *la quantité de chaleur perdue par les 3ᵏᵍ de plomb en se refroidissant de 400° à 376°, puis en se solidifiant à cette température, enfin en se refroidissant encore de 376° à x°, est égale à la quantité de chaleur gagnée par les 2 litres d'eau en se réchauffant de 15° à x°*. On aura l'équation

$$3 \times 0,04 \times (400-376) + 3 \times 5,37 + 3 \times 0,031 \times (376-x) = 2(x-15)$$

d'où $x = 38°,3$ environ.

---

[1]. Cet appareil est le *pyrhéliomètre de Pouillet.*

154. *Un vase de 1 m² de section contient une couche de neige de 10 c. d'épaisseur. La densité de cette neige est 0,7 et sa température — 10°. On demande l'épaisseur de la couche d'eau à 100° qu'on devra verser dans le vase pour fondre complètement la neige. — Chal. spécif. de la neige = 0,5; chal. de fusion de la neige = 80.*

(Rennes, mars 1887, juillet 1887; Marseille, avril 1891.)

Soit x l'épaisseur demandée, en décimètres. Négligeons la capacité calorifique du vase et écrivons que la quantité de chaleur qu'abandonne le poids d'eau à 100° versé dans le vase, poids égal à $100x^{kg}$, en se refroidissant de 100° à 0°, est égale à la quantité de chaleur nécessaire : 1° pour amener de — 10° à 0°; 2° pour fondre à 0°, sans changement de température, le poids de neige contenu dans le vase, poids égal à $100 \times 1 \times 0,7 = 70^{kg}$. On aura l'équation

$$100x \times 100 = 70 \times 0,5 \times 10 + 70 \times 80$$

d'où

$$x = 0^d,595 = 6^c \text{ environ}$$

---

155. *Un tube en verre très mince F est soudé au réservoir A d'un appareil en verre ABCDE. Le tube contient 10^g d'eau maintenue à 0° par un mélange de glace et d'eau qui remplit A. Le reste de l'appareil est rempli de mercure à 0° jusqu'en D. Sur le tube CD se trouve tracée une division dont chaque partie correspond à un volume de $0^{cm3},000121$. Un morceau de platine à 100° tombe dans le tube F; de la glace fond. La température se maintient à 0° et le sommet D de la colonne de mercure se déplace de 100 divisions. Calculer le poids du morceau de platine* [1]. *— Chal. spécif. du platine = 0,057; densité*

<hr>

1. Cet appareil n'est autre que le *calorimètre à glace* de Bunsen.

de la glace à 0° = 0,916; densité de l'eau à 0° = 0,9998, chal. de fusion de la glace = 80.

Soit x le poids, en grammes, du morceau de platine, p le poids de glace dont il provoque la fusion. En écrivant que *la quantité de chaleur perdue est égale à la quantité de chaleur gagnée*, on a, ces quantités de chaleur étant exprimées en calories-grammes,

$$x \times 0,057 \times 100 = p \times 80 \qquad (1)$$

En écrivant ensuite que *la diminution de volume que subit le poids p de glace par suite de sa fusion est égale au volume des 100 divisions dont se déplace la colonne de mercure*, on aura

$$\frac{p}{0,916} - \frac{p}{0,9998} = 100 \times 0,000121 \qquad (2)$$

En éliminant p entre (1) et (2), on trouve $x = 18,86$.

----

156. *On maintient du phosphore en surfusion et on demande de combien de degrés au-dessous de son point de fusion il faut refroidir le liquide pour que, par sa solidification brusque et complète, il remonte au point de fusion. — Chal. de fusion du phosphore = 5,4; chal. spécif. du phosphore aux environs du point de fusion = 0,20.*

(Dijon, juillet 1885.)

Soit x le nombre de degrés cherché, p le poids, en kilogrammes, du phosphore surfondu. Écrivons que *la quantité de chaleur, $p \times 5,4$ calories, que dégage le phosphore, par suite de sa solidification brusque à x degrés au-dessous de son point de fusion, est égale à la quantité de chaleur, $p \times 0,20 \times x$ calories, qui lui est nécessaire pour remonter à son point de fusion.* On aura la relation

$$5,4p = 0,20px$$

d'où, p s'éliminant de lui-même, $x = 27°$.

157. 25^g *d'eau, contenus dans un vase métallique à parois minces et dont la surface extérieure est bien polie, sont à la température de* $10°$ *d'une salle où l'état hygrométrique* $= \frac{1}{2}$*. On refroidit le liquide en y projetant de la glace, et la rosée apparaît quand la température de l'eau est descendue à* $10°$*. Le poids du vase métallique est* $10^g,5$*; la chaleur spécifique du métal* $= \frac{1}{12}$*; la tension maximum de la vapeur d'eau à* $10°$ *est de* 9^{mm}*, et la chaleur de fusion de la glace* $= 80$*. On demande :* $1°$ *la tension maximum de la vapeur d'eau à* $20°$*;* $2°$ *le poids de glace qu'il a fallu projeter dans l'eau pour atteindre le point de rosée* [1].

(Paris, juillet 1880.)

$1°$ La tension maximum de la vapeur d'eau contenue dans l'air, au moment où apparaît le point de rosée, est (*principe des hygromètres de condensation*) justement égale à 9^{mm}. L'état hygrométrique de l'air étant, par hypothèse, $\frac{1}{2}$, si F est la tension cherchée à $20°$, on a

$$\frac{9}{F} = \frac{1}{2}, \text{ d'où } F = 18^{mm}$$

$2°$ Soit x le poids, en grammes, de glace demandé. En fondant et en passant à l'état d'eau à $10°$, ce poids de glace a absorbé $x \times 80 + x \times 10$ calories-grammes; la quantité de chaleur perdue par le vase et par l'eau est $10,5 \times \frac{1}{12} \times (20 - 10) + 25 \times (20 - 10)$ calories-grammes. En écrivant que *la quantité de chaleur absorbée est égale à la quantité de chaleur perdue,* on a

$$80x + 10x = 10,5 \times \frac{1}{12} \times (20 - 10) + 25 \times (20 - 10)$$

d'où $x = 2^g,875$.

---

1. On peut regarder cette expérience comme l'inverse de celle où l'on détermine l'état hygrométrique de l'air.

158. *Dans un appareil pour la mesure de la chaleur de vaporisation de l'eau, le serpentin est entouré de* 5^{kg} *de glace et communique avec un réservoir d'air comprimé où la pression est de 1,5 atmosphère. Quel poids d'eau faut-il vaporiser pour produire la fusion de la glace? On ne tient pas compte de la capacité calorifique du serpentin, du calorimètre et des autres accessoires. — On sait que sous la pression de 1,5 atmosphère l'eau bout à* $112°,2$ *et que sa chaleur totale de vaporisation est donnée par la formule* Q $= 606,5 + 0,305$T. *Chal. de fusion de la glace* $= 80$.*

(Clermont, avril 1888.)

Soit x le poids, en kilogrammes, de l'eau qu'il faut vaporiser pour fondre les 5^{kg} de glace. En se condensant à la température de $112°,2$, puis en se refroidissant de $112°,2$ à $0°$, ce poids d'eau abandonnera $x(606,5 + 0,305 \times 112,2)$ calories; d'un autre côté, les 5^{kg} de glace à $0°$, en se transformant en eau à $0°$, absorbent 80×5 calories. En écrivant *que la quantité de chaleur perdue est égale à la quantité de chaleur gagnée*, on a

$$x(606,5 + 0,305 \times 112,2) = 80 \times 5$$

d'où

$$x = 0^{kg},624 = 624^{g} \text{ environ}$$

---

159. *La chaleur dégagée par la combustion de* 5^{g} *de charbon a élevé de* $3°,12$ *la température d'un calorimètre dont le poids évalué en eau (capacité calorifique totale) est de* 7^{kg}. *Quel poids du même charbon faudra-t-il brûler pour fondre* 100^{kg} *de glace à* $0°$, *chauffer l'eau de fusion à* $12°$ *et la volatiliser à cette température? — Chal. de fusion de la glace* $= 80$; *chal. de vaporis. de l'eau à* $t° = 606,5 - 0,695t$.*

(Paris, juillet 1886.)

Soit x le poids demandé. Prenons pour inconnue auxiliaire la quantité de chaleur Q, exprimée en calories-grammes, qui correspond à la combustion de 1 gramme de charbon. En écrivant que, dans les deux expériences, *la chaleur gagnée par le calorimètre ou par la glace est égale à la chaleur dégagée par la combustion du charbon*, on obtient les deux équations

$$3Q = 7000 \times 3,12$$

$$xQ = 100\,000 \times 80 + 100\,000 \times 12 + 100\,000 \times (606,5 - 0,695 \times 12)$$

En éliminant Q, on trouve

$$x = 0475^g,7 = 0^{kg},476 \text{ environ}$$

---

160. *Un vase de laiton du poids de* 400^g *et dont la chaleur spécifique est* $0,1$, *contient un poids inconnu d'eau à* $15°$. *On y fait arriver* 30^g *de vapeur d'eau à* $100°$ *qui, en se condensant, portent à* $25°$ *la température finale du mélange. Si, dans les mêmes conditions initiales, on avait fait arriver* 60^g *de vapeur, on aurait eu, à la fin, une température de* $34°,68$. *Comment peut-on déduire de là :* $1°$ *le poids d'eau froide d'abord contenue dans le calorimètre?* $2°$ *la chaleur de vaporisation de l'eau à* $100°$?

(Dijon, nov. 1891.)

Soit x la chaleur de vaporisation de l'eau à $100°$, évaluée en calories-grammes, y le poids d'eau froide, évalué en grammes. En écrivant que, dans chacune des deux expériences, *la quantité de chaleur abandonnée par la vapeur d'eau, d'abord en se condensant, puis en se refroidissant jusqu'aux températures finales* $25°$ *et* $34°,68$, *est égale à la quantité de chaleur absorbée par le calorimètre, eau comprise*, on obtient les deux équations

$$30x + 30 \times (100 - 25) = 400 \times 0,1 \times (25 - 15) + y \times (25 - 15)$$

$$60x + 60 \times (100 - 34,68) = 400 \times 0,01 (34,68 - 15) + y \times (34,68 - 15)$$

d'où

$$x = 530 \text{ et } y = 1775^g$$

---

161. *Au milieu d'une enceinte dont la température constante est 12°, on veut maintenir à 20° un grand récipient cylindrique de 2 mètres de hauteur et de 2 mètres de diamètre, en y amenant un courant de vapeur d'eau à 100°. Un trop-plein permet d'éliminer pendant le même temps un poids égal d'eau à 20°. On demande quel devra être le poids de vapeur d'eau condensée pendant chaque minute, sachant que le récipient perd 2 grandes calories par minute, pour chaque mètre carré de surface extérieure et pour chaque degré d'excès de sa température sur celle de l'enceinte.*

(Bordeaux, juillet 1889.)

Soit x le poids cherché. Cherchons le nombre de calories que perd, à chaque minute, la surface du réservoir : la surface totale du réservoir étant 6π mètres carrés, il perd, par minute, $6\pi \times 2 \times (20 - 12)$ calories. Ce nombre de calories doit être égal au nombre de calories que perdent les x kilogrammes de vapeur d'eau condensée, soit $537x + (100 - 20)x$ calories. On a donc

$$537x + (100 - 20)\,x = 6\pi \times 2 \times (20 - 12)$$

d'où $x = 0^{kg},189$ environ.

---

162. *Dans un vase en cuivre pesant $1^{kg},500$ et contenant un bloc de glace de 10^{kg} à $-10°$, on injecte 5^{kg} de vapeur d'eau à 100°. On demande la température finale du mélange. Discuter et interpréter le résultat obtenu. — Chal. spécif. du cuivre $= 0,08$, de la glace $= 0,5$; chal. de fusion de la glace $= 79$, de vaporis. de l'eau à $100° = 537$. — On demande en outre de déterminer le poids de vapeur à employer pour que la température finale du mélange soit 100°.*

(Besançon, juillet 1886, juillet 1891 ; Marseille, juillet 1893.)

1° Soit x la température finale du mélange. En écrivant que la quantité de chaleur perdue par la vapeur d'eau en se

condensant à 100°, puis en se refroidissant de 100° à x°, *est
égale à la quantité de chaleur gagnée*, d'un côté par la glace,
en se réchauffant de — 10° à 0°, puis en fondant à 0° et
s'élevant à x°, de l'autre côté par le calorimètre en se réchauffant de — 10° à x°, on a l'équation

$$5 \times 537 + 5(100 - x) = 10 \times 0,5 \times 10 + 10 \times 79 + 10 \times x + 1,5 \times 0,08\,(x + 10)$$

qui donne $x = 155$° environ, *résultat inacceptable*. L'hypothèse que l'on a faite que la température du mélange était
inférieure à 100° était donc fausse. En effet, la vapeur, par
sa seule condensation, fournit $5 \times 537 = 2685$ calories,
quantité de chaleur plus que suffisante pour porter le vase
de cuivre et la glace à 100°, cette quantité de chaleur n'étant
que de $1,5 \times 0,08 \times 110 + 10 \times 0,5 \times 10 + 10 \times 79
+ 10 \times 100 = 1753,2$ calories. Par suite, la température
finale du mélange est 100° et une partie de la vapeur d'eau
ne se condense pas.

2° Calculons alors le poids y de vapeur strictement nécessaire pour porter le mélange à l'état liquide à 100°. En écrivant encore que la quantité de chaleur perdue est égale à la
quantité de chaleur gagnée, on aura l'équation

$$y \times 537 = 10 \times 0,5 \times 10 + 10 \times 79 + 10 \times 100 + 1,5 \times 0,08 \times 110$$

d'où $y = 3^{kg},451$. Comme $5^{kg} - 3^{kg},451 = 1^{kg},549$, le
mélange se compose donc de $13^{kg},451$ d'eau et de $1^{kg},549$ de
vapeur d'eau.

---

163. *Un vase imperméable à la chaleur contient* m
*grammes d'eau à 0°. On le place sous la cloche d'une
machine pneumatique au-dessus de l'acide sulfurique et on
fait le vide jusqu'à ce que le froid produit par l'évaporation de l'eau ait déterminé un commencement de congélation. On demande: 1° quelle proportion* $\dfrac{x}{m}$ *d'eau sera con-
vertie en glace; 2° en supposant que le phénomène de la
surfusion se produise et que la température s'abaisse jusqu'à
— 10°, quelle sera la proportion* $\dfrac{y}{m}$ *d'eau transformée en*

glace au moment où la surfusion cessera ? — Chal. de vaporis. de l'eau à 0° = 637 ; chal. de fusion de la glace = 80.

(Marseille, juillet 1892.)

1° En écrivant que la *quantité de chaleur 637 (m — x) absorbée par la vaporisation à 0° d'un poids m — x d'eau est égale à la quantité de chaleur 80x dégagée par la solidification du poids x d'eau à 0°*, on a

$$637 (m - x) = 80x \qquad (1)$$

d'où $\dfrac{x}{m} = 0{,}888$.

2° En écrivant que *la quantité de chaleur 10m absorbée par le poids total m de l'eau surfondue, lorsque cette eau s'élève de — 10° à 0° au moment de la solidification du poids y d'une partie de cette eau, est égale à la quantité de chaleur 80y que dégage ce poids d'eau en se solidifiant à 0°*, on a

$$10m = 80y \qquad (2)$$

d'où $\dfrac{y}{m} = 0{,}125$.

Remarque. — En établissant l'équation (2), on suppose que la totalité de la masse liquide surfondue remonte d'abord de — 10° à 0°, et que ce n'est qu'à 0° que la solidification des y parties d'eau a lieu. En réalité, il y a congélation du poids y d'eau à — 10° et la chaleur dégagée par cette congélation de l'eau est employée : 1° à faire remonter à 0° le poids m — y d'eau non congelée ; 2° à faire remonter à 0° le poids y de glace formée. Dès lors, pour résoudre la question, il est nécessaire de connaître la chaleur spécifique de la glace. Cette chaleur spécifique étant égale à 0,5, l'équation (2) doit être remplacée par la suivante

$$y \times 0{,}5 \times 10 + (m - y) \times 10 = 80y$$

qui donne $\dfrac{y}{m} = 0{,}117$, au lieu de 0,125.

§ 9. Théorie mécanique de la chaleur. — Machines à vapeur.

164. *Dans une de ses communications, Joule est arrivé à la conclusion suivante : « Si l'on prend pour unité de chaleur la quantité de chaleur nécessaire pour élever une livre d'eau de 60° à 61° Fahrenheit, l'équivalent mécanique de cette chaleur est de 772,55 pied-livres ». En déduire la valeur de l'équivalent mécanique de la chaleur dans le système métrique. — La livre anglaise vaut 453ᵍ,6 ; le pied vaut 30ᶜ,5.*

La livre anglaise valant 453ᵍ,6 $=$ 0^{kg},4536, et le pied, 30ᶜ,5 $=$ 0^{m},305, le pied-livre anglais vaut 0,4536 $\times$ 0,305 $=$ 0,138348 kgm, et 772,55 pied-livres valent 106,881 kgm environ ; d'autre part, le degré Fahrenheit vaut $\frac{5}{9}$ de degré centigrade. L'unité de chaleur choisie par Joule vaut alors 0,4536 $\times$ $\frac{5}{9}$ $=$ 0,252 calorie, et l'équivalent cherché est

$$E = \frac{106,881}{0,252} = 424,1$$

nombre trop faible.

---

165. *En reprenant les expériences de Joule sur la détermination de l'équivalent mécanique de la chaleur, M. Miculesco a trouvé que, si l'on prend le kilogrammètre pour unité de travail, la calorie pour unité de quantité de chaleur, $E = 426,6$. Calculer, à l'aide de cette donnée, la valeur de l'équivalent mécanique de la chaleur dans le système C. G. S., à Paris : 1° en prenant l'erg pour unité de travail, la calorie-gramme pour unité de quantité de chaleur ; 2° en substituant le joule à l'erg comme unité de* travail, la calorie-gramme étant toujours l'unité de quantité de chaleur. — On sait qu'à Paris 1 dyne équivaut à $\dfrac{1}{980,96}$ gramme.

1° Dans le système C.G.S., $(426,6)^{kg} \times (1)^{m} = (426\,600)^{g} \times (100)^{c}$
$= (426\,600 \times 980,96)^{dynes} \times (100)^{c} = 41\,847\,753\,600^{ergs}$. Par suite, à Paris, l'équivalent mécanique de la chaleur, pour 1 calorie, est $41\,847\,753\,600$, et, pour 1 calorie-gramme,

$$E_1 = 41\,847\,754 \text{ environ}$$

2° Comme 1 joule $= 10\,000\,000^{ergs}$, l'équivalent mécanique de la chaleur, dans le système C. G. S., rapporté au joule et à la calorie-gramme, sera, à Paris,

$$J = 4,1847754 = 4,185 \text{ environ}$$

---

166. *Du mercure tombant d'une hauteur de $2^m,225$ s'échauffe de $0°,147$. Déduire de cette expérience la valeur de l'équivalent mécanique de la chaleur. Chaleur spécifique du mercure $= 0,034$.*

Soit E l'équivalent cherché, P le poids du mercure. Le travail moteur effectué par la pesanteur est $P \times 2,225$ kgm; la chaleur gagnée par le mercure est $P \times 0,034 \times 0,147$ calories. On a donc

$$E = \frac{P \times 2,225}{P \times 0,034 \times 0,147} = 445,2 \text{ environ}$$

P s'éliminant de lui-même, comme il était facile de le prévoir.

---

167. *Une balle de plomb pesant 10^g arrive normalement sur un plan parfaitement rigide avec une vitesse de 600^m par seconde, et tombe sans vitesse au pied de la cible. La température initiale étant $0°$, quelle est sa température après le choc? — Chal. spécif. du plomb solide $= 0,03$, du plomb liquide $= 0,04$; chal. de fusion du* *plomb* $= 5,6$ *; point de fusion du plomb* $= 325°$ *; équiv. méc. de la chaleur* $= 427$ *; intensité de la pesanteur* $= 9^m,81.$

(Besançon, juillet 1890.)

Soit x la température cherchée. *Supposons d'abord qu'il n'y ait pas de fusion, même partielle.* La force vive du projectile, au moment du choc, est $\frac{1}{2} \times \frac{0,010}{9,81} \times (600)^2$ kgm; la quantité de chaleur absorbée par le projectile, après le choc, est $0,010 \times 0,03 \times x$ calories. On a alors la relation

$$\frac{\frac{1}{2} \times \frac{0,010}{9,81} \times (600)^2}{0,010 \times 0,03 \times x} = 427$$

dans laquelle le poids du projectile s'élimine de lui-même, comme on devait s'y attendre, et qui donne $x = 1432°$ environ, résultat qui prouve que l'hypothèse faite est inadmissible.

Supposons alors qu'il y ait fusion complète, et même que le projectile s'échauffe au-dessus de son point de fusion. On aura

$$\frac{\frac{1}{2} \times \frac{0,010}{9,81} \times (600)^2}{0,010 \times 0,03 \times 325 + 0,010 \times 5,6 + 0,010 \times 0,04 (x - 325)} = 427$$

relation dans laquelle le poids du projectile s'élimine encore de lui-même, et qui donne $x = 1015°$ environ. La fusion est donc complète et le plomb s'élève à 690° environ au-dessus de son point de fusion.

---

168. *Une machine à vapeur donne* n *coups de piston à la minute. La chaudière est à* T°, *le condenseur à* t°. *Le cylindre a une longueur* l *et une section* s. *Calculer la puissance* P *de la machine. La tens. max. de la vap. d'eau à* T° *est, en colonne de mercure, égale à* F_T; *à* t°, *elle est est* F_t *et la densité du mercure* $= 13,6.$ *— Application numérique :* n $= 60,$ l $= 1^m,$ s $= 4^{dm^2},$ $F_T = 1491^{mm},$ $F_t = 91^{mm}.$

(Grenoble, juillet 1892.)

La pression qui s'exerce sur le piston pendant la durée de sa course est

$$\varpi = s \, (F_T - F_t) \times 13,6$$

Par suite, le travail développé pendant la course totale $2l$ du piston, travail correspondant à un coup de piston, est

$$w = \varpi \times 2l = 2ls \, (F_T - F_t) \times 13,6$$

Celui qui correspond à n coups de piston est alors

$$W = nw = 27,2 \, lns \, (F_T - F_t)$$

et la puissance de la machine, c'est-à-dire le travail qu'elle peut développer dans une seconde, est

$$P = \frac{W}{60} = \frac{27,2}{60} \, lns \, (F_T - F_t)$$

Application numérique. — Pour coordonner les unités et obtenir la puissance en kilogrammètres, il faut exprimer le chemin parcouru en mètres, la pression supportée en kilogrammes. On posera donc $l = 1$, $n = 60$, $s = 4$, $F_T = 14,01$, $F_t = 0,01$. On trouve alors

$$P = 1523 \ \text{kgm environ}$$

ou, en chevaux-vapeur,

$$P = \frac{1523}{75} = 20,3 \ \text{chev.-vap. environ}$$

---

§ 10. Chaleur rayonnante.

169. *Sur le banc de Melloni, on place le cube de Leslie S; la face recouverte de noir de fumée est disposée perpendiculairement à la direction de la barre et encadrée par un écran qui empêche tout rayonnement des autres faces du cube sur la pile P, dans les diverses positions qu'on peut lui donner. A une distance de S égale à d est fixé l'axe O, autour duquel tourne une règle mobile Ox, horizontale. C'est sur cette règle qu'est portée la pile, à une distance de l'axe de rotation O égale à d et à la même*

*hauteur que le cube. Quand la règle est sur le prolonge-
ment du banc, la face de la pile est à une distance 2d de
la face du cube et lui est parallèle : soit Q la quantité de
chaleur qu'elle reçoit alors. Quelle sera la quantité de
chaleur reçue quand, sans toucher à la pile, on aura fait
tourner la règle d'un
angle α ?*

(Dijon, juillet 1892.)

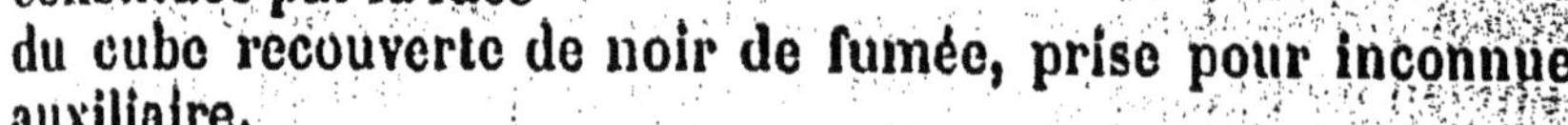

Soit x la quantité
de chaleur deman-
dée, S l'intensité de
la source calorifique
constituée par la face
du cube recouverte de noir de fumée, prise pour inconnue
auxiliaire.

1° Si l'on admet que les rayons de chaleur envoyés par le
cube, dans les deux positions de la pile, sont parallèles,
comme la *quantité de chaleur reçue est* alors *indépendante de la distance*, on a, pour la première position de
la pile,

$$Q = S \qquad\qquad (1)$$

Pour la seconde, en remarquant que la chaleur émise par
le cube est envoyée (le triangle SOP' étant isocèle) sous un
angle $\frac{\alpha}{2}$ et reçue sous un angle $\frac{\alpha}{2}$, et en appliquant la *loi du
cosinus pour la chaleur émise* et la *loi du cosinus pour la cha-
leur reçue*, on a

$$x = S \cos \frac{\alpha}{2} \times \cos \frac{\alpha}{2} \qquad\qquad (2)$$

Il vient alors

$$x = Q \cos^2 \frac{\alpha}{2}$$

et la donnée d est inutile.

2° Si, au contraire, on admet que les rayons envoyés par
le cube sont divergents, la *loi des distances* donne alors, pour
la première position de la pile,

$$Q = \frac{S}{4d^2} \qquad\qquad (3)$$

L'application de cette loi et des deux lois du cosinus à la deuxième position de la pile donne

$$x = \frac{S \cos \frac{\alpha}{2} \times \cos \frac{\alpha}{2}}{4d^2 \cos^2 \frac{\alpha}{2}} \qquad (4)$$

On trouve alors

$$x = Q$$

c'est-à-dire que la pile, dans ses deux positions successives, reçoit toujours la même quantité de chaleur.

---

170. *Deux sources calorifiques très petites* S *et* S_1 *sont placées à des distances* SA = a, S_1B = b *des deux faces d'une pile thermo-électrique AB réunie à un galvanomètre G, et l'on constate que l'aiguille de cet appareil reste au zéro. On place alors la source* S_1 *en* S'_1, *sur une perpendiculaire* OS'_1 *à la droite* BS_1; *on dispose en O un miroir OM incliné de 45° sur la droite* OS_1 *et dont le pouvoir réflecteur est, pour cette incidence, égal à* r. *Des écrans protègent la face B de la pile contre le rayonnement direct de* S'_1. *On demande à quelle distance* x *de la face A on doit placer la source S pour ramener au zéro l'aiguille du galvanomètre, sachant que* BO + S'_1O = 2b.

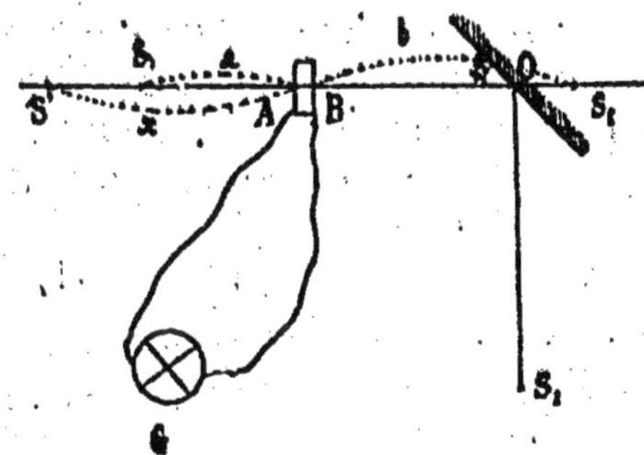

(Grenoble, nov. 1881.)

Soient S et S'_1 les intensités respectives des sources S et S_1. Pour la première position indiquée par l'énoncé, en écrivant que la quantité de chaleur reçue est la même sur les deux faces de la pile, on a (loi des distances)

$$\frac{S}{a^2} = \frac{S_1}{b^2} \qquad (1)$$

Dans la seconde position, la quantité de chaleur envoyée par la source S est $\dfrac{S}{x^2}$; la quantité de chaleur envoyée par la source S_1' est, non $\dfrac{S_1}{4b^2}$, mais $\dfrac{S_1}{4b^2} \times r$ (définition du *pouvoir réflecteur*). On a alors

$$\frac{S}{x^2} = \frac{S_1}{4b^2}\, r \tag{2}$$

En divisant membre à membre les équations (1) et (2), on trouve

$$x = \frac{2a}{\sqrt{r}}$$

---

171. *Une pile thermo-électrique* P *est placée entre deux sources calorifiques,* S *et* S', *à des distances* a *et* b *de ces sources; on cons-tate que l'aiguille du galvanomètre* G *reste au zéro. On interpose alors du côté de la source* S *une lame* L *de pouvoir dia-thermane* d, *et on demande à quelle distance* x *de cette source* S *il faut placer la pile* P *pour que l'aiguille du galvanomètre revienne au zéro.* — *On supposera les sources calorifiques réduites à des points.*

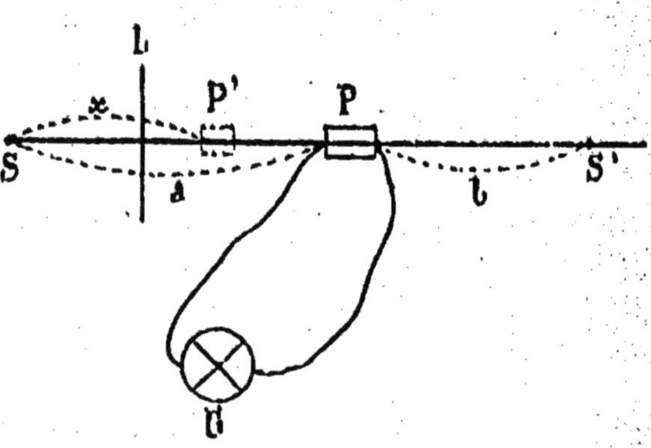

(Grenoble, juillet 1883.)

Soient S et S' les intensités respectives des deux sources. La *loi de décroissement de l'intensité avec la distance* donne, dans le premier cas, en écrivant que la quantité de chaleur reçue est la même sur les deux faces de la pile,

$$\frac{S}{a^2} = \frac{S}{b^2} \tag{1}$$

Dans le second cas, la quantité de chaleur reçue de la source S est, non $\frac{S}{x^2}$, mais $\frac{S}{x^2} \times d$ (définition du *pouvoir dia-thermane*); la quantité de chaleur reçue de la source S' est $\frac{S'}{(a + b - x)^2}$. Pour que le galvanomètre revienne au zéro, il faut que

$$\frac{Sd}{x^2} = \frac{S'}{(a + b - x)^2} \qquad (2)$$

En divisant les relations (1) et (2) membre à membre, S et S' s'éliminent, et on obtient l'équation du 2° degré

$$f(x) = x^2 - \frac{2a^2d(a + b)}{a^2d - b^2} x + \frac{a^2d(a + b)^2}{a^2d - b^2} = 0 \qquad (A)$$

dont les racines sont toujours réelles, ce qui était évident *a priori.*

Discussion. — Supposons $a^2d > b^2$: les deux racines de l'équation (A) sont alors positives. Pour choisir entre les deux, il suffit de remarquer que nécessairement $x < a$. Or

$$f(a) = \frac{a^2b^2}{a^2d - b^2} (d - 1)$$

c'est-à-dire que dans l'hypothèse admise, comme $d < 1$, nécessairement $f(a) < 0$. La plus petite des racines convient donc seule à la question et

$$x = a(a + b) \frac{ad - b \sqrt{d}}{a^2d - b^2} \qquad (a)$$

Supposons $a^2d < b^2$: les deux racines de l'équation (A) sont alors de signes contraires; la positive seule convient et la valeur de x est encore donnée par la formule (a).

CHAPITRE V

ACOUSTIQUE

172. *Une pierre tombe dans un puits et le bruit de la chute, transmis par l'air, arrive à l'observateur θ secondes après le commencement de la chute. 1° Déterminer la profondeur* x *du puits en supposant connue la vitesse* V *du son dans l'air ; 2° déterminer la vitesse* V *du son dans l'air en supposant connue la profondeur* x *du puits. — Accélération due à la pesanteur =* g.

(Marseille, juillet 1881 ; Chambéry, juillet 1889 ; Lyon, nov. 1891 ; Clermont, avril 1892 ; Poitiers, avril 1893 ; Marseille, juillet 1921.)

1° Soit t la durée de la chute, t' le temps nécessaire au bruit de la chute pour arriver à l'oreille de l'observateur. On a les trois équations

$$x = \tfrac{1}{2}\,g t^2 \qquad (1)$$

$$x = V t' \qquad (2)$$

$$t + t' = \theta \qquad (3)$$

d'où, après élimination de t et t', l'équation du 2e degré

$$f(x) = g x^2 - 2V(V + g\theta)x + gV^2\theta^2 = 0 \qquad (A)$$

dont les racines sont réelles et positives. Mais la nature de la question exige que $x < V\theta$, car, si $x > V\theta$, le son, à lui seul, mettrait un temps plus grand que θ pour arriver à l'observateur. Or

$$f(V\theta) = - 2V^2\theta$$

quantité essentiellement négative. Donc $V\theta$ est compris entre les racines, et c'est la plus petite qui seule convient. Par suite

$$x = \frac{V}{g}\left[V + g\theta - \sqrt{V(V + 2g\theta)}\right]$$

2° Le système d'équations posé plus haut donne immédiatement

$$t = \sqrt{\frac{2x}{g}}, \text{ d'où } t' = \theta - \sqrt{\frac{2x}{g}}$$

et

$$V = x\,\frac{\sqrt{g}}{\theta\sqrt{g} - \sqrt{2x}}$$

Remarque. — On peut, pour la résolution de cette partie du problème, utiliser l'équation (A). Elle donne l'équation du second degré

$$f_1(V) = (g\theta^2 - 2x)V^2 - 2g\theta xV + gx^2 = 0$$

Le coefficient $g\theta^2 - 2x > 0$, car, nécessairement, $x < \frac{1}{2}g\theta^2$. Par suite, les racines de cette équation sont toutes les deux positives. Comme, nécessairement, $V > \frac{x}{\theta}$ et que $f_1\left(\frac{x}{\theta}\right) < 0$, on voit que la plus grande des deux racines seule convient. On retrouve alors, sous une autre forme, la valeur de V déjà donnée.

---

173. *Deux points* A *et* B *sont à des distances égales à* x *d'un mur plan; la distance* AB = d *mètres. Un observateur placé en* B *entend un son produit en* A *une première fois par propagation directe et une seconde fois par réflexion sur le mur. Quel minimum la longueur* x *ne doit-elle pas dépasser pour que le son direct arrive* $\frac{1}{10}$ *de seconde*

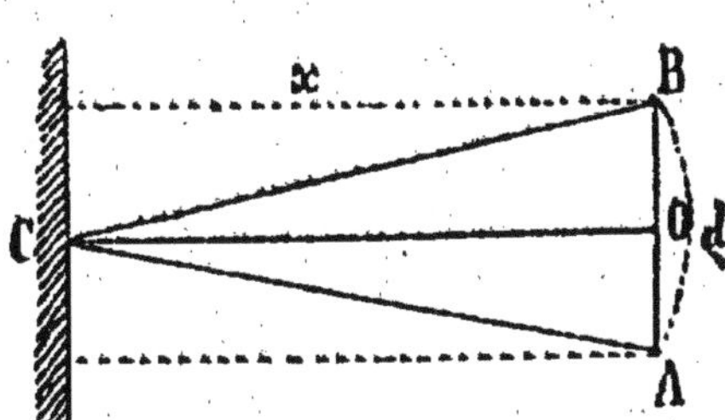

avant le son réfléchi, la vitesse du son étant de V mètres par seconde (problème de l'écho).

(Paris, juillet 1891.)

Le temps mis par le son pour aller directement de A en B est $\frac{d}{V}$ secondes. Le temps mis par le son pour parcourir le chemin ACB est $\frac{2AC}{V}$ secondes, car, en vertu des *lois de la réflexion du son*, AC = CB; d'ailleurs $AC = \sqrt{x^2 + \frac{d^2}{4}}$. Par suite, pour que le son direct arrive dans les conditions demandées, il faut que

$$2\frac{\sqrt{x^2 + \frac{d^2}{4}}}{V} - \frac{d}{V} > \frac{1}{10}$$

d'où

$$x > \frac{1}{20}\sqrt{V(V + 20d)}$$

Remarque. — Pour $d = 0$, la condition précédente devient la condition connue

$$x > \frac{1}{20} V$$

---

174. *Démontrer que lorsqu'une locomotive s'éloigne d'un observateur placé sur la voie, la hauteur du son rendu par le sifflet diminue. Calculer quelle doit être la vitesse de la locomotive pour que ce son soit bémolisé, en supposant la température égale à 15°. — A 0°, la vitesse du son dans l'air = 331ᵐ; coeff. de dilat. des gaz = 0,00367.*

1° Soit, à un instant donné, d la distance de la locomotive à l'observateur, v sa vitesse, n le nombre de vibrations qui caractérise la note réelle donnée par le sifflet, V la vitesse du son. La durée d'une vibration est $\frac{1}{n}$ seconde; or, pendant $\frac{1}{n}$ seconde, la distance de la locomotive, augmentant de $\frac{v}{n}$, devient $d + \frac{v}{n}$, et est franchie dans un temps égal à

$$\frac{d + \frac{v}{n}}{V} = \frac{d}{V} + \frac{v}{nV}$$ secondes : le retard avec lequel la première vibration arrive à l'observateur sera donc $\frac{v}{nV}$; De même, la seconde vibration arrivera avec un retard $\frac{2v}{nV}$, la troisième avec un retard $\frac{3v}{nV}$, et enfin la $n^{\text{ième}}$ avec un retard $\frac{v}{V}$, les retards étant évidemment indépendants de la distance d de la locomotive à l'observateur. Les n vibrations qui caractérisent le son rendu par le sifflet mettront donc $1 + \frac{v}{V}$ secondes pour arriver à l'observateur. Dès lors, si n' est le nombre de vibrations perçues dans 1 seconde par l'observateur, on a

$$n' = n \frac{V}{V + v} \qquad (1)$$

La hauteur n' du son perçu sera donc moindre, quand la locomotive s'éloignera, que la hauteur n de la note réelle du sifflet, l'inverse se produisant quand la locomotive se rapproche de l'observateur.

2° Pour que le son perçu soit bémolisé, il faut que

$$n' = \frac{24}{25} n \qquad (2)$$

d'où

$$\frac{v}{V} = \frac{1}{24}$$

A 15°, $V = 331 \sqrt{1 + 0{,}00337 \times 15} = 340^{m}$ environ. Par suite, il faut que

$$\frac{V}{340} = \frac{1}{24}$$

d'où $V = 14^{m},166$, ce qui correspond à une vitesse à l'heure de 51^k environ.

Remarque. — C'est Doppler qui a le premier fait remarquer l'influence du mouvement du centre d'ébranlement sur la hauteur du son et a étendu cette remarque à la couleur des rayons lumineux émis par une source qui s'éloigne ou se rapproche d'un observateur. La formule (1) permettant de calculer v quand on connaît $\frac{n}{n}$, Huggins, en s'appuyant sur la remarque de Doppler, a pu mesurer la vitesse de déplacement de Sirius par rapport à la Terre, et Vogel la vitesse de rotation du Soleil autour de son axe.

---

175. *Une sirène dont le disque a p trous est à l'unisson avec un diapason qui fait N vibrations à la seconde. Elle fait n tours pendant qu'un pendule accomplit une oscillation. On demande quelle est la longueur de ce pendule, l'accélération de la pesanteur étant égale à g mètres au lieu de l'expérience.*

(Rennes, juillet 1877.)

L'oscillation du pendule correspondant à n tours de la sirène, correspond à np vibrations. Or la durée d'une vibration du diapason est de $\frac{1}{N}$ seconde; la durée des np vibrations et, par suite, la durée d'une oscillation du pendule est donc de $\frac{np}{N}$ secondes. Si x est la longueur en mètres du pendule, on a alors

$$\frac{np}{N} = \pi \sqrt{\frac{x}{g}} \text{, d'où } x = \frac{n^2 p^2}{\pi^2 N^2} g$$

---

176. *Étant donnée la série des sons qui constituent la gamme, avec leurs intervalles consécutifs, en construire une autre dont chaque note soit sensiblement à la tierce majeure de la note correspondante.*

(Marseille, nov. 1882.)

La série des sons qui constituent la gamme, avec leurs intervalles respectifs, est

do_1		$ré_1$		mi_1		fa_1		sol_1		la_1		si_1		do_2
	$\frac{9}{8}$		$\frac{10}{9}$		$\frac{16}{15}$		$\frac{9}{8}$		$\frac{10}{9}$		$\frac{9}{8}$		$\frac{16}{15}$	

La gamme que l'on veut former doit commencer par mi_1. La nouvelle série de notes obtenue en partant de la gamme précédente sera, avec les intervalles respectifs,

$$mi_1 \quad fa_1 \quad sol_1 \quad la_1 \quad si_1 \quad do_2 \quad ré_2 \quad mi_2$$
$$\frac{16}{15} \quad \frac{9}{8} \quad \frac{10}{9} \quad \frac{8}{9} \quad \frac{16}{15} \quad \frac{9}{8} \quad \frac{10}{9},$$

L'intervalle de mi_1 à fa_1 étant $\frac{16}{15}$ au lieu de $\frac{9}{8}$, il faudra diézer le fa_1, et, comme le dièze vaut $\frac{25}{24}$ et que $\frac{16}{15} \times \frac{25}{24} = \frac{10}{9}$, la note diézée obtenue sera exacte à un intervalle de $\frac{9}{8} : \frac{10}{9} = \frac{81}{80}$ près, c'est-à-dire à 1 comma près. Mais alors il faut diézer le sol_1. On verrait de même qu'il faut diézer le do_2 et, par conséquent, le $ré_2$. La nouvelle gamme est donc

$$mi_1, \quad fa_1\sharp, \quad sol_1\sharp, \quad la_1, \quad si_1, \quad do_2\sharp, \quad ré_2\sharp, \quad mi_2$$

---

177. *Quelle tension doit-on donner à une corde métallique de rayon* $r = 0^{mm},2$, *de longueur* $l = 1^m$ *et de densité* $D = 7$, *pour qu'elle rende un son correspondant à un nombre de vibrations doubles* $n = 256$? *Quels seront les nombres de vibrations qu'on obtiendra en plaçant le bout du doigt au* $\frac{1}{2}$, *au* $\frac{1}{3}$, *au* $\frac{1}{4}$, *au* $\frac{1}{5}$ *de la corde?* — *L'intensité de la pesanteur* $= 9^m,8$.

(Lille, nov. 1880, juillet 1887.)

1° La *formule des cordes vibrantes* est

$$n = \frac{1}{2rl} \sqrt{\frac{g\overline{P}}{\pi D}}$$

Pour se servir de cette formule, il faut exprimer les données en *unités correspondantes*, c'est-à-dire que, P étant exprimé en kilogrammes, r, l et g doivent être exprimés en décimètres. Par suite, on posera $r = 0,002$, $l = 10$, $g = 98$, et l'on aura l'équation

$$256 = \frac{1}{2 \times 0,002 \times 10} \sqrt{\frac{98 \times P}{3,1416 \times 7}}$$

d'où P = 23^{kg},53.

2° En plaçant le bout du doigt aux points indiqués, on obtiendra, en vertu de la *loi des longueurs* (qui se déduit immédiatement de la formule des cordes vibrantes), des sons répondant à des nombres de vibrations égaux respectivement à 2, 3, 4, 5 fois 256 vibrations.

Remarque. — Ces sons forment les harmoniques successifs du premier. Si, par exemple, on appelle ut_1 la note rendue par la corde quand elle vibre dans toute sa longueur, les notes rendues ensuite seront ut_2, sol_2, ut_3, mi_3.

———

178. *Quel est l'intervalle musical compris entre les deux notes les plus hautes que puissent donner deux cordes de piano, l'une en fer, l'autre en cuivre, de même longueur et de même section, quand on les tend toutes deux le plus possible? — Rapport de la ténacité du fer à celle du cuivre* $= \dfrac{250}{137}$; *densité du fer* $= 7,79$, *du cuivre* $= 8,95$.

(Besançon, nov. 1892.)

Soient l et d la longueur et le diamètre communs des deux cordes, P le poids tenseur extrême de la corde de fer, P' celui de la corde de cuivre, n et n' les nombres de vibrations correspondant aux notes rendues. La *formule des cordes vibrantes* donne

$$n = \frac{1}{dl} \sqrt{\frac{gP}{\pi \times 7,79}}$$

$$n' = \frac{1}{dl} \sqrt{\frac{gP'}{\pi \times 8,95}}$$

D'après l'énoncé

$$\frac{P}{P'} = \frac{250}{137}$$

Par suite,

$$\frac{n}{n'} = \sqrt{\frac{250}{137} \times \frac{8,95}{7,79}} = 1,45$$

Or, l'intervalle de quarte = 1,333, celui de quinte = 1,50: l'intervalle cherché est donc compris entre celui de quarte et celui de quinte. Si on dièze l'intervalle de quarte, il devient $1,333 \times \frac{25}{24} = 1,39$; si on bémolise celui de quinte, il devient $1,50 \times \frac{24}{25} = 1,44$. L'intervalle cherché est donc celui de *quinte bémolisée*. Si, par exemple, *ut* est la note la plus basse, l'autre est le *sol bémol*.

------

179. *Deux cordes métalliques sont disposées sur un même sonomètre. La première est tendue par un poids de $12^{kg},1$ et l'autre de telle sorte qu'elle soit à l'unisson de la première. On propose de partager la première corde, au moyen d'un chevalet, en deux parties telles, qu'en modifiant convenablement son poids tenseur, on fasse rendre aux deux segments les notes supérieures d'un accord parfait majeur dont la deuxième corde rend la note la plus grave. Quel devra être le nouveau poids tenseur?*

(Paris, juillet 1893.)

Soit P le poids tenseur demandé. Les hauteurs des sons qui composent un *accord parfait majeur* sont entre elles comme les nombres 4, 5, 6 ou 1, $\frac{5}{4}$, $\frac{3}{2}$: le premier et le second segment devront donc faire respectivement $\frac{5}{4}n$ et $\frac{3}{2}n$ vibrations, pendant que la seconde corde métallique en fait n, ou, ce qui revient au même, alors que la corde que l'on a partagée en faisait n lorsqu'elle était tendue par un poids de $12^{kg},1$. Si on désigne par x et y les longueurs respectives du premier et du second segment, ce qui donne $x + y$ pour la longueur totale de la corde, et qu'on applique la *formule des cordes vibrantes*, on aura donc

$$\frac{5}{4}n = \frac{1}{dx} \sqrt{\frac{gP}{\pi D}} \qquad (1)$$

$$\frac{3}{2}\, n = \frac{1}{dy}\ \sqrt{\frac{g\mathrm{P}}{\pi \mathrm{D}}} \qquad\qquad (2)$$

$$n = \frac{1}{d\,(x + y)}\ \sqrt{\frac{g \times 12{,}1}{\pi \mathrm{D}}} \qquad\qquad (3)$$

D désignant la densité de la corde. En divisant successivement membre à membre les équations (1) et (2), puis les équations (2) et (3), D et n s'éliminent, et on obtient les équations

$$\frac{x}{y} = \frac{6}{5}$$

$$\left(\frac{x}{y} + 1\right) \sqrt{\frac{\mathrm{P}}{12{,}1}} = \frac{3}{2}$$

qui, après élimination de $\frac{x}{y}$, donnent $\mathrm{P} = 5^{kg}{,}602$ environ.

Remarque. — On pourrait se proposer de faire rendre aux deux segments les notes supérieures d'un *accord parfait mineur.* Le problème ne comporte aucune difficulté, lorsqu'on sait que les hauteurs des sons qui composent cet accord sont entre elles comme les nombres 10, 12, 15, ou 1, $\frac{6}{5}$, $\frac{3}{2}$.

---

180. *Deux cordes, également tendues et de même longueur, l'une de fer et l'autre de cuivre, rendent, quand on les pince, deux sons dont l'intervalle est égal à $\frac{4}{3}$, le son rendu par la corde de fer étant le plus aigu. Sachant que la densité du cuivre par rapport à celle du fer, prise pour unité, est égale à 1,15, on demande de calculer : 1° le rapport des diamètres des deux cordes; 2° la longueur qu'il faudrait donner à la corde de fer, par rapport à celle du cuivre, pour que cette corde de fer rende un son qui soit à l'octave aiguë de celui rendu par la corde de cuivre, les tensions restant les mêmes.*

(Alger, nov. 1892.)

1° Soit n la hauteur du son rendu par la corde de cuivre,

D sa densité, l sa longueur, d son diamètre, P le poids tenseur. La *formule des cordes vibrantes* donne

$$n = \frac{1}{dl} \sqrt{\frac{g\mathrm{P}}{\pi\mathrm{D}}} \qquad (1)$$

La hauteur du son rendu par la corde fer est $\frac{4}{3}n$; si d' est son diamètre, la même formule donne, la longueur et le poids tenseur étant les mêmes,

$$\frac{4}{3} n = \frac{1}{d'l} \sqrt{\frac{g\mathrm{P}}{\pi\mathrm{D}'}} \qquad (2)$$

D' étant la densité du fer. En divisant (1) et (2) membre à membre, on a

$$\frac{4}{3} = \frac{d}{d'} \sqrt{\frac{\mathrm{D}}{\mathrm{D}'}}$$

Mais $\dfrac{\mathrm{D}}{\mathrm{D}'} = 1,15$. Par suite, le rapport demandé est

$$\frac{d}{d'} = \frac{4}{3 \sqrt{1,15}} = 1,24 \text{ environ}$$

2° Soit l' la longueur cherchée de la corde de fer. La hauteur du son qu'elle doit rendre doit être $2n$. La *formule générale des cordes vibrantes* donne alors

$$2n = \frac{1}{d'l'} \sqrt{\frac{g\mathrm{P}}{\pi\mathrm{D}'}} \qquad (3)$$

En divisant (1) et (3) membre à membre, on a

$$2 = \frac{dl}{d'l'} \sqrt{\frac{\mathrm{D}}{\mathrm{D}'}}$$

d'où, puisque $\dfrac{\mathrm{D}}{\mathrm{D}'} = 1,15$, $\dfrac{d}{d'} = \dfrac{4}{3 \sqrt{1,15}}$,

$$l' = \frac{2}{3} l$$

Remarque. — Le son rendu par la corde de fer est à la quarte de celui que rend la corde de cuivre, l'intervalle de quarte étant $\frac{4}{3}$. Pour que, conformément à la seconde partie de l'énoncé, la corde de fer rende un son à l'octave aiguë de celui que rend la corde de cuivre, il suffit (la quinte de la quarte correspondant à l'octave) qu'elle rende un son à la quinte de celui qu'elle rendait primitivement. Par suite, en vertu de la *loi des longueurs*, qu'il y a avantage ici à appliquer directement, on voit que la longueur de la corde de fer devra être réduite au $\frac{2}{3}$, l'intervalle de quinte étant égal à $\frac{3}{2}$. C'est le résultat trouvé en partant de la formule générale.

CHAPITRE VI

OPTIQUE

§ 1. Photométrie.

181. *On place en A une lampe dont le pouvoir éclairant est de 16 carcels, en B une autre lampe de 9 carcels. La distance AB = 14 décimètres. A quelle distance de la lampe B faut-il placer un écran dont le centre O sera sur la droite AB pour que les deux sources lui envoient la même quantité de lumière?*

(Dijon, juillet 1884; Montpellier, nov. 1888; Clermont, juillet 1890;
Dijon, nov. 1891; Caen, nov. 1893; Montpellier, nov. 1893.)

Soit x la distance cherchée. La *loi des distances* donne

$$\frac{9}{x^2} = \frac{16}{(14 - x)^2}$$

d'où, pour x, les deux valeurs

$$x' = 6^d, \quad x'' = -42^d$$

La racine $x' = 6^{dm}$ seule est acceptable, la seconde correspondant à un point O' situé à la droite du point B. Cependant, si l'on suppose la lampe B transportée en B' de manière à rester à la même distance de l'écran placé en O', la racine x'' devient acceptable à son tour. Le premier cas correspond au *photomètre de Bunsen*; le second aux *photomètres de Bouguer et de Foucault.*

---

182. *Au bord C d'un cercle gradué horizontal on place un petit écran plan mn, situé dans un plan vertical passant par le centre du cercle. Le rayon de ce cercle est de 1^m. On place en A, sur le bord du cercle, à une distance de 1^m, une bougie dont la flamme est sur le plan horizontal qui passe par le milieu de l'écran. A quelle distance, sur le bord du même cercle, faut-il placer de l'autre côté de l'écran une lampe B dont la flamme est aussi à la même hauteur et dont le pouvoir éclairant est 4 fois plus grand, pour que les deux faces soient également éclairées par les deux sources?*

(Dijon, juillet 1892.)

Prenons pour unité l'intensité lumineuse de la bougie supposée placée normalement à l'écran à une distance de 1 mètre : la quantité de lumière qu'elle envoie à l'écran lorsqu'elle est placée en A est (*loi du cosinus*)

$$1 \times \cos 30° = \frac{\sqrt{3}}{2}.$$

Si maintenant x est la distance BC à laquelle doit être située la lampe B, α l'angle de la corde BC avec le diamètre CD, la quantité de lumière envoyée par B sur

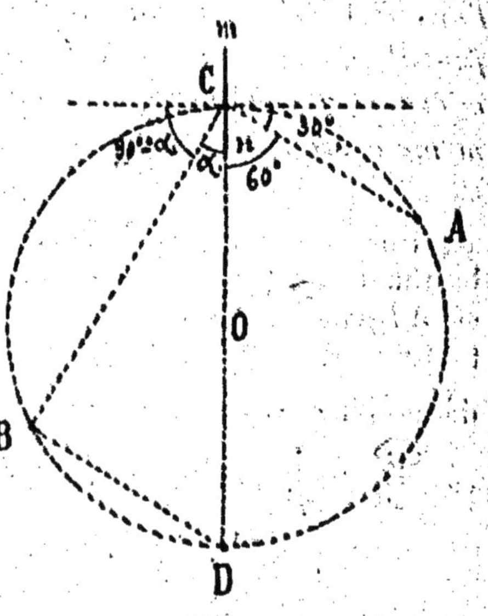

la seconde face de l'écran est $4 \times \dfrac{\cos(90° - \alpha)}{x^2} = \dfrac{4 \sin \alpha}{x^2}$.

Par hypothèse, il faut que

$$\frac{4\sin\alpha}{x^3} = \frac{\sqrt{3}}{2} \qquad (1)$$

D'un autre côté, dans le triangle CBC,

$$x = 2\cos\alpha \qquad (2)$$

En éliminant x entre (1) et (2), on obtient l'équation du second degré

$$\sin^2\alpha + \frac{2}{\sqrt{3}}\sin\alpha - 1 = 0$$

dont la seule racine acceptable est

$$\sin\alpha = \frac{1}{\sqrt{3}}$$

On en déduit

$$x = 2\sqrt{\frac{2}{3}} = 1^{m},633 \text{ environ}$$

---

183. *Une feuille de papier est éclairée par deux bougies placées d'un même côté, sur une même normale au papier, l'une à 1 mètre, l'autre à 2 mètres. A quelle distance y faut-il placer la seconde bougie, quand on place la première à une distance* x, *pour que le papier conserve le même éclairement ?*

(Paris, nov. 1887.)

Admettons que les deux bougies ont la même intensité lumineuse, et prenons pour unité cette intensité. Les *flammes étant transparentes*, l'éclairement de la feuille de papier est toujours égal à la somme des éclairements dus à chacune des bougies. Cet éclairement est donc $1 + \frac{1}{4}$ dans le premier cas, $\frac{1}{x^2} + \frac{1}{y^2}$ dans le second, et on a

$$1 + \frac{1}{4} = \frac{1}{x^2} + \frac{1}{y^2}, \text{ d'où } y = \frac{2x}{\sqrt{5x^2 - 4}}$$

---

§ 2. Réflexion. — Miroirs plans et miroirs sphériques.

184. *Le crépuscule finit, ou commence, lorsque le Soleil est à 18° sous l'horizon. Comment ce fait donne-t-il une valeur approchée de la hauteur de l'atmosphère, si l'on néglige la réfraction* [1] *? — Rayon de la Terre = 6376 kilomètres.*

Soit A le lieu où se trouve l'observateur, P le point, situé sur son horizon AH, qu'il aperçoit en dernier lieu par suite de la réflexion, par le sommet P de l'atmosphère, d'un rayon SP venant du Soleil. A cet instant, par suite de l'égalité des angles d'incidence et de réflexion i et r, le rayon SP est tangent en A′ à la surface du globe terrestre, et les deux triangles AOP, A′OP, rectangles en A et en A′, sont égaux. Désignons par R le rayon de la Terre, par x la hauteur cherchée MP. Le triangle rectangle AOP donne

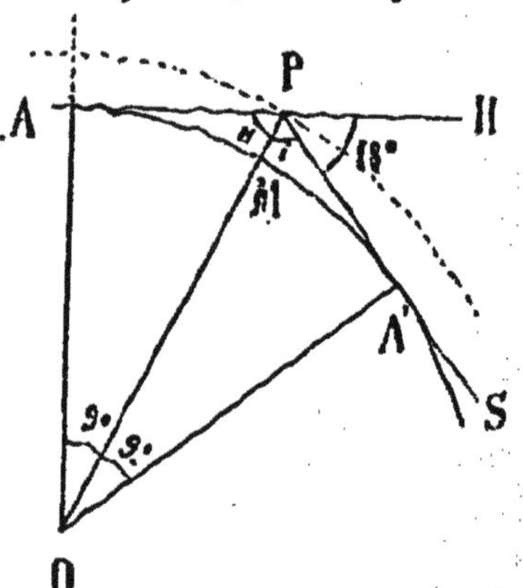

$$(x + R) \cos AOP = R$$

Mais $AOP = \frac{1}{2} AOA' = \frac{1}{2} SPH = 9°$, puisque, par hypothèse, $SPH = 18°$. De là l'équation

$$(x + R) \cos 9° = R$$

qui donne

$$x = \frac{2R \sin^2 4°30'}{\cos 9°}$$

En remplaçant R par sa valeur, on trouve $x = 79,4$ kilomètres.

———————————

1. Ce procédé d'évaluation de la hauteur de l'atmosphère est dû à l'astronome Lahire.

185. *Un miroir plan tourne d'un angle* α. *Trouver l'angle* x *dont tourne le rayon réfléchi, sachant que le rayon incident ne change pas de direction.*

(Lyon, nov. 1891.)

Soit *i* l'angle d'incidence dans la première position du miroir, *r* l'angle de réflexion correspondant, angle égal à *i*. Lorsque le miroir tourne d'un angle ± α (le signe + correspondant au cas où la rotation a pour effet d'augmenter l'angle d'incidence, le signe — au cas où elle produit l'effet contraire), l'angle de réflexion devient $r \pm \alpha$. Dans la première position du miroir l'angle des deux rayons était

$$\Delta_1 = i + r = 2i$$

Dans la seconde, cet angle devient

$$\Delta_2 = (i \pm \alpha) + (r \pm \alpha) = 2i \pm 2\alpha = \Delta_1 \pm 2\alpha$$

les signes supérieurs se correspondant, ainsi que les signes inférieurs. Le rayon réfléchi a donc tourné d'un angle égal au double de l'angle de rotation du miroir.

---

186. *Un observateur dont la taille est a se place en face d'un miroir plan vertical de longueur* b, *placé à une hauteur* h *au-dessus du sol. Chercher quelles sont les conditions que doivent remplir les longueurs* b *et* h *pour que l'observateur se voie tout entier dans le miroir, et examiner si ces conditions varient avec la distance de l'observateur au miroir.*

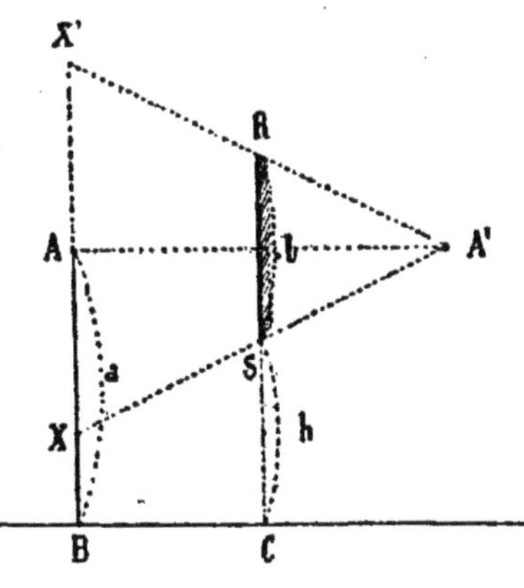

(Lyon, juillet 1875.)

Soit AB l'observateur, RS le miroir. Pour simplifier, supposons l'œil de l'observateur placé en A. Il est clair que l'observateur verra de son corps la portion AX comprise dans le *champ du miroir*, c'est-à-dire dans la partie antérieure XSRX' du cône ayant pour sommet le point A' symétrique de A par rapport au miroir, et pour directrice le contour de ce miroir. La simple inspection de la figure montre alors que : 1° pour que l'observateur voie ses pieds, placés en B, il faut que la hauteur h à laquelle est placé le miroir soit égale au plus à $\frac{a}{2}$, c'est-à-dire à la moitié de la taille de l'observateur; 2° pour que, la première condition étant remplie, l'observateur voie sa tête, placée en A, il faut que la longueur b du miroir soit au moins égale à $\frac{a}{2}$, c'est-à-dire encore à la moitié de la taille de l'observateur. Elle montre aussi que les conditions que doivent remplir h et b sont indépendantes de la distance de l'observateur au miroir.

---

187. *Dans le plan bissecteur de deux miroirs plans OA et OB faisant un angle de 60°, se trouve un disque M peint en rouge sur l'une de ses faces et en vert sur la face opposée. Indiquer le nombre, la position et la couleur des images du disque fournies par les rayons réfléchis une ou plusieurs fois* [1].

(Paris, nov. 1893.)

Dans un plan perpendiculaire aux deux miroirs, pris pour plan de la figure et contenant le centre du disque, décrivons une circonférence ayant pour centre le point O (point d'intersection des traces OA et OB des deux miroirs sur ce plan) et passant par le centre du disque : les centres des différentes images du disque se trouveront sur cette circonférence.

Prolongeons suivant OA' et OB' les traces OA et OB des deux miroirs et menons par O une droite xy inclinée de 60° sur OA et OB, de façon à partager la circonférence décrite en 6 parties égales. Le miroir OA donnera du disque M une image M_1 placée sur le milieu de l'arc Ax; de même, OB donnera de M une image M_2 placée sur le milieu de l'arc

---

1. Le système de ces deux miroirs constitue l'appareil connu sous le nom de *kaléidoscope*.

By. — Mais l'image M_1 joue par rapport au miroir OB le rôle d'un objet lumineux ; par suite, ce miroir OB donnera de l'image M_1 une image M_4 (due à une seconde réflexion des rayons), symétrique de M_1 par rapport à OB et qui, par suite, sera placée (si l'on compte les distances en arcs de la circonférence décrite), comme l'image M_1, à 90° de OB, c'est-à-dire sur le milieu de l'arc yA'. De même, le miroir OA donne de l'image M_2 une image M_3 placée sur le milieu de l'arc xB'. — Maintenant, l'image M_4 elle-même joue le rôle d'un objet lumineux par rapport au miroir OA ; par suite, ce

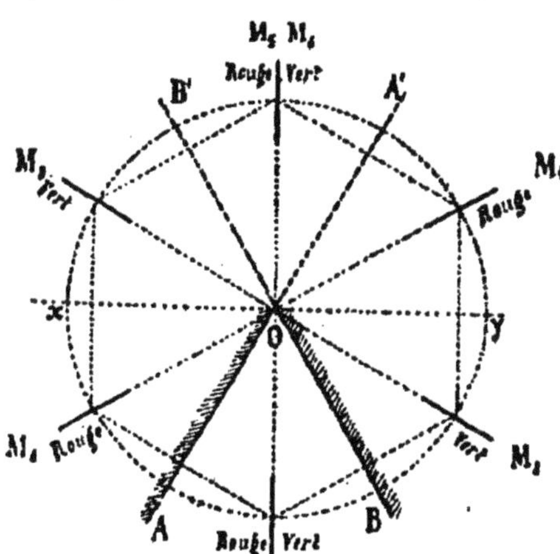

miroir donnera de cette image une image M_6 (due à une troisième réflexion des rayons), symétrique de M_4 par rapport à OA ; de même, le miroir OB donnera de l'image M_3 une image M_5 symétrique de M_3 par rapport à OB. Mais ces images M_5 et M_6, étant nécessairement placées sur le milieu de l'arc A'B', se confondent ; de plus, elles se trouvent dans la zone *improductive* A'OB', c'est-à-dire derrière les deux miroirs. Le nombre des images données par les deux miroirs est donc seulement, au point de vue de leur position géométrique, de *cinq*, et il est clair qu'elles sont placées sur les sommets d'un hexagone inscrit dans le cercle de rayon OH, le centre du disque étant un des sommets de l'hexagone.

Supposons maintenant un spectateur placé dans l'angle AOM et dirigeant successivement son regard, de droite à gauche, sur tous les points de la circonférence O. La succession des couleurs qu'il apercevra sera :

Rouge (M_1), *vert* (M_3), *rouge* (M_5), *rouge* (M_4), *vert* (M_2), *rouge* (face rouge du disque vue directement), les rayons donnant la sensation de l'image verte M_6 ne pouvant parvenir à son œil.

S'il est placé dans l'angle MOB, le sens de la rotation ne changeant pas, la succession des couleurs se modifie ainsi :

Vert (face verte du disque vue directement), *rouge* (M_1), *vert* (M_3), *vert* (M_5), *rouge* (M_4), *vert* (M_2), les rayons rouges de M_5 ne parvenant pas à son œil.

---

188. *Devant un miroir sphérique concave* MN, *dont la distance focale est de* 10ᶜ, *on place un triangle rectangle* ABC *dont l'un des côtés de l'angle droit* BC *coïncide avec l'axe principal. On demande de déterminer la grandeur et la position de l'image. On connaît* OB = 60ᶜ, OC = 110ᶜ, AB = 10ᶜ.

(Nancy, juillet 1891.)

Cherchons d'abord la position et la grandeur de l'image du côté AB. Cette image est une droite perpendiculaire à l'axe du miroir. En appelant p' sa distance au miroir, i sa grandeur, les deux relations [1]

$$\frac{1}{60} + \frac{1}{p'} = \frac{1}{10}$$

$$\frac{i}{10} = -\frac{p'}{60}$$

donnent $p' = 12^c$, $i = -2^c$: l'image de AB est donc réelle, renversée, placée à 2ᶜ en avant du foyer F et sa hauteur $A'B' = 2^c$. — Soit maintenant p'' la distance au miroir de l'image C' du point C. *L'équation des foyers conjugués* donne

$$\frac{1}{110} + \frac{1}{p''} = \frac{1}{10}$$

---

1. Les formules relatives aux miroirs sphériques concaves, employées ici, sont

$$\frac{1}{p} + \frac{1}{p'} = \frac{1}{f} \tag{1}$$

$$\frac{i}{o} = -\frac{p'}{p} \tag{2}$$

f, la distance focale, étant une quantité essentiellement positive, les longueurs p et p' étant comptées positivement (à partir du sommet du miroir) en sens inverse de la lumière incidente, négativement dans le sens de cette lumière, les longueurs i et o étant comptées positivement au-dessus de l'axe du miroir, négativement au-dessous. La première (1) est l'*équation des foyers conjugués*; la seconde (2) la *formule du grossissement.*

d'où $p'' = 11^c$: l'image C' du point C est donc placée à 1^c en avant du foyer F et, par suite, B'C' $= 1^c$. — Comme $\dfrac{A'B'}{B'C'} = 2$,

tandis que $\dfrac{AB}{BC} = \dfrac{1}{5}$, l'image A'B'C' du triangle rectangle ABC est donc encore un triangle rectangle, mais ce triangle n'est pas semblable au premier.

Remarque. — On devait s'attendre à ce résultat, l'image d'un objet qui présente du relief, qu'elle soit due à un miroir ou à une lentille, n'étant jamais semblable à l'objet, à moins que le miroir ne soit plan.

---

189. *On dirige vers le centre du Soleil l'axe d'un miroir sphérique concave de 2^m de rayon. On demande quelles seront la position, la forme et la dimension de l'image obtenue. Qu'arriverait-il si l'on remplaçait le miroir con-*

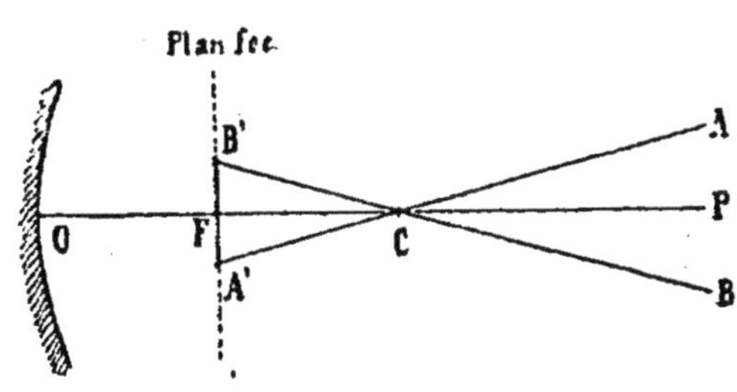

cave par un miroir sphérique convexe de même rayon ? — Diamètre apparent du Soleil $= \dfrac{1}{2}$ degré, à peu près.

(Paris, juillet et oct. 1881.)

1° Miroir concave. — L'image se formera sur le plan focal, car l'image du centre P du Soleil se forme au foyer F, les images du bord supérieur A et du bord inférieur B de l'astre se formant aux points A' et B' où les axes secondaires correspondants rencontrent ce plan. Par suite, elle sera réelle, renversée, et circulaire, comme l'objet lui-même. D'ailleurs le triangle A'B'C donne

$$A'B' = 2FC \tan g \frac{1°}{4}$$

Mais FC $= 1^m$. Par suite

$$A'B' = 2 \tan g \frac{1°}{4} = 0^m{,}00872 = 8^{mm}{,}7$$

2° *Miroir convexe*. — L'image se formera encore sur le plan focal du miroir. Elle sera encore circulaire, aura les mêmes dimensions, mais, seulement, sera virtuelle et droite [1].

---

190. On a un miroir concave de distance focale f. A quelle distance du foyer faudra-t-il placer une droite lumineuse perpendiculaire à l'axe pour obtenir une image de cette droite : 1° n fois plus grande ? 2° n fois plus petite ?

(Toulouse, juillet 1883 ; Caen, nov. 1892.)

1° Le foyer du miroir étant indiqué par l'énoncé comme origine des distances, il est naturel d'employer ici les *formules de Newton* [2]. Si ϖ est la distance cherchée, la *formule du grossissement* donne

$$\pm n = -\frac{f}{\varpi} \qquad (1)$$

le signe $+$ placé devant n correspondant au cas où l'image est droite, le signe $-$ au cas où elle est renversée. De là les deux valeurs

$$\varpi_1 = -\frac{f}{n}, \quad \varpi_2 = +\frac{f}{n}$$

1. Dans cette question, la formule du grossissement n'est pas directement applicable. Mais on peut l'écrire, en ne tenant compte que des valeurs absolues, $\frac{i}{p'} = \frac{o}{p}$. Or $\frac{o}{p} = 2\tang\frac{\delta}{2}$, δ étant le diamètre apparent de l'objet. On a alors

$$i = p' \tang\frac{\delta}{2}$$

formule qui, dans le cas d'un objet placé à l'infini, devient

$$i = 2f \tang\frac{\delta}{2}$$

En faisant, dans cette formule, $f = 1$, $\delta = \frac{1}{2}$, on retrouve le résultat donné.

2. Les formules générales des miroirs sphériques, connues sous le nom de *formules de Newton*, dans lesquelles on prend pour origine des distances le foyer du miroir, sont

$$\varpi\varpi' = f^2 \qquad (1)$$
$$\frac{i}{o} = -\frac{f}{\varpi} \qquad (2)$$

Les conventions des signes y sont d'ailleurs les mêmes que pour les formules ordinaires. Il est rare que leur emploi soit aussi avantageux que dans cette question.

la première correspondant au cas où l'image est *droite* et *virtuelle*, puisque l'objet est alors placé entre le miroir et son foyer, la seconde correspondant au cas où l'image est *renversée* et *réelle*.

2° La seconde partie du problème se résout en remplaçant n par $\dfrac{1}{n}$ dans l'équation (1). On obtient les deux valeurs

$$\varpi_1 = -\,nf, \quad \varpi_2 = +\,nf$$

La première, plus grande en valeur absolue que $-f$, ne convient pas, car elle correspond au cas d'un objet virtuel. La seconde seule doit donc être adoptée.

Remarque. — Si l'origine des distances était le sommet du miroir, il faudrait, pour répondre à la question, résoudre le double système

$$\frac{1}{p} + \frac{1}{p'} = \frac{1}{f}$$
$$\pm n = -\frac{p'}{p}$$

c'est-à-dire deux systèmes d'équations au lieu de deux équations.

––––––––––––

191. *Sur l'axe d'un miroir sphérique concave dont la distance focale est* f *se trouve un point lumineux dont la distance au sommet est* p ; *l'image se trouve à une distance* p' *du sommet. On déplace le point lumineux sur l'axe du miroir de telle façon que sa nouvelle distance au sommet soit moyenne proportionnelle entre* p *et* p' ; *l'image du point lumineux se trouve alors au milieu de la distance du foyer et du centre de courbure du miroir. On demande de déterminer* p *et* p'.

(Nancy, nov. 1891.)

On a immédiatement (*équation des foyers conjugués*) le système

$$\begin{cases} \dfrac{1}{p} + \dfrac{1}{p'} = \dfrac{1}{f} \\[2mm] \dfrac{1}{\sqrt{pp'}} + \dfrac{1}{\frac{3}{2}f} = \dfrac{1}{f} \end{cases} \quad \text{ou} \quad \begin{cases} \dfrac{1}{p} + \dfrac{1}{p'} = \dfrac{1}{f} \\[2mm] \dfrac{1}{p} \times \dfrac{1}{p'} = \dfrac{1}{9f^2} \end{cases}$$

Les quantités $\frac{1}{p'}$ et $\frac{1}{p'}$ sont donc racines de l'équation

$$X^2 - \frac{1}{f} X + \frac{1}{9f^2} = 0$$

qui donne

$$\frac{1}{p} = \frac{3 + \sqrt{5}}{6f}, \quad \text{d'où} \quad p = \frac{6f}{3 + \sqrt{5}}$$

$$\frac{1}{p'} = \frac{3 - \sqrt{5}}{6f}, \quad \text{d'où} \quad p' = \frac{6f}{3 - \sqrt{5}}$$

---

192. *Devant un miroir concave de rayon* R *on met en* A *un objet et on veut que son image se fasse en* B *à une distance* AB = d *de l'objet. Quelle est la distance de* A *au miroir?*

(Alger, avril 1884; Lille, juillet 1886; Alger, avril 1890; Marseille, avril 1892; Besançon, nov. 1892; Lille, avril 1893.)

Posons, pour simplifier, $\frac{R}{2} = f$, et soit x la distance de l'objet au miroir. Si on convient de compter la distance d positivement de l'image à l'objet en sens inverse de la lumière incidente, négativement dans le sens contraire, comme x, *l'équation des foyers conjugués* donne la relation générale

$$\frac{1}{x} + \frac{1}{x - d} = \frac{1}{f} \tag{1}$$

d'où l'équation du second degré

$$x^2 - (d + 2f) x + fd = 0$$

qui donne les deux solutions

$$\begin{cases} x' = f + \dfrac{d}{2} - \dfrac{1}{2} \sqrt{d^2 + 4f^2} \\[2mm] x'' = f + \dfrac{d}{2} + \dfrac{1}{2} \sqrt{d^2 + 4f^2} \end{cases}$$

Si $d > 0$, c'est-à-dire si l'objet est entre le miroir ou son plan focal, ou au delà du plan antiprincipal (plan perpendiculaire à l'axe passant par le centre de courbure du miroir), les valeurs x' et x'' sont toutes les deux acceptables, x' pour le cas de l'image virtuelle, x'' pour le cas de l'image réelle.

13

comme on s'en assure d'ailleurs en comparant les quantités f et $2f$ aux racines de l'équation ($x' < f$, $x'' > 2f$). Si $d < 0$, c'est-à-dire si l'objet est placé entre le plan focal et le plan antiprincipal, la racine x'' seule est acceptable. Enfin, si $d = 0$,

$$x' = 0, \ x'' = 2f$$

x' correspondant au *plan antiprincipal*, x'' au *plan principal* du miroir.

♦ **193.** *Un vase sphérique en acier poli supposé sans épaisseur porte un tube en verre de section* s. *Le vase contient du mercure qui le remplit à* 0° *jusqu'à la base du tube. Le rayon de la sphère est alors* R. *On chauffe le vase de manière que le rayon augmente de* 1 : 1° *à quelle température a-t-il fallu le chauffer?* 2° *à quelle hauteur s'élève le mercure dans le tube supposé sans dilatation?* 3° *En considérant la surface polie du vase comme un miroir sphérique, de combien s'est déplacée l'image d'un objet placé à une distance* p *de cette surface?* — *Coeff. de dilat. linéaire de l'acier* = k; *coeff. de dilat. absolue du mercure* = m.

(Paris, juillet 1892.)

1° On a immédiatement, en désignant par t la température cherchée,

$$l = Rkt$$

d'où

$$t = \frac{l}{kR}$$

2° L'augmentation de volume du vase (un corps creux se dilatant comme s'il était plein) est $\frac{4}{3}\,\pi R^3 \times 3k \times \frac{l}{kR} =$ $4\pi R^2 l$; celle du mercure est $\frac{4}{3}\,\pi R^3 \times m \times \frac{l}{kR} = \frac{4}{3}\,\pi R^2 l\,\frac{m}{k}$. La hauteur h dont le mercure s'élève dans le tube est alors donnée par la relation

$$sh = \frac{4}{3}\,\pi R^2 l\,\frac{m}{k} - 4\pi R^2 l$$

d'où

$$h = \frac{4\pi R^2 l}{s} \frac{m - 3k}{3k}$$

3° Soit p' la distance primitive, en valeur absolue, de l'image à la surface du vase. L'*équation des foyers conjugués relative aux miroirs convexes* [1] donne alors la relation

$$\frac{1}{p} - \frac{1}{p'} = -\frac{1}{f}, \text{ d'où } p' = \frac{pf}{p + f}$$

La dilatation du vase ayant diminué la distance p de l, et augmenté la distance focale f de $\frac{l}{2}$, la nouvelle valeur de p' est

$$p'_1 = \frac{(p - l)\left(f + \frac{l}{2}\right)}{(p - l) + \left(f + \frac{l}{2}\right)}$$

Le déplacement de l'image est donc, en valeur absolue,

$$\Delta = p' - p'_1 = l \frac{l(p + f) + 2f^2 - p^2}{2(p + f)\left(p + f - \frac{l}{2}\right)}$$

---

194. *On donne deux miroirs centrés, l'un concave et l'autre convexe, ayant tous deux même rayon* R *et placés à une distance* d *l'un de l'autre. Sur l'axe du système se trouve un point lumineux* P *placé à une distance* p *du miroir concave. Les rayons lumineux émanés de* P *arrivent sur le miroir convexe après leur réflexion sur le miroir*

1. Les formules relatives aux miroirs convexes employées ici sont

$$\frac{1}{p} + \frac{1}{p'} = -\frac{1}{f} \tag{1}$$

$$\frac{i}{o} = -\frac{p'}{p} \tag{2}$$

les conventions relatives aux signes étant les mêmes que pour les miroirs concaves.

concave. On demande où se fera l'image du point P. —

Cas particulier : $d = R$, $p = \dfrac{3}{4} R$.

(Nancy, nov. 1883.)

Soit O le sommet du miroir concave, O' celui du miroir convexe. Prenons pour origine le point O, et soit p_1 la distance à ce point de l'image P_1 que donne du point P le miroir concave, p' la distance à ce point de l'image définitive, c'est-à-dire de l'image P' que le miroir convexe donne du point P_1. Posons, pour plus de simplicité, $\dfrac{R}{2} = f$, f étant ainsi la distance focale des deux miroirs. Pour le miroir concave O, *l'équation des foyers conjugués* donne la relation générale

$$\frac{1}{p} + \frac{1}{p_1} = \frac{1}{f} \qquad (1)$$

La distance des deux miroirs étant d, la distance de l'image P_1 au miroir O' est, quel que soit p_1, égale à $p_1 - d$;

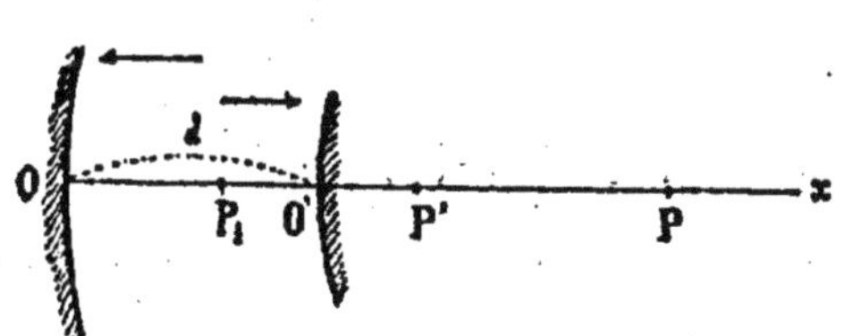

la distance de l'image P' à ce miroir est aussi, quel que soit p', égale à $p' - d$. Dès lors, en remarquant que *la lumière arrive sur le miroir convexe dans le sens des x positifs* et que, par suite, dans l'équation des foyers conjugués relative aux miroirs convexes, les signes doivent être changés [1], on aura, pour le miroir convexe O', la relation générale

$$\frac{1}{-(p_1 - d)} + \frac{1}{-(p' - d)} = -\frac{1}{f} \qquad (2)$$

L'élimination de p_1 entre (1) et (2) donne

$$p' = \frac{d\,(d + f)\,(p - f) - (p + d)\,f^2}{d\,(p - f) - f^2}$$

Cas particulier. — Si $d = R$, on a $d = 2f$; d'un autre côté, $p = \dfrac{3}{4} R = \dfrac{3}{2} f$. On trouve alors $p' = \infty$, c'est-à-dire

---

1. Voir la note II placée à la fin de la Seconde Partie, relative à la manière de poser les équations dans les problèmes sur les systèmes optiques centrés.

que les rayons réfléchis par le miroir concave sont renvoyés par le miroir convexe parallèlement à l'axe du système, ou, si l'on veut, que le point P est un des deux *foyers principaux* du système formé par les deux miroirs. D'ailleurs, dans ce cas, l'équation (1) donne $p_1 = 3f$, c'est-à-dire que l'image P_1 se forme au foyer f' du miroir convexe, de sorte

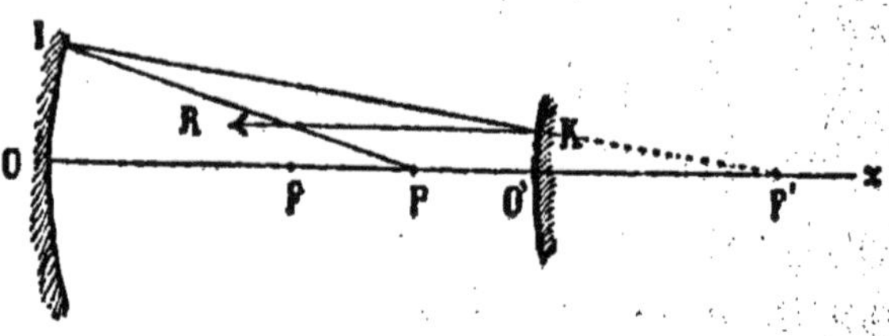

que les rayons réfléchis par le miroir concave, venant se rencontrer virtuellement au foyer f' du miroir convexe, sont nécessairement réfléchis parallèlement à l'axe du système. La figure ci-contre montre d'ailleurs la marche PIKR d'un rayon quelconque parti du point P, lorsque $OP = \frac{3}{2} f$.

---

195. *On donne deux miroirs sphériques concaves centrés de même rayon* R, *dont les sommets sont en* O *et en* O' *et dont les centres de courbure* C *coïncident. Un objet* AB *est placé entre les deux miroirs à une distance* OA = p *du premier. On demande à quelle distance* O'A' *du sommet du second miroir se trouve l'image formée par les rayons qui, partis de l'objet, se réfléchiront d'abord sur le miroir* O *et ensuite sur le miroir* O'. *Discuter les différents cas qui peuvent se présenter; déterminer dans chaque cas le rapport de grandeur de l'image* A'B' *à l'objet* AB, *construire l'image et indiquer la marche suivie par un petit faisceau lumineux émané du point* B.

(Clermont, juillet 1891 ; Rennes, juillet 1893.)

1° Posons, pour plus de simplicité, $\frac{R}{2} = f$; prenons pour origine le sommet du miroir O, les longueurs étant comptées positivement en sens inverse des rayons envoyés par AB sur le miroir O. Soit alors $OA = p$, cette distance pouvant varier de 0 à $4f$ d'après l'énoncé du problème; appelons p_1 la distance au point O de l'image A_1B_1 que le miroir O donnera de l'objet AB, et x la distance à ce même point de l'image A'B' que le miroir O_1 donne de l'image A_1B_1. Pour le miroir O, l'*équation des foyers conjugués* donne la relation générale

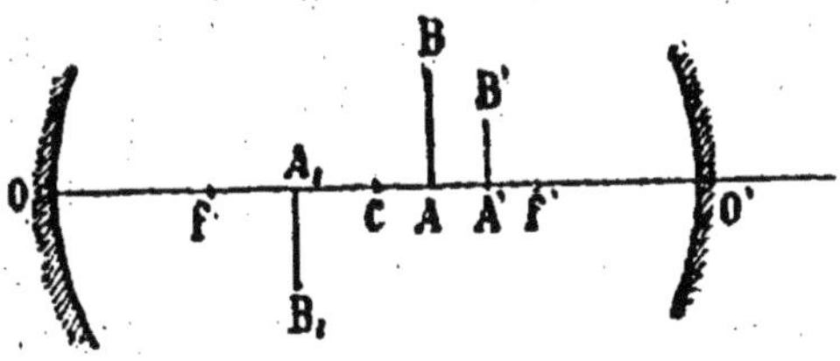

$$\frac{1}{p} + \frac{1}{p_1} = \frac{1}{f} \quad (1)$$

Pour le miroir O', placé à une distance $OO' = 4f$ du miroir O, l'*équation des foyers conjugués* donne, en remarquant que la lumière tombe sur lui dans le sens des x positifs (194), la relation générale

$$\frac{1}{-(p_1 - 4f)} + \frac{1}{-(x - 4f)} = \frac{1}{f} \quad (2)$$

L'équation (1) donne

$$p_1 = f\frac{p}{p-f} \quad (a)$$

On a alors

$$4f - p_1 = f\frac{3p - 4f}{p - f} \quad (b)$$

d'où

$$x = 4f - f\frac{3p - 4f}{2p - 3f} \quad (c)$$

Pour plus de simplicité, rapportons les positions successives de l'image A'B' au point O', en conservant la convention des signes, et, par suite, posons $x - 4f = y$. On aura

$$y = -f\frac{3p - 4f}{2p - 3f} \quad (A)$$

Maintenant, la *formule du grossissement*, appliquée successivement aux deux miroirs, donne

$$\frac{i_1}{o} = -\frac{p_1}{p}, \qquad \frac{i}{i_1} = -\frac{4f - x}{4f - p_1}$$

d'où [1], en utilisant les formules (a), (b), (c), la relation

$$\frac{i}{o} = \frac{f}{2p - 3f} \quad (3)$$

---

1. En général, o étant une dimension linéaire de l'objet, i la dimension

Discussion. — Les résultats que l'on obtient en faisant varier p de 0 à $+4f$ dans les formules (A) et (B) sont résumés dans le tableau ci-dessous :

p	$y = x - 4f$	$\dfrac{i}{o}$		
0	$-\dfrac{4}{3}f$	$-\dfrac{1}{3}$		
$+f$	$-f$	-1	réelle	
$+\dfrac{4}{3}f$	0	-3		image renversée
$+\dfrac{7}{5}f$	$+f$	-5	virtuelle	
$+\dfrac{3}{2}f$	$\pm\infty$	$\mp\infty$		
$+\dfrac{8}{5}f$	$-4f$	$+5$	virtuelle	
$+2f$	$-2f$	$+1$		image droite
$+3f$	$-\dfrac{5}{3}f$	$+\dfrac{1}{3}$	réelle	
$+4f$	$-\dfrac{8}{5}f$	$+\dfrac{1}{5}$		

2° La figure I montre comment on doit construire l'image et indique la marche d'un petit faisceau lumineux émané du point B lorsque $p = +f$. Comme l'indique le tableau précédent, elle montre que, dans ce cas, l'image A'B' est réelle, renversée et égale à l'objet. Les plans focaux des deux miroirs jouent donc le rôle de *plans antiprincipaux* par

correspondante de l'image que donne de cet objet un système quelconque centré, on a

$$\frac{i}{o} = \frac{i}{i_n} \times \frac{i_n}{i_{n-1}} \times \dots \times \frac{i}{i} \times \frac{i_1}{o}$$

$i_{n-1}, i_1, i_{11}, \dots, i_n$ étant les images successives dues aux différentes parties du système. *Le grossissement d'un système optique centré est* donc *égal au produit des grossissements de chacun des éléments qui le composent.* Dans le cas de deux éléments, lentilles ou miroirs, la formule précédente devient

$$\frac{i}{o} = \frac{i}{i_1} \times \frac{i_1}{o}$$

rapport au système centré constitué par les deux surfaces réfléchissantes.

La figure II donne la construction de l'image et indique

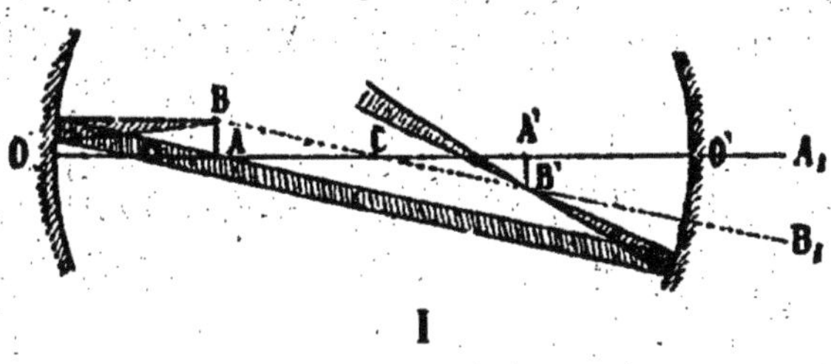

I

la marche d'un petit faisceau lumineux émané du point B lorsque $p = + 2f$. La construction de l'image est d'ailleurs, dans ce cas, excessivement simple, puisque l'image est symétrique de l'objet, pour l'un ou l'autre des deux miroirs, et elle montre

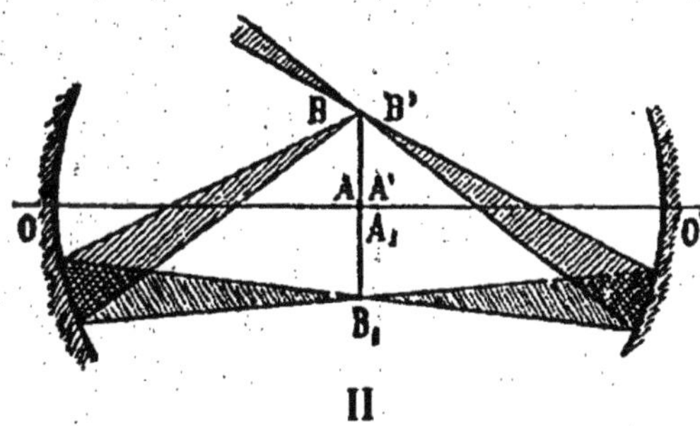

II

que, conformément au tableau précédent, cette image A'B' est réelle, droite, égale et superposée à l'objet AB. Le plan perpendiculaire à l'axe passant par le centre de courbure des deux miroirs est donc le *plan principal* du système constitué par les deux surfaces réfléchissantes.

Dans les autres cas, la construction de l'image ne présente aucune difficulté.

---

196. *On donne un miroir sphérique concave AB dont le sommet est en O, de rayon R. Un objet PQ est placé devant le miroir à une distance du sommet OP = p. Un miroir plan MN, perpendiculaire à l'axe du miroir, dont la face réfléchissante est tournée du côté du miroir concave, peut se déplacer normalement à la droite OP. On demande à quelle distance OO' = x du sommet O doit se trouver ce miroir pour que tous les rayons partis de P reviennent en ce point après réflexion sur les deux miroirs.*

On tracera, pour cette position, la marche d'un faisceau lumineux qui, parti du point Q, se réfléchira d'abord sur le miroir concave, puis sur le miroir plan. On fera de même en intervertissant l'ordre des réflexions.

(Clermont, avril 1891; Nancy, juillet 1891.)

1° Supposons d'abord que la première réflexion ait lieu sur le miroir concave, et désignons par p_1 la distance au sommet O, pris pour origine, de l'image P_1Q_1 que donne le miroir concave de l'objet PQ (supposé réduit à une droite perpendiculaire à l'axe). Posons, pour simplifier, $\frac{R}{2} = f$.

L'équation des foyers conjugués donne la relation générale

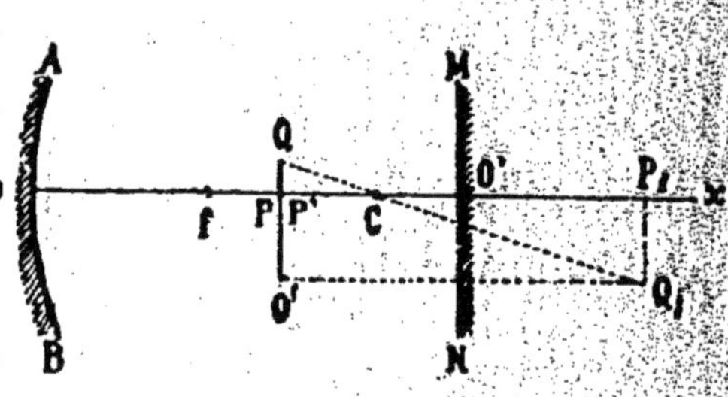

$$\frac{1}{p} + \frac{1}{p_1} = \frac{1}{f} \quad (1)$$

Mais l'image P_1Q_1 donnée par le miroir concave est à une distance $p_1 - x$ du miroir plan, et si l'on désigne par p' la distance à l'origine O de l'image définitive P'Q', cette image sera aussi à une distance du miroir plan égale à $p' - x$. *L'équation des foyers conjugués relative aux miroirs plans* [1] donne, en remarquant que la lumière incidente a changé de sens, la relation générale

$$\frac{1}{-(p_1 - x)} + \frac{1}{-(p' - x)} = 0 \quad (2)$$

Par hypothèse, il faut que

$$p' - x = -(x - p) \quad (3)$$

L'élimination de p' entre (2) et (3) donne la relation générale

$$x = \frac{p + p_1}{2}$$

---

1. *Les formules des miroirs plans* sont

$$\frac{1}{p} + \frac{1}{p'} = 0$$

$$\frac{f}{o} = -1$$

On les obtient en supposant $R = \infty$ dans les formules des miroirs sphériques.

Si $p_1 > 0$, ce qui exige que l'objet soit placé au delà du foyer du miroir concave, cette relation montre que le miroir plan doit être placé au milieu de la distance de l'objet à son image, *résultat évident a priori*. Si $p_1 < 0$, c'est-à-dire si l'objet est placé entre le miroir concave et son foyer, comme alors on a toujours $p_1 > p$ en valeur absolue, x est négatif : le problème demandé est impossible, *résultat évident a priori*. En substituant à p_1 sa valeur tirée de (1) on trouve d'ailleurs

$$x = \frac{p^2}{2(p - f)}$$

valeur dont l'examen conduit aux résultats que nous venons d'énoncer.

Marche d'un faisceau lumineux émané du point Q. — La figure ci-contre, dans laquelle on suppose l'objet PQ placé entre le foyer et le centre de courbure du miroir concave, montre comment celui-ci donne de PQ une image renversée P_1Q_1, jouant le rôle

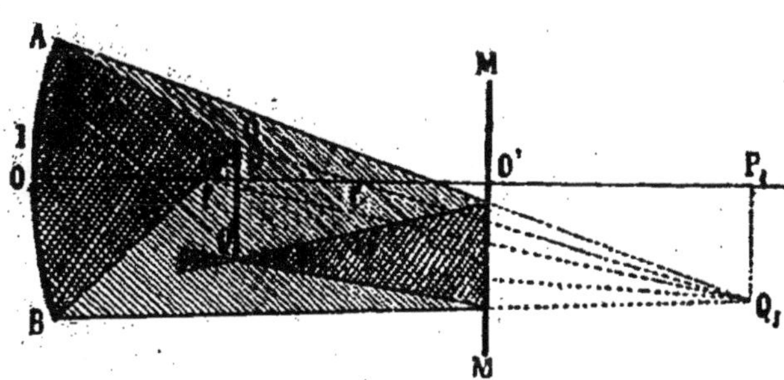

d'*objet virtuel* par rapport au miroir plan MN, et comment ce miroir donne de P_1Q_1 une image réelle P'Q', située dans le prolongement de PQ, puisque, par hypothèse, le miroir est placé au milieu O' de PP_1. — Elle indique aussi la marche d'un faisceau lumineux parti du point Q.

2° Si l'on intervertit l'ordre des réflexions, *a priori* la valeur trouvée pour x ne doit pas changer (*principe de la réversibilité des rayons lumineux*). La figure montre bien qu'il en est ainsi, car si on prend pour objet l'image P'Q', on voit que les rayons lumineux, après s'être réfléchis sur le miroir MN, puis sur AB, forment l'image de P'Q' en PQ. Comme dans le premier cas, cette image est réelle et renversée, mais elle est plus petite que l'objet, au lieu d'être plus grande.

§ 3. Réfraction. — Prisme.

197. Au milieu du fond d'un vase ayant la forme d'un cylindre droit à base circulaire, on place une pièce de monnaie dont le diamètre est 2a. L'œil de l'observateur est placé de telle sorte qu'il reçoit le rayon de lumière partant du centre de la pièce et rasant le bord du vase. La hauteur de ce cylindre est égale au rayon de sa base. Quelle hauteur d'eau faut-il verser au-dessus de la surface supérieure de la

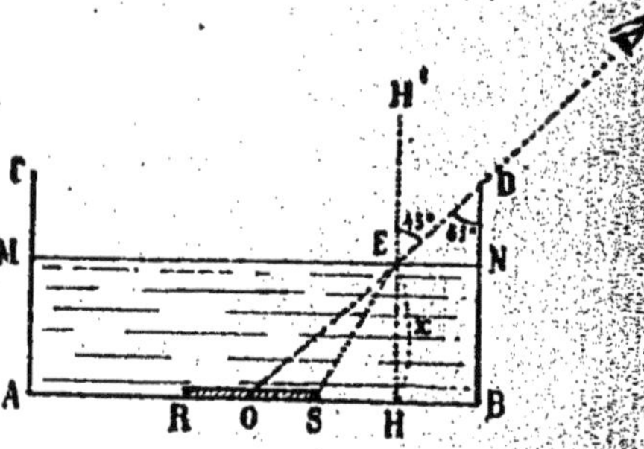

pièce pour que l'observateur, sans se déplacer, puisse voir la pièce tout entière? — L'indice de l'eau par rapport à l'air = n.

(Dijon, nov. 1892.)

Soit ABCD le vase, RS la pièce, O son centre, x la hauteur d'eau qu'il faut verser pour que l'œil de l'observateur, placé dans la direction OD, aperçoive le bord S de la pièce et, par suite, la pièce entière. Pour qu'un rayon tel que SE, parti de S, arrive en D après sa réfraction dans l'air, il faut que la hauteur EH $= x$ d'eau versée soit telle que (*loi de Descartes*)

$$\sin \text{H'ED} = n \sin \text{SEH} \qquad (1)$$

Mais, par hypothèse, OB $=$ BD. Par suite, l'angle ODB $= 45°$, son égal H'ED $= 45°$ et $\sin \text{H'ED} = \dfrac{\sqrt{2}}{2}$. D'un autre côté,

$\tan \text{SEH} = \dfrac{\text{SH}}{x}$ et comme OH $=$ EH, on a SH $= x - a$, d'où

$\tan \text{SEH} = \dfrac{x - a}{x}$ et $\sin \text{SEH} = \dfrac{x - a}{\sqrt{x^2 + (x - a)^2}}$. La relation

(1) donne alors l'équation du second degré

$$2(1 - n^2)x^2 - 2a(1 - 2n^2)x + a^2(1 - 2n^2) = 0$$

d'où

$$x = a\sqrt{2n^2 - 1} \cdot \frac{\sqrt{2n^2 - 1} - 1}{2(n^2 - 1)}$$

la racine positive seule étant admissible.

---

198. *Un vase rectangulaire, à fond horizontal, à parois opaques, est rempli jusqu'à une hauteur* AB = a *d'un liquide dont l'indice de réfraction est* n. *Au coin* A *se trouve un point lumineux. On demande sur quelle longueur minimum* BC *on doit couvrir la surface avec une lame opaque pour qu'aucun rayon ne puisse sortir entre* C *et* D.

(Nancy, juillet 1880.)

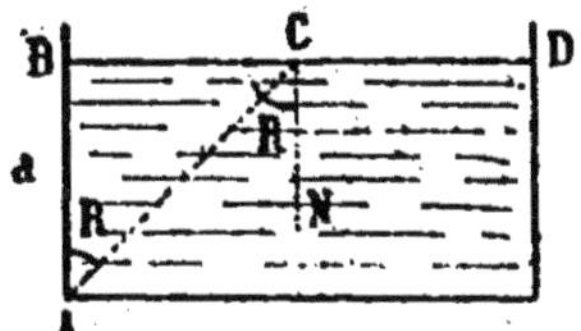

Soit BC = x. Pour qu'aucun rayon ne puisse sortir entre C et D, il suffit que le rayon AC rencontre le niveau du liquide sous un angle R égal à l'angle limite, car, pour tout rayon plus incliné, il y aura réflexion totale. Mais l'angle BAC = R. On doit donc avoir (*formule de l'angle limite*)

$$\sin \text{BAC} = \frac{1}{n}$$

D'un autre côté,

$$\sin \text{BAC} = \frac{\text{BC}}{\text{AC}} = \frac{x}{\sqrt{a^2 + x^2}}$$

On déduit de là l'équation

$$\frac{x}{\sqrt{a^2 + x^2}} = \frac{1}{n}, \quad \text{d'où } x = \frac{a}{\sqrt{n^2 - 1}}$$

---

199. *Deux parallélépipèdes rectangles* ABCD *et* ABEF *constitués par des verres d'indices* n *et* n', *sont superposés. Un rayon lumineux* SI *entre par la face latérale* AC *du parallélépipède supérieur en faisant avec la normale à cette face un angle d'incidence* i. *Quelle est la valeur* *maximum que puisse avoir cet angle d'incidence pour que ce rayon subisse la réflexion totale sur la surface AB de séparation? Indiquer lequel des deux parallélépipèdes doit avoir l'indice le plus grand?*

(Marseille, juillet 1889.)

1º Pour qu'il puisse y avoir réflexion totale du rayon réfracté IO sur la face AB, il faut d'abord que $n > n'$.

2º Soit l l'angle sous lequel, le rayon réfracté IO rencontre la face AB. Cet angle étant évidemment le complémentaire de l'angle de réfraction r, la *loi de Descartes* donne immédiatement

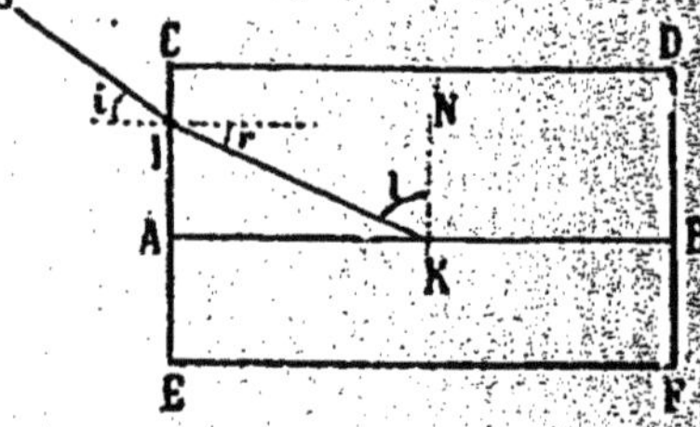

$$\sin i = n \cos l$$

Mais l'indice du parallélépipède ABCD rapporté à celui du parallélépipède ABEF étant (*loi des indices successifs*) $v = \dfrac{n}{n'}$, l'angle limite du verre du parallélépipède supérieur par rapport au verre du parallélépipède inférieur a une valeur L telle, que

$$\sin L = \frac{1}{v} = \frac{n'}{n}$$

Par suite, la valeur maximum I de l'angle d'incidence est donnée par la relation

$$\sin I = n \cos L = \sqrt{n^2 - n'^2}$$

Condition de possibilité. — Il faut que

$$\sqrt{n^2 - n'^2} \leqslant 1 \text{ ou } n \leqslant \sqrt{1 + n'^2}$$

On conçoit, en effet, que si n était assez grand, et, par suite, l'angle limite L assez petit pour que son complémentaire fût plus grand que l'angle limite du verre du parallélépipède ABCD par rapport à l'air, le problème ne serait plus possible.

Remarque. — En déterminant I par l'expérience, ce qui est facile, on pourrait, n étant donné, calculer n'. On a, en effet,

$$\sin {}^2 I = n^2 - n'^2, \text{ d'où } n' = \sqrt{n^2 - \sin {}^2 I}$$

Cette méthode, légèrement modifiée, a été employée par Wollaston.

200. *Un rayon de lumière homogène tombe sous l'incidence i sur une lame de verre à faces parallèles d'épaisseur e, d'indice N, plongée dans un milieu d'indice n. Le*

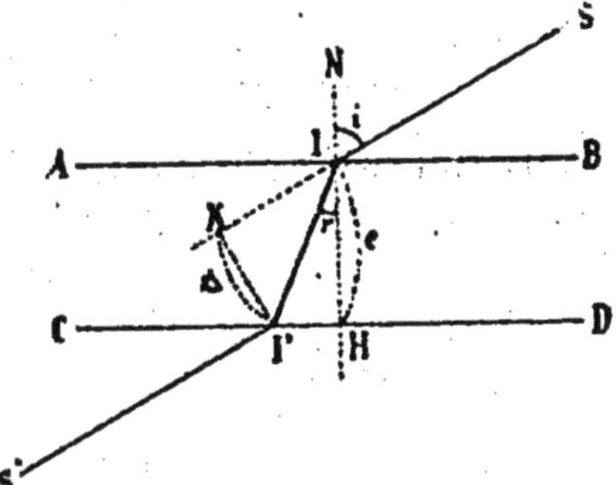

rayon lumineux incident éprouve une déviation latérale Δ que l'on demande de calculer. Qu'arrive-t-il si n = N?

(Amiens, juillet 1885; Grenoble, juillet 1893; Lille, juillet 1893).

Le triangle rectangle IKI', dans lequel le côté KI' $= \Delta$ et l'angle KII' $= i - r$ (si on désigne par r l'angle de réfraction I'II qui correspond à l'angle d'incidence $i = $ NIS), donne

$$\Delta = \mathrm{II}' \sin (i - r)$$

Le triangle rectangle IHI', dans lequel IH $= e$, donne

$$e = \mathrm{II}' \cos r, \text{ d'où } \mathrm{II}' = \frac{e}{\cos r}$$

Par suite

$$\Delta = e \; \frac{\sin (i - r)}{\cos r} \qquad\qquad (1)$$

D'un autre côté, la *loi de Descartes* donne

$$n \sin i = \mathrm{N} \sin r \qquad\qquad (2)$$

En éliminant r entre (1) et (2), on trouve

$$\Delta = e \sin i \left(1 - \frac{n \cos i}{\sqrt{\mathrm{N}^2 - n^2 \sin^2 i}} \right)$$

Si $n = \mathrm{N}$, $\Delta = 0$, résultat évident *a priori*.

---

201. *Un cône lumineux ABC, d'angle 2i, tombe sur une lame à faces parallèles d'épaisseur e et d'indice n. On demande de déterminer la position du sommet du cône de lumière réfractée à la sortie de la lame.*

(Nancy, avril 1878.)

1° Supposons $n > 1$. Le passage de la lumière à travers une *lame à faces parallèles* conservant aux rayons leur direction primitive, le cône de lumière émergente a même angle au sommet que le cône incident. D'ailleurs, le sommet A de ce cône sera évidemment sur la perpendiculaire AX à la lame, menée par le point A. Posons $AA' = x$, et soit r l'angle de réfraction correspondant à l'angle d'incidence du rayon AB (angle évidemment égal à i), D le point où la normale BN

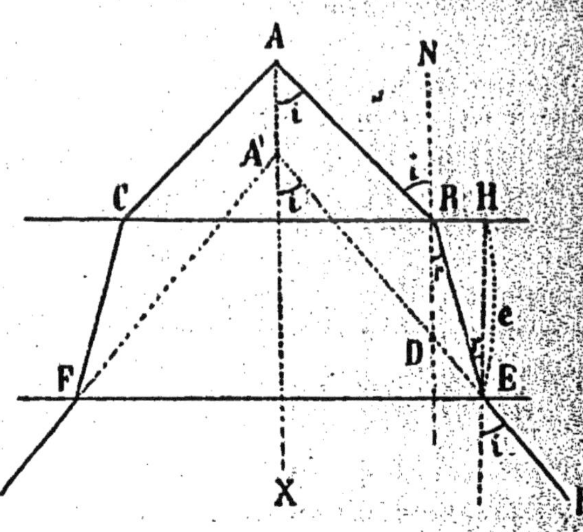

rencontre le rayon émergent ER, correspondant au rayon incident AB prolongé. On a $BD = AA' = x$; mais le triangle BDE donne

$$\frac{x}{BE} = \frac{\sin (i - r)}{\sin i} \qquad (1)$$

D'autre part, dans le triangle BHE, l'angle $BEH = r$ (comme alternes-internes), d'où

$$e = BE \cos r \qquad (2)$$

Enfin (*loi de Descartes*)

$$\sin i = n \sin r \qquad (3)$$

En éliminant BE et r entre (1), (2), (3), on trouve

$$x = e \frac{\sqrt{n^2 - \sin^2 i} - \cos i}{\sqrt{n^2 - \sin^2 i}}$$

Le déplacement x du point lumineux, vu à travers la lame, est donc proportionnel à e. Égal à $\frac{n - 1}{n} e$ si $i = 0$, c'est-à-dire si les rayons émanés du point lumineux peuvent être considérés comme normaux à la lame (vision des objets placés normalement derrière une lame à faces parallèles, à grande distance), il s'annule si $n = 1$, résultat évident *à priori*,

2° Supposons $n < 1$. Le sommet A′ du cône réfracté est alors au-dessus du point A. En procédant comme plus haut, on trouve

$$x = e \, \frac{\cos i - \sqrt{n^2 - \sin^2 i}}{\sqrt{n^2 - \sin^2 i}}$$

Seulement le problème n'est alors possible que si $\sin i < n$, c'est-à-dire si l'angle i est plus petit que l'angle limite du milieu dans lequel la lame est plongée par rapport à la substance de la lame, condition évidente *a priori*.

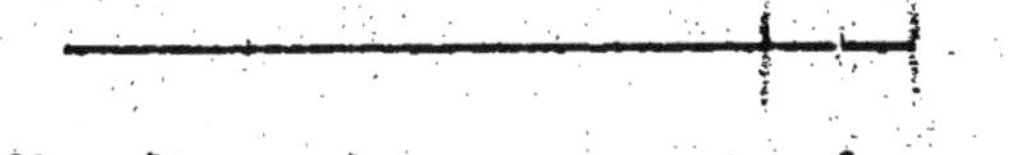

202. *L'indice d'un prisme est* n *pour des rayons homogènes d'une couleur donnée,* n *étant plus grand que* 1. *Quelle est la plus petite valeur de l'angle réfringent de ce prisme pour laquelle aucun de ces rayons ne pourra émerger? — Application numérique :* n = 1,576 *(flint-glass).*

(Nancy, juillet 1886.)

Cherchons d'abord, pour une valeur quelconque de l'angle réfringent A du prisme, la valeur limite K de l'angle d'incidence au-dessous de laquelle l'émergence des rayons qui ont pénétré dans le prisme n'est plus possible. Les *formules ordinaires du prisme* donnent, en posant $r' = l$, l étant l'angle limite du prisme, et $i = K$, les deux relations

$$\sin K = n \sin r$$
$$r + l = A$$

d'où

$$\sin K = n \sin (A - l)$$

Ceci posé, il est évident que, si dans cette relation on suppose que K = 90°, c'est-à-dire que le seul rayon qui puisse émerger est celui qui rase la face d'entrée du prisme, la valeur correspondante de A sera la valeur demandée. Cette valeur est donc donnée par l'équation

$$n \sin (A - l) = 1$$

où, en remarquant que $\sin l = \dfrac{1}{n}$,

$$\sin (A - l) = \sin l$$

d'où

$$A = 2l$$

Application numérique. — On a $l = \text{arc sin } \dfrac{1}{1,576} = 39°23'$, d'où $A = 78°46'$.

---

203. *On a une lame de verre dont les deux faces planes font entre elles un angle de 2°. En faisant tomber un rayon lumineux normalement à l'une des faces, on trouve qu'à l'émergence sur l'autre face ce rayon fait un angle de 29'*

avec la direction du rayon incident. Calculer, à 0,001 près, l'indice de réfraction du verre de la lame.

(Alger, avril 1891.)

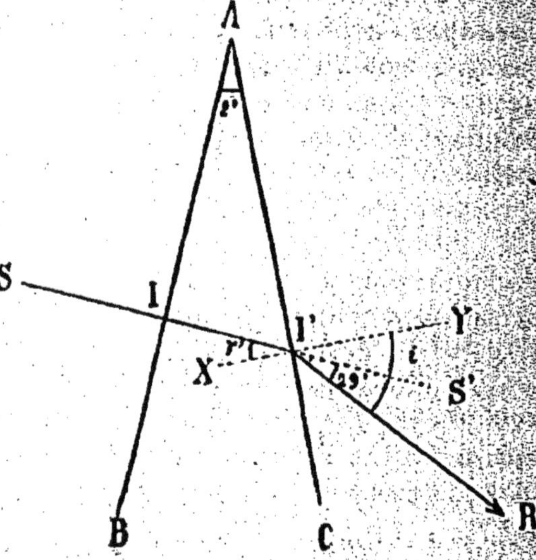

Le rayon SI, rencontrant normalement la face AB, ne subit pas de déviation et, par suite, rencontre la face AC sous un angle II'X $= 2°$ (les deux angles II'X et A étant égaux comme ayant leurs côtés perpendiculaires); d'un autre côté, l'angle d'émergence RI'Y $=$ II'X $+ 29' = 2°29'$. La *formule de Képler* donne alors

$$\frac{2°29'}{2°} = n, \text{ d'où } n = 1,241$$

Remarque. — La formule de Descartes conduirait exactement au même résultat, car, à 0,001 près, $\dfrac{\sin 2°29'}{\sin 2°} = 1,241$.

---

204. *Un prisme BAC, dont l'angle réfringent A est connu, est rencontré perpendiculairement à une de ses faces par un rayon lumineux IK, qui se réfracte en H suivant HS. On mesure la déviation δ que subit le rayon par cette*

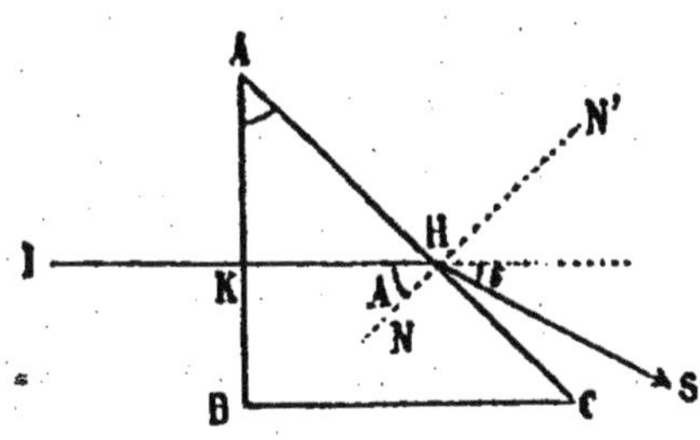

réfraction. Déduire de la connaissance des angles A et δ la valeur de l'indice de réfraction de la substance du prisme [1].

(Lille, juillet 1880 ; la Réunion, août 1889.)

Soit n l'indice cherché. Le rayon IK, ne subissant pas de déviation en pénétrant à l'intérieur du prisme, rencontre la face AC sous un angle KHN = A, ces deux angles étant égaux comme ayant leurs côtés perpendiculaires ; d'un autre côté, l'angle d'émergence SHN' = A + δ. La *loi de Descartes* donne alors

$$\sin (A + \delta) = n \sin A, \quad \text{d'où} \quad n = \frac{\sin (A + \delta)}{\sin A}$$

205. *Un rayon de lumière homogène pénètre normalement à la face d'entrée dans un prisme dont l'angle réfringent A = 30°. On constate qu'il prend à l'émergence une déviation D = 30°. Calculer : 1° l'indice de réfraction n de la substance formant le prisme; 2° la valeur Δ de la déviation minimum pour un second prisme de même substance dont l'angle réfringent A' = 60°.*

(Paris, juillet 1892.)

Les *formules usuelles du prisme* donnent le système

$$\begin{cases} 30° = i' - 30° \\ r + r' = 30° \\ 0 = n \sin r \\ \sin i' = n \sin r' \end{cases}$$

d'où $n = \dfrac{\sin 60°}{\sin 30°} = \sqrt{3}$.

1. Cette méthode est due à Descartes.

$2°$ La *formule de la déviation minimum* donne

$$\sqrt{3} = \frac{\sin\dfrac{60° + \Delta}{2}}{\sin\dfrac{60°}{2}} = \frac{\sin\left(30° + \dfrac{\Delta}{2}\right)}{\sin 30°}$$

d'où, comme $\sin 30° = \dfrac{1}{2}$, la relation

$$\sin\left(30° + \frac{\Delta}{2}\right) = \frac{\sqrt{3}}{2}$$

Mais $\dfrac{\sqrt{3}}{2} = \sin 60°$. Par suite, cette relation peut s'écrire

$$\sin\left(30° + \frac{\Delta}{2}\right) = \sin 60°, \quad \text{d'où} \quad \Delta = 60°$$

---

206. *Pour déterminer l'indice de réfraction de l'hydrogène par rapport à l'air, les deux gaz étant pris à la même température et sous la même pression, on remplit d'hydrogène, pur et sec, un prisme creux limité par des glaces à faces rigoureusement parallèles, et on mesure la déviation minimum. Établir la formule qui permettra de calculer l'indice du gaz par rapport à l'air.*

Soit n l'indice demandé, A l'angle des deux faces du prisme creux, Δ la déviation minimum observée. Les glaces qui limitent le prisme ayant leurs faces rigoureusement parallèles, tout se passe (*réfraction à travers une lame à faces parallèles*) comme si la lumière passait directement de l'air dans l'hydrogène. Dès lors, on pourra appliquer immédiatement la formule générale

$$n = \frac{\sin\dfrac{A + \Delta}{2}}{\sin\dfrac{A}{2}}$$

Seulement, comme l'hydrogène est moins réfringent que l'air, la déviation, au lieu de se faire vers la base du prisme, se fait vers son sommet. Par suite, Δ est négatif, et la formule particulière à employer est

$$n = \frac{\sin \dfrac{A - \Delta}{2}}{\sin \dfrac{A}{2}}$$

---

207. *On donne un prisme rectangle* ABC; *l'angle* A *est connu. On demande quelle doit être la valeur de l'angle d'incidence* i *d'un rayon* SI *pour que ce rayon sorte du prisme normalement à* AB.

(Nancy, juillet 1879.)

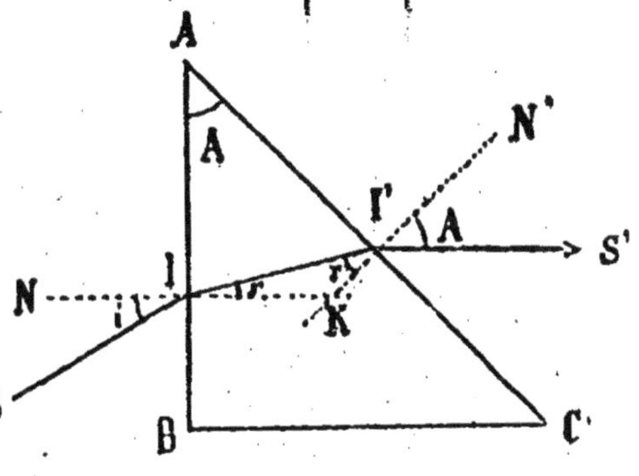

En adoptant les notations ordinaires et en tenant compte de ce que, d'après l'énoncé, l'angle d'émergence I'I'S' $= A$ comme angles ayant leurs côtés perpendiculaires, les *formules du prisme* donnent le système

$$r + r' = A \qquad (1)$$
$$\sin i = n \sin r \qquad (2)$$
$$\sin A = n \sin r' \qquad (3)$$

Les équations (1) et (2) donnent
$$\sin i = n \sin (A - r') = n \sin A \cos r' - n \sin r' \cos A$$
d'où, en tenant compte de l'équation (3),
$$\sin i = \sin A \left(\sqrt{n^2 - \sin^2 A} - \cos A \right)$$

---

208. *Un prisme de* 30° *est formé d'une substance dont l'indice est* $\sqrt{3}$. *Un rayon lumineux* SI *tombe normalement sur la face antérieure du prisme et donne lieu à un rayon émergent* I'R. *On fait tourner le prisme autour du*

point d'incidence I jusqu'à ce que le nouveau rayon émergent I″R′ soit normal à la face postérieure. On demande :
1° De quel angle α on a dû faire tourner le prisme ;
2° Quel est l'angle β de I″R′ avec I′R ?

(Paris, oct. 1873.)

1° Soit A la première position du sommet du prisme. Le rayon SI pénétrant normalement à l'intérieur du prisme rencontre la face postérieure AC sous un angle égal à l'angle réfringent, c'est-à-dire à 30°, de sorte que si i' désigne l'angle d'émergence N'I'R, on a

$$\sin i' = \sqrt{3} \sin 30°$$

d'où, comme $\sin 30° = \frac{1}{2}$, en remarquant que $\frac{\sqrt{3}}{2} = \sin 60°$,

$$i' = 60°$$

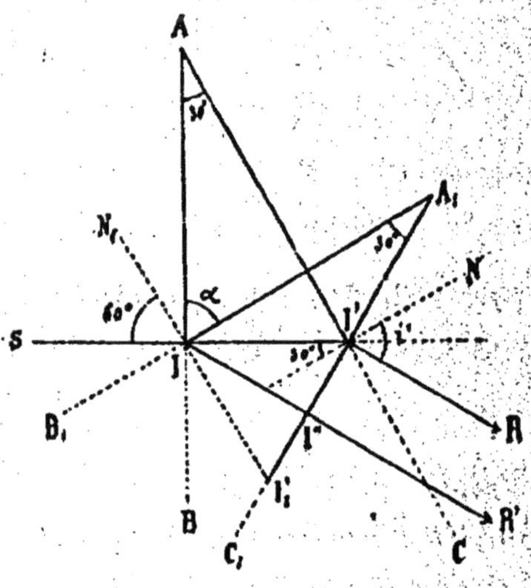

Soit maintenant A_1 la seconde position du sommet du prisme, pour laquelle le rayon émergent I″R′ est normal à la face postérieure A_1C_1. En vertu du *principe de la réversibilité des rayons*, l'angle α dont il faut tourner le prisme pour arriver à ce résultat doit être tel, que le rayon SI tombe sur la face antérieure A_1B_1 sous un angle égal à i'. Il faut donc que $S IN_1 = 60°$. Mais l'angle $SIN_1 = α$, comme angles ayant leurs côtés perpendiculaires. Par suite, $α = 60°$.

2° Puisque $α = 60°$, A_1I est perpendiculaire à AI′ et, par suite, parallèle à I′N′. Mais l'angle $I″IA_1 = 60°$, c'est-à-dire égal à l'angle i'. Ces deux angles ayant deux côtés parallèles, A_1I et I′N′, et étant égaux, les autres côtés, II″ et I′R, sont parallèles. On a donc $β = 0$.

▶ *209. On a un prisme isocèle ABC sur la face antérieure duquel on fait tomber normalement un rayon lumineux SI.*

1° Quelle doit être la valeur minimum de l'angle réfringent A pour qu'il y ait réflexion totale en M; n étant l'indice de réfraction du prisme. 2° Le rayon réfléchi en M rencontre la base BC en N et émerge suivant NT. On demande de calculer la déviation XOT = D du rayon lumineux, l'angle du prisme ayant la valeur déterminée précédemment. — Application numérique : n = 1,5.

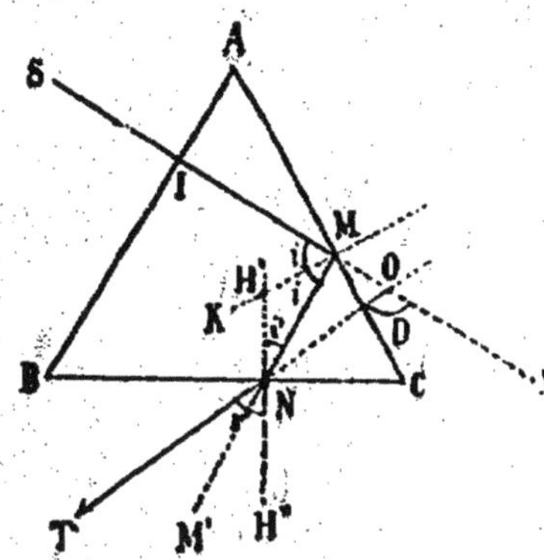

(Lille, juillet 1886.)

1° Désignons par i l'angle SMK sous lequel le rayon SI rencontre la face AC. Pour qu'il y ait réflexion totale, il faut que la valeur minimum de cet angle soit telle, que (*formule de l'angle limite*)

$$\sin i = \frac{1}{n}$$

Mais $i = A$ (comme angles ayant leurs côtés perpendiculaires). Par suite, la valeur minimum de A est

$$A = \text{arc sin } \frac{1}{n} \qquad (1)$$

2° Désignons par i' l'angle sous lequel le rayon réfléchi MN rencontre la face BC, par r' l'angle d'émergence TNH". On a

$$D = OMN + M'NT = (180° - 2A) + (r' - i')$$

Le triangle MHN donne

$$i' = KHN - A$$

ou, comme l'angle KHN = C (angles ayant leurs côtés perpendiculaires) et $C = 90° - \frac{A}{2}$,

$$i' = 90° - \frac{3}{2}A$$

Mais $\sin r' = n \sin i'$, d'où

$$r' = \text{arc sin } (n \sin i') = \text{arc sin } (n \cos \frac{3}{2}A)$$

Dès lors,

$$D = 90° - \frac{1}{2}A + \text{arc sin}\left(n \cos \frac{3}{2}A\right) \qquad (2)$$

Application numérique. — La formule (1) donne $A = 41°$ 48'38'' environ, et la formule (2), $D = 112° 32'0''$ à peu près.

---

210. *Les faces A et B d'une lentille biconcave d'indice n sont formées par deux sphères de même rayon R dont les centres C_1 et C_2 sont à une distance d. Au centre C_1 est placé un point lumineux. On demande l'angle au sommet du cône formé par les rayons qui, issus de C_1, peuvent traverser ce système.*

(Marseille, avril 1891.)

Soit x le demi-angle au sommet du cône formé par les rayons extrêmes, tels que C_1I_1, issus de C_1 et traversant la lentille. Comme le rayon C_1I part du centre de la face A, il pénètre dans la lentille sans déviation et continue sa marche suivant I_1I_2. Par hypothèse, l'angle C_1I_2N sous lequel le rayon I_1I_2 rencontre la face B est nécessairement égal à

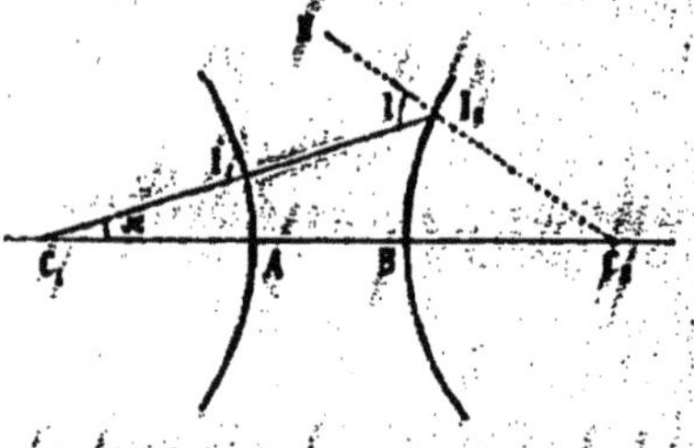

l'angle limite l de la substance de la lentille. Le triangle $C_1I_2C_2$ donnant

$$\frac{R}{\sin x} = \frac{d}{\sin l} \qquad (1)$$

et la *formule de l'angle limite*

$$\sin l = \frac{1}{n} \qquad (2)$$

on trouve, en éliminant $\sin l$ entre (1) et (2),

$$x = \text{arc sin}\left(\frac{R}{nd}\right)$$

---

211. *Un rayon lumineux tombe sur une goutte d'eau sphérique. Soit i l'angle d'incidence. Le rayon pénètre dans la goutte en subissant une première réfraction, se réfléchit ensuite une première fois à l'intérieur de la goutte, puis ressort en subissant une deuxième réfraction. On demande : 1° de figurer la marche de ce rayon; 2° de calculer l'angle Δ du rayon qui sort de la goutte avec le rayon qui y entre. — Indice de réfraction de l'eau* $= \dfrac{4}{3}$.

(Grenoble, avril 1893.)

1° Soit PI le rayon incident. Il pénètre à l'intérieur de la goutte d'eau en se réfractant suivant II', la direction II' étant déterminée par la condition (*loi de Descartes*) $\dfrac{\sin i}{\sin r} = \dfrac{4}{3}$. En I' il se réfléchit en faisant avec la normale OI un angle de réflexion égal à l'angle d'incidence, c'est-à-dire à r. Il se présente pour sortir de

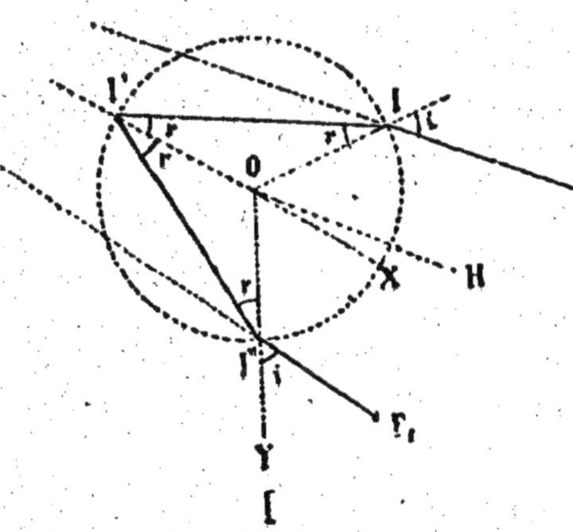

la goutte d'eau sous une incidence encore égale à r, de sorte que (*principe de la réversibilité des rayons*) l'angle de sortie $P_1Y''I = i$.

2° La symétrie des rayons incident et émergent, PI et I''P$_1$, par rapport à I'O, montre que leur point de rencontre est quelque part sur I'O. Mais deux cas peuvent se présenter : 1° le point de rencontre et I' sont du même côté de O (fig. I); 2° le point de rencontre et I' sont de part et d'autre de O (fig. II). Dans le premier cas, la parallèle OH au rayon PI est entre ce rayon et le prolongement OX de OI'; dans le second, elle est du même côté de PI et de OX. Or, par suite de la symétrie déjà signalée, l'angle HOX est évidemment la moitié de l'angle cherché, et l'on a

$$\text{1}^{\text{er}} \text{ cas} \ldots\ldots\ldots \quad HOX = IOX - IOH = 2r - i$$
$$\text{2}^{\text{o}} \text{ cas} \ldots\ldots\ldots \quad HOX = IOH - IOX = i - 2r$$

d'où

$$\text{1}^{\text{er}} \text{ cas} \ldots\ldots\ldots \quad \Delta_1 = 4r - 2i$$
$$\text{2}^{\text{o}} \text{ cas} \ldots\ldots\ldots \quad \Delta_2 = 2i - 4r$$

Cherchons pour quelle valeur de i on se trouve dans le premier ou dans le second cas. On sera dans le premier cas si $2r > i$, ce qui donne la condition

$$\sin 2r > \sin i \quad \text{ou} \quad 2 \cos r > \frac{\sin i}{\sin r}$$

ou, puisque $\dfrac{\sin i}{\sin r} = \dfrac{4}{3}$,

$$\cos^2 r > \frac{4}{9} \quad \text{ou} \quad \sin^2 r < \frac{5}{9}$$

d'où, comme $4 \sin r = 3 \sin i$,

$$\sin i < \frac{4}{9} \sqrt{5} \quad \text{et} \quad i < 83°37'14''$$

Par suite, pour toute incidence inférieure à 83°37'14'' on sera dans le premier cas; pour toute incidence supérieure à cet angle, on sera dans le second; enfin, pour une incidence de 83°37'14'', le rayon émergent sera parallèle au rayon incident, c'est-à-dire que $\Delta = 0$.

------

§ 4. Lentilles.

212. *Une lentille convergente a une distance focale de 30 centimètres et l'indice du verre dont elle est faite est 1,534. On demande quels sont ses rayons de courbure : 1° quand elle est symétriquement biconvexe; 2° quand elle est plan-convexe; 3° quand elle est biconvexe de façon qu'un des rayons de courbure soit le double de l'autre.*

4° quand elle est concave-convexe de façon que le rayon de la surface concave soit double de celui de la surface convexe.

(Besançon, avril 1884; Nancy, juillet 1892.)

1° La *formule de la distance focale d'une lentille*[1] donne ici la relation

$$\frac{1}{30} = (1{,}534 - 1)\,\frac{2}{R_1}, \text{ d'où } R_1 = 32^c{,}04$$

2° Si l'on suppose $R_2 = \infty$, par exemple, on a

$$\frac{1}{30} = (1{,}534 - 1)\,\frac{1}{R_1}, \text{ d'où } R_1 = 16^c{,}02$$

3° Si l'on suppose $R_2 = 2R_1$, on a

$$\frac{1}{30} = (1{,}534 - 1)\left(\frac{1}{R_1} + \frac{1}{2R_1}\right), \text{ d'où } R_1 = 24^c{,}03,\ R_2 = 48^c{,}06$$

4° Si l'on suppose $R_2 = 2R_1$, on a

$$\frac{1}{30} = (1{,}534 - 1)\left(\frac{1}{R_1} - \frac{1}{2R}\right), \text{ d'où } R_1 = 8^c{,}04,\ R_2 = 16^c{,}02$$

---

213. *Un point lumineux étant situé sur l'axe d'une lentille convergente, quelle doit être la distance p de ce point à la lentille pour que, l'image du point étant réelle, la distance du point à son image soit minimum?*

(Besançon, avril 1885; juillet 1887.)

Soit x la distance du point à son image, p' la distance de cette image à la lentille, f la distance focale de la lentille. *L'équation des foyers conjugués*[2] donne, *en mettant les signes en évidence,*

1. On a, en valeur absolue,

$$\frac{1}{f} = (n - 1)\left(\frac{1}{R_1} \pm \frac{1}{R_2}\right)$$

le signe + correspondant aux *lentilles proprement dites* (lentilles biconvexe, biconcave, plan-convexe, plan-concave), le signe — aux *ménisques*, convergent et divergent.

2. Les formules des lentilles convergentes employées ici sont

$$\frac{1}{p} - \frac{1}{p'} = \frac{1}{f} \tag{1}$$

$$\frac{i}{o} = \frac{p'}{p} \tag{2}$$

les conventions de signes étant les mêmes que pour les miroirs sphériques.

$$\frac{1}{p} + \frac{1}{p'} = \frac{1}{f} \qquad (1)$$

D'autre part,

$$x = p + p' \qquad (2)$$

L'élimination de p' entre (1) et (2) donne

$$x = \frac{p^2}{p - f}$$

d'où l'équation

$$f(p) = p^2 - xp + xf = 0 \qquad (A)$$

Pour que les racines de cette équation soient réelles, il faut que

$$x^2 - 4xf > 0 \quad \text{ou} \quad x > 4f$$

D'autre part, puisque l'image doit être réelle, ces racines doivent, l'une et l'autre, être plus grandes que f, c'est-à-dire qu'on doit avoir

$$x > 2f$$

Mais cette condition est réalisée dès que la première l'est : par suite, *la valeur minimum de x est 4f*. En posant $x = 4f$ dans l'équation (A), on trouve, pour la valeur cherchée,

$$p = 2f$$

L'objet doit donc, pour que la distance qui le sépare de son image soit minimum, être placé sur le *plan antiprincipal* de la lentille.

______

214. On place une lentille convergente de 10ᶜ de foyer à une distance d'un objet linéaire de 1ᶜ de hauteur, telle que l'image ait 10ᶜ. Quelle sera la distance de l'image à l'objet?

(Dijon, nov. 1892.)

Soit p la distance de l'objet à la lentille, p' la distance de l'image. Le rapport $\dfrac{i}{o}$ est, en valeur absolue, égal à 10; mais nous devons le supposer aussi bien positif que négatif, et comme il est toujours égal à $\dfrac{p'}{p}$, on a (*formules des lentilles convergentes*) le double système

$$\begin{cases} + 10 = \dfrac{p'}{p} \\[2mm] \dfrac{1}{p} - \dfrac{1}{p'} = \dfrac{1}{10} \end{cases} \qquad \begin{cases} - 10 = \dfrac{p'}{p} \\[2mm] \dfrac{1}{p} - \dfrac{1}{p'} = \dfrac{1}{10} \end{cases}$$

Le premier donne

$$p = 9^c, p' = 90^c$$

Le second donne

$$p = 11^c, p' = -110^c$$

La distance D de l'image à l'objet étant représentée dans les deux cas par la valeur absolue de la différence $p - p'$, on aura les deux solutions

$$D_1 = 81^c, D_2 = 121^c$$

la première correspondant au cas où l'image est droite et virtuelle, la seconde au cas où elle est renversée et réelle.

----

215. *La lumière issue d'une source S traverse une lentille divergente LL dont l'axe optique passe par S, dont la distance focale est f et dont la distance à S est p. Cette lumière est reçue sur un écran EE normal à l'axe optique de la lentille et situé à une distance D de cette dernière. On demande dans quel rapport l'interposition de la lentille diminue l'éclairage de l'écran au voisinage de A. — Application :* $p = 2f, D = 2f.$

(Marseille, nov. 1891.)

Considérons sur l'écran un cercle de rayon très petit AM. Sans la lentille, la lumière reçue par cet écran correspon-

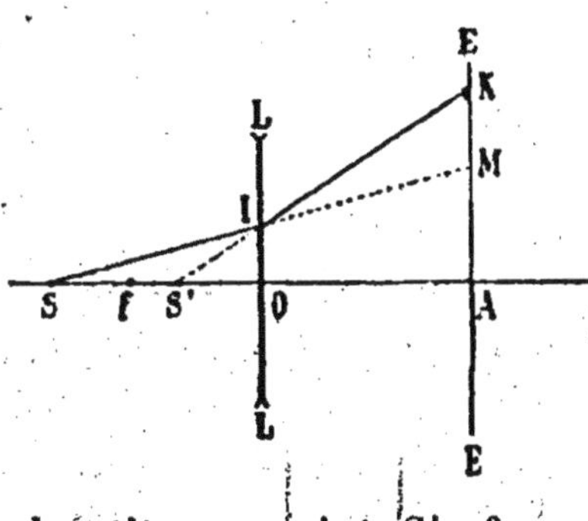

drait au cône de sommet S et de rayon de base AM ; par suite de l'interposition de la lentille, le rayon SI est dévié suivant IK, le rayon de base devient AK et *l'éclairement de l'écran est diminué dans le rapport de* $\overline{AK}^2$ *à* $\overline{AM}^2$. Si l'on remarque que le prolongement du rayon émergent IK aboutit au point S', foyer conjugué de S, et qu'on pose $OS' = p'$, les triangles SOI, SAM donnent $\dfrac{IO}{AM} = \dfrac{p}{p + D}$; les triangles S'OI, S'AK, $\dfrac{IO}{AK} = \dfrac{p'}{p' + D}$. On déduit de là la relation

$$\frac{\overline{AK}^2}{\overline{AM}^2} = \frac{p^2 \, (p' + D)^2}{p'^2 \, (p + D)^2} \qquad (1)$$

D'un autre côté, on a [1] (*équation des foyers conjugués*),

$$\frac{1}{p} - \frac{1}{p'} = -\frac{1}{f} \qquad (2)$$

L'élimination de p' entre (1) et (2) donne

$$\frac{\overline{AK}^2}{\overline{AM}^2} = \frac{[fp + D\,(f + p)]^2}{f^2 \, (p + D)^2}$$

Cas particulier. — On trouve $\dfrac{\overline{AK}^2}{\overline{AM}^2} = 4$, c'est-à-dire que, dans ce cas, l'éclairement est quatre fois plus faible après l'interposition de la lentille qu'avant.

---

216. *Un point lumineux A est sur l'axe principal d'une lentille biconvexe infiniment mince O et à une distance fixe d de cette lentille, dont les deux faces ont des rayons égaux R. On reçoit sur un écran E l'image réelle fournie par la lentille : 1° quand la température est 0° ; 2° quand la température est t°. On demande de calculer le déplacement de l'écran E en fonction de la température, sachant que l'indice n du verre de la lentille à t° est relié à sa densité d_t à la même température par la relation*

$$\frac{n_t - 1}{d_t} = \frac{n_0 - 1}{d_0}$$

n_0 *et* d_0 *indiquant l'indice et la densité du verre à 0°. — Coeff. de dilat. linéaire du verre = k.*

(Toulouse, nov. 1891.)

1. Les formules relatives aux lentilles divergentes employées ici sont

$$\frac{1}{p} - \frac{1}{p'} = -\frac{1}{f}$$
$$\frac{i}{o} = \frac{p'}{p}$$

les conventions de signes étant les mêmes que pour les miroirs sphériques.

Soient α_0, α_t les distances de l'image à la lentille dans les deux expériences. A 0°, la distance focale de la lentille est $\dfrac{2(n_0 - 1)}{R}$; à $t°$, elle est $\dfrac{2(n_t - 1)}{R(1 + kt)}$. Dès lors, comme, dans les deux cas, le point lumineux et son foyer conjugué sont réels, on aura, en mettant les signes en évidence (*équation des foyers conjugués*), les relations

$$\frac{1}{d} + \frac{1}{\alpha_0} = \frac{2(n_0 - 1)}{R} \qquad (1)$$

$$\frac{1}{d} + \frac{1}{\alpha_t} = \frac{2(n_t - 1)}{R(1 + kt)} \qquad (2)$$

Mais $d_t = \dfrac{d_0}{1 + 3kt}$, et, par suite, la relation donnée dans l'énoncé peut s'écrire

$$n_t - 1 = \frac{n_0 - 1}{1 + 3kt} \qquad (3)$$

En tenant compte de cette relation, les équations (1) et (2) donnent

$$\alpha_0 = \frac{Rd}{2d(n_0 - 1) - R}$$

$$\alpha_t = \frac{Rd(1 + kt)(1 + 3kt)}{2d(n_0 - 1) - R(1 + kt)(1 + 3kt)}$$

Mais $(1 + kt)(1 + 3kt) = 1 + 4kt$, à très peu près. Dès lors, à très peu près, le déplacement cherché

$$\alpha_0 - \alpha_t = \frac{8Rd^2(n_0 - 1)kt}{[2d(n_0 - 1) - R][2d(n_0 - 1) - R(1 + 4kt)]}$$

Comme, par hypothèse, le point A est toujours au delà du foyer et que, par suite, d est toujours plus grand que les deux valeurs, $\dfrac{R}{2(n_0 - 1)}$ et $\dfrac{R(1 + 4kt)}{2(n_0 - 1)}$, de la distance focale de la lentille, on voit que le déplacement $\alpha_0 - \alpha_t$ sera toujours du signe de t, c'est-à-dire que l'on aura $\alpha_0 \gtrless \alpha_t$, suivant que $t \gtrless 0$. Il faudra donc rapprocher ou éloigner l'écran suivant que la température s'élèvera ou s'abaissera à partir de zéro.

Remarque. — Pratiquement, on peut écrire

$$\alpha_0 - \alpha_t = \frac{8Rd^2(n_0 - 1)kt}{[2d(n_0 - 1) - R]^2}$$

Le déplacement de l'écran peut donc être regardé comme proportionnel au coefficient de dilatation linéaire du verre et à la variation de la température.

———

217. Deux lentilles convergentes centrées, ayant respectivement pour distances focales 100^c et x^c, sont placées l'une contre l'autre. Déterminer x, sachant qu'un objet de 10^c de hauteur, placé à 1^m du système des deux lentilles, donne une image réelle et renversée de 30^c de hauteur.

(Paris, juillet 1886.)

On sait qu'un système de deux lentilles convergentes de distances focales f et f' produit le même effet qu'une lentille convergente unique de distance focale φ telle que $\frac{1}{\varphi} = \frac{1}{f} + \frac{1}{f'}$ [1]. Par suite, les *formules des lentilles convergentes* donnent, en désignant par p' la distance de l'image au système des deux lentilles,

$$\frac{1}{100} - \frac{1}{p'} = \frac{1}{100} + \frac{1}{x} \tag{1}$$

$$-\frac{30}{10} = \frac{p'}{100} \tag{2}$$

équations d'où l'on déduit $x = 300^c = 3^m$.

La lentille de distance focale inconnue a donc 3 mètres de distance focale, et sa puissance est de $\frac{1}{3}$ *dioptrie*, la dioptrie étant, par définition, la puissance d'une lentille qui a 1 mètre de distance focale.

———

1. Soit p la distance de l'objet o à la première lentille, p_1 l'image i_1 qu'elle en donne, p' l'image i que donne la seconde lentille de l'image i_1; on a, en effet,

$$\frac{1}{p} - \frac{1}{p_1} = \frac{1}{f}$$
$$\frac{1}{p_1} - \frac{1}{p'} = \frac{1}{f'}$$

d'où, par addition,

$$\frac{1}{p} - \frac{1}{p'} = \frac{1}{f} + \frac{1}{f'} \tag{1}$$

On a d'ailleurs

$$\frac{i}{o} = \frac{i}{i_1} \times \frac{i_1}{o} = \frac{p'}{p_1} \times \frac{p_1}{p} = \frac{p'}{p} \tag{2}$$

218. *Étant donnés une bougie O et un écran fixes E, distants d'une longueur d, si on promène entre les deux une lentille convergente, on trouve deux positions de cette lentille qui fournissent une image nette sur l'écran et la course de la lentille, d'une position à l'autre, est a. Mais si on accole à cette première lentille une lentille divergente, il n'y a plus qu'une position du système donnant une image nette, position pour laquelle la distance de la bougie au système est b. Déduire : 1° de la première expérience, la distance focale de la lentille convergente* [1]; 2° de la seconde expérience, les distances focales du couple des lentilles accolées et de la lentille divergente seule.*

(Caen, nov. 1890; Lille, juillet 1892; Grenoble, nov. 1892.)

1° Soient p et $p + a$ les distances de la bougie à la lentille dans la première expérience : $d - p$ et $d - (p + a)$ seront les distances correspondantes de l'écran à la lentille; en désignant par f la distance focale cherchée, on aura (*équation des foyers conjugués*), *les signes étant mis en évidence,*

$$\frac{1}{p} + \frac{1}{d - p} = \frac{1}{f} \tag{1}$$

$$\frac{1}{p + a} + \frac{1}{d - p - a} = \frac{1}{f} \tag{2}$$

L'élimination de p entre (1) et (2) donne

$$f = \frac{d^2 - a^2}{4d}$$

2° On sait que le groupe des deux lentilles se comporte [2] comme une lentille convergente dont la distance focale f_1 est telle que

$$\frac{1}{f_1} = \frac{1}{f} - \frac{1}{\varphi} \tag{3}$$

1. Ce procédé est dû à Bessel.
2. Pour un système de deux lentilles, l'une convergente, l'autre divergente, les formules

$$\frac{1}{p} - \frac{1}{p_1} = \frac{1}{f}$$
$$\frac{1}{p_1} - \frac{1}{p'} = -\frac{1}{f'}$$

donnent, par addition,

$$\frac{1}{p} - \frac{1}{p'} = \frac{1}{f} - \frac{1}{f'}$$

φ désignant la distance focale de la lentille divergente seule. D'après la seconde expérience,

$$\frac{1}{b} + \frac{1}{d-b} = \frac{1}{f_1} \qquad (4)$$

Ces deux dernières équations donnent

$$f_1 = \frac{b(d-b)}{d}, \quad \varphi = \frac{b(d-b)(d^2-a^2)}{4bd(d-b) - d(d^2-a^2)}$$

---

210. *Deux lentilles convergentes centrées de 5 centimètres de distance focale sont séparées l'une de l'autre par un intervalle de 3ᶜ. Quelle image ce système donnera-t-il d'un cercle de 1ᵒ de diamètre placé successivement à diverses distances en dehors de l'intervalle des deux lentilles? Construire la marche des rayons lumineux.*

(Besançon, nov. 1883.)

1ᵒ Prenons pour origine le centre optique de la première lentille, celle qui regarde l'objet. Soient p et p_1 les distances à cette lentille du cercle et de l'image i_1 qu'elle en donne. On a d'abord (*équation des foyers conjugués*)

$$\frac{1}{p} - \frac{1}{p_1} = \frac{1}{5} \qquad (1)$$

La seconde lentille donnera de l'image i_1, qui se trouve à une distance de son centre optique toujours égale à $p_1 + 3$ centimètres, *quel que soit le signe de* p_1, une image i. Appelons p' la distance de cette image à l'origine; sa distance à la seconde lentille sera toujours égale à $p' + 3$ centimètres, et l'on aura

$$\frac{1}{p_1 + 3} - \frac{1}{p' + 3} = \frac{1}{5} \qquad (2)$$

D'un autre côté,

$$\frac{i}{o} = \frac{i}{i_1} \times \frac{i_1}{o} = \frac{p' + 3}{p_1 + 3} \frac{p_1}{p} \qquad (3)$$

L'équation (1) donne

$$p_1 = \frac{5p}{5-p}$$

d'où

$$p_1 + 3 = \frac{2p + 15}{5 - p}, \quad p' + 3 = \frac{5(2p+15)}{10 - 7p}$$

15

On obtient alors, en remarquant que, par hypothèse, $o = 1\,c$,

$$p' = \frac{45 + 31p}{10 - 7p}, \quad i = \frac{25}{10 - 7p}$$

l'unité de longueur étant le centimètre. Le tableau ci-dessous résume les résultats que l'on obtient en faisant varier p de 0 à $+ \infty$, conformément à l'énoncé :

p	p'	i	
0	$+ 4,5$	$+ 2,5$	image virtuelle et droite.
$+ \dfrac{10}{7}$	$\pm \infty$	$\pm \infty$	
$+ 5$	$- 8$	$- 1$	image réelle et renversée.
$+ \infty$	$- 4,42$	0	

2° La figure ci-contre indique la construction de l'image et la marche des rayons lumineux issus du bord supérieur

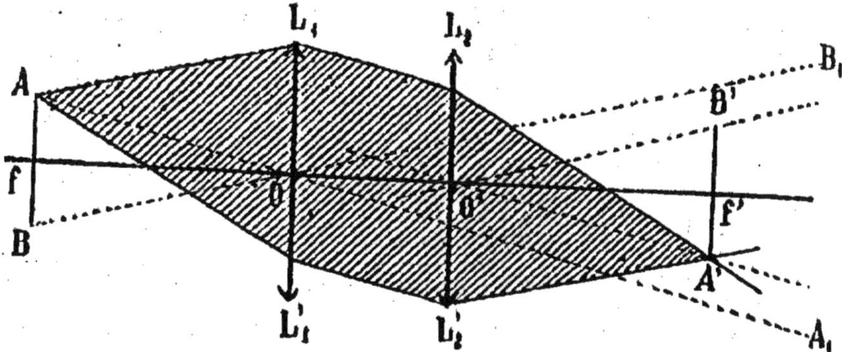

A du disque, qui concourent efficacement à la formation de l'image A' de ce point, lorsque $p = 5\,c$, c'est-à-dire lorsque le disque est sur le plan focal de la lentille O. Dans ce cas, cette lentille donne du disque AB une image réelle A_1B_1, située à l'infini et infiniment grande, dont la lentille O' donne une image A'B', image cherchée, située dans le plan focal de O', réelle, renversée et égale à l'objet AB, ce qui était à prévoir. Les deux plans focaux AfB, A'f'B' sont donc les *plans antiprincipaux* du système des deux lentilles.

Les constructions, dans les autres cas, ne présentent d'ailleurs aucune difficulté.

220. *Étant donnés une lentille convergente* L *de distance focale* f $=$ 10ᶜ *et un objet* AB *placé à une distance* d $=$ 12ᶜ,5, *on interpose entre la lentille et l'image* A₁B₁ *qu'elle donnerait de l'objet, une lentille divergente* L′ *de distance focale* f′ $=$ f. *Quelle doit être la distance* x *des deux lentilles pour que l'image* A′B′ *de* AB *à travers ce système se fasse à une distance* A′O $=$ 2ᵐ *de la lentille* L?

(Besançon, juillet 1891.)

Prenons pour origine le centre optique de la lentille L et soit p_1 la distance, en centimètres, de A₁B₁ à cette lentille; la distance de A₁B₁ à la lentille divergente est alors $p_1 + x$ centimètres, quel que soit p_1, et la distance de A′B′ à la même lentille est, l'image A′B′ étant supposée réelle (comme l'indique l'énoncé), $-200 + x$ centimètres. *L'équation des foyers conjugués* relative aux lentilles convergentes et divergentes donne alors les relations générales

$$\frac{1}{12,5} - \frac{1}{p} = \frac{1}{10} \tag{1}$$

$$\frac{1}{p_1 + x} - \frac{1}{-200 + x} = -\frac{1}{10} \tag{2}$$

d'où, en éliminant p_1, l'équation du second degré

$$x^2 - 250x + 8500 = 0$$

dont les racines sont réelles et positives. La plus grande des deux racines, étant supérieure à 2ᵐ, ne convient pas, car elle correspondrait à une image virtuelle. La plus petite, $x = 40ᶜ,6$, est donc seule acceptable.

---

221. *Soient deux lentilles d'égale distance focale* f, *l'une convexe* L, *l'autre concave* L′. *On les place l'une devant l'autre de telle sorte que leurs axes principaux coïncident. Soit* a *la distance laissée entre leurs centres optiques* O *et* O′. *Sur l'axe principal commun, on considère un point lumineux* A *situé à gauche de la lentille* L.
1° *On demande de calculer, en fonction de* f *et de* a, *la*

*distance x à laquelle ce point A doit se trouver du centre
optique de L pour que le faisceau lumineux qui en émane
devienne un faisceau parallèle à l'axe principal après la
traversée des deux lentilles. 2° Trouver la position du
point A au moyen d'une construction géométrique.*

(Lyon, nov. 1892.)

1° Si l'on prend pour origine le centre optique O de la lentille convergente, et qu'on désigne par p_1 la distance à l'origine de l'image que donne la lentille L du point A, on a
immédiatement (*équation des foyers conjugués*) le système

$$\frac{1}{x} - \frac{1}{p_1} = \frac{1}{f} \tag{1}$$

$$\frac{1}{p_1 + a} = -\frac{1}{f} \tag{2}$$

car, par hypothèse, l'image A' que la lentille divergente
donne du point A_1 est à l'infini. On trouve alors

$$x = f \frac{a+f}{a}$$

Le point A, *foyer du système centré formé par les deux lentilles*, est donc en avant du foyer de la lentille L.

2° D'après l'énoncé, un rayon AR, parti du point A, doit
émerger suivant une parallèle IS à l'axe du système. Par

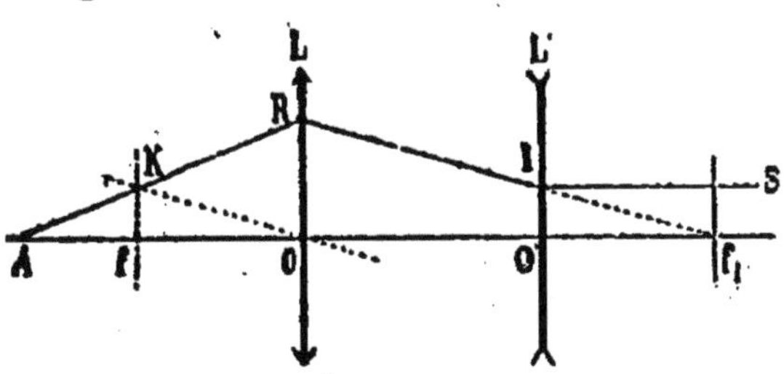

suite de la réver-
sibilité des rayons
dans la réfraction,
un rayon tel que
SI, se propageant
en sens inverse,
émergera suivant
RA. La construc-
tion demandée revient donc à tracer la marche d'un rayon
lumineux, tel que SI, arrivant sur la lentille L' parallèlement à l'axe.

Ce rayon sort de la lentille L' en prenant une direction IR
dont le prolongement géométrique passe par le foyer f_1 de
cette lentille. Le point K, où une parallèle à IR menée par
le centre optique O de la lentille L rencontrera le plan focal

fx de cette lentille, sera le point où le rayon émergent correspondant à IR doit rencontrer ce plan focal. En menant RK et en prolongeant, on aura le point A demandé.

Remarque. — Cette construction donne immédiatement

$$\frac{OA}{Af_1} = \frac{OK}{f_1 R} = \frac{Of}{f_1 O}$$

d'où

$$\frac{OA}{OA + f + a} = \frac{f}{f + a} = \frac{OA - f}{OA}$$

et

$$OA = f\,\frac{a + f}{a}$$

---

222. *Un objet lumineux est placé perpendiculairement à l'axe optique d'un système centré formé par une lentille convergente* L *de distance focale* f *et un miroir convexe* M *de rayon* R, *distants de la longueur* d. *Indiquer quelles positions peut occuper l'objet* AB *pour qu'il se produise une image réelle de cet objet après réfraction de la lumière émise par* AB *à travers la lentille* L *et réflexion de cette lumière sur* M. *Construire l'image dans une de ces positions.*

(Clermont, nov. 1891.)

1° *Première solution.* Pour que l'image A'B' de AB soit réelle, il faut qu'elle se forme entre la lentille et le miroir. Dès lors, l'image A_1B_1 de AB que donnera la lentille L doit se comporter, relativement au miroir M, comme un objet virtuel, et devra nécessairement être placée entre le sommet O' de ce miroir et son foyer f_1, ce qui nécessite tout d'abord que AB soit placé au delà du foyer de la lentille et à une distance telle que cette image A_1B_1 se forme à une distance de L plus grande que d. Soit p_1 la distance de cette image à O'; posons, pour plus de simplicité, $\frac{R}{2} = f_1$. L'image définitive A'B' devant être placée entre O' et O, la distance A_1O' = p_1 doit être comprise entre zéro et une certaine distance que l'on obtiendra en faisant, dans l'*équation des foyers conjugués* relative aux miroirs convexes, $p = -p_1$, $p' = d$ et $f = f_1$, ce qui donne la relation

$$\frac{1}{p_1} - \frac{1}{d} = \frac{1}{f_1}$$

d'où

$$p_1 = f_1 \frac{d}{d + f_1}$$

La distance p_1 variant entre zéro et $f_1 \dfrac{d}{d + f_1}$, la distance de l'image $A_1 B_1$ à la lentille L doit donc varier entre d et

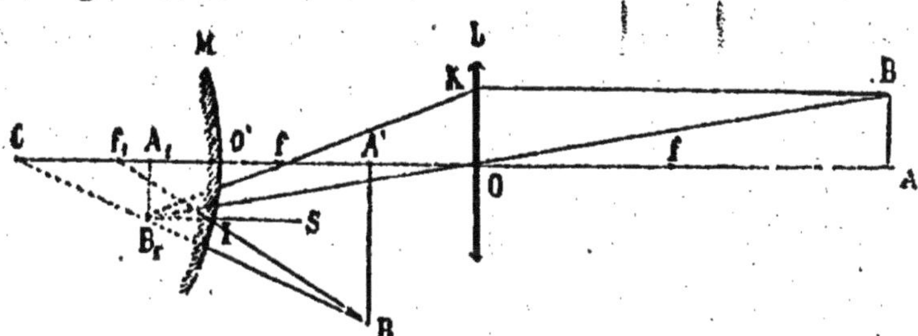

$$d + d\,\frac{f_1}{d + f_1} = d\,\frac{d + 2f_1}{d + f_1}.$$ Si p est la distance de l'objet à la lentille, cette distance devra donc varier entre deux valeurs π_1 et π_2 donnée par les relations

$$\frac{1}{\pi_1} + \frac{1}{d} = \frac{1}{f}$$

$$\frac{1}{\pi_2} + \frac{1}{\dfrac{d(d + 2f_1)}{d + f_1}} = \frac{1}{f}$$

que l'on obtient en mettant les signes en évidence dans l'*équation des foyers conjugués* relative aux lentilles convergentes. On trouve ainsi

$$\pi_1 = \frac{fd}{d - f}, \quad \pi_2 = fd\,\frac{d + 2f_1}{d(d + 2f_1) - f(d + f_1)}$$

Deuxième solution. Prenons pour origine le centre optique O de la lentille L. Les équations générales du problème sont

$$\frac{1}{p} - \frac{1}{p_1} = \frac{1}{f}$$

$$\frac{1}{p_1 + d} + \frac{1}{p' + d} = -\frac{1}{f_1}$$

En éliminant p_1 entre ces équations, on obtient p', et en faisant successivement $p' = 0$ et $p' = d$ dans cette valeur de p', on trouve pour p les deux valeurs extrêmes π_1 et π_2 déjà obtenues.

2° La figure indique comment on doit construire l'image pour une des positions comprises entre π_1 et π_2. Elle montre que l'image est renversée par rapport à l'objet, comme on devait s'y attendre.

———

223. *Un faisceau lumineux venant d'un point situé à l'infini tombe parallèlement à l'axe d'un système centré formé par une lentille convergente de distance focale f et un miroir convexe, placé derrière la lentille, de distance focale f'. A quelle distance de la lentille faut-il placer le miroir pour que, après la réflexion, le faisceau lumineux soit encore parallèle à l'axe?*

(Nancy, nov. 1879.)

Soit x la distance cherchée. L'*équation des foyers conjugués* (lentille convergente et miroir convexe) donne, en prenant pour origine le sommet du miroir, et en remarquant que, par hypothèse, $p = \infty$, $p' = \infty$, les relations générales

$$- \frac{1}{p_1 - x} = \frac{1}{f} \tag{1}$$

$$\frac{1}{p_1} = - \frac{1}{f'} \tag{2}$$

p_1 désignant la distance à la lentille du foyer du faisceau lumineux, foyer qui n'est autre qu'un des foyers de cette lentille. En éliminant p_1 entre (1) et (2), on trouve

$$x = f - f'$$

résultat évident *a priori*.

Condition de possibilité : $f > f'$.

Remarque. — Un pareil système constitue ce qu'on appelle un *système afocal*, c'est-à-dire dont les deux foyers sont à l'infini.

———

224. Derrière une lentille convergente O de distance focale f est placé, à une distance d, un miroir plan O', normal à l'axe principal de la lentille. Les rayons émanés d'un objet lumineux AB situé en avant du système, à une distance p', traversent la lentille, se réfléchissent sur le miroir et traversent de nouveau la lentille en sens contraire. On demande de déterminer la position de l'image fournie par le système, ainsi que son rapport de grandeur par rapport à l'objet. — Cas particulier : $d = \dfrac{f}{2}$

(Paris, avril 1891; Nancy, juillet 1891.)

Prenons pour origine le centre optique O de la lentille L, et soit p_1 la distance à cette lentille de l'image i_1 qu'elle donne de l'objet AB. On a (*équation des foyers conjugués*)

$$\frac{1}{p} - \frac{1}{p_1} = \frac{1}{f} \qquad (1)$$

Soit maintenant p_2 la distance à la lentille de l'image i_2 que le miroir plan M donne de l'image i_1 : la distance de l'image i_1 au miroir étant $p_1 + d$, celle de l'image i_2 étant $p_2 + d$, on a (*équation des foyers conjugués* pour les miroirs plans)

$$\frac{1}{p_1 + d} + \frac{1}{p_2 + d} = 0 \qquad (3)$$

Enfin, soit p' la distance à la lentille de l'image i que donne cette lentille de l'image i_2 lorsque les rayons réfractés par le miroir la traversent en sens inverse de la lumière incidente. On a, en remarquant que les signes doivent être changés,

$$\frac{1}{-p_2} - \frac{1}{-p'} = \frac{1}{f} \qquad (3)$$

L'équation (1) donne

$$p_1 = \frac{pf}{f - p}, \text{ d'où } p_1 + d = \frac{pf - d(p - f)}{f - p}$$

L'équation (2) donne alors

$$p_1 + d = -\frac{pf - d(p - f)}{f - p}, \text{ d'où } p_2 = \frac{2d(p - f) - pf}{f - p}$$

et

$$p' = f\,\frac{2d\,(p-f) - pf}{(2d-f)\,(p-f) - pf} \qquad\qquad \text{(A)}$$

D'un autre côté, on a

$$\frac{i}{o} = \frac{i}{i_2} \times \frac{i_2}{i_1} \times \frac{i_1}{o} = \frac{p'}{p_2} \times \left(-\frac{p_2 + d}{p_1 + d}\right) \times \frac{p_1}{p}$$

d'où, en utilisant les relations précédentes,

$$\frac{i}{o} = \frac{f^2}{(2d-f)\,(p-f) - pf} \qquad\qquad \text{(B)}$$

Cas particulier. — Dans ce cas, les relations (A) et (B) deviennent

$$p' = \frac{f^2}{p}$$

$$\frac{i}{o} = -\frac{f}{p}$$

c'est-à-dire que *le système OO' produit le même effet qu'un miroir sphérique concave de distance focale f qui serait placé derrière la lentille, à son foyer.* La figure ci-contre

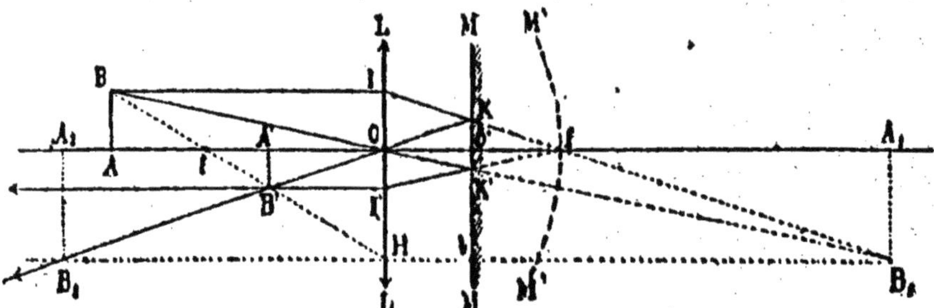

montre comment, dans ce cas, doit se construire l'image A'B', p étant supposé plus grand que f et plus petit que $2f$, ainsi que la marche des rayons BI et BO émanés du point B. Elle montre comment un miroir concave MM', de distance focale f, peut remplacer le système centré donné.

---

225. *Deux lentilles convergentes infiniment minces, L et L', de même distance focale f, sont centrées. Leurs centres optiques sont à une distance OO' = d supérieure à f. Au*

point ω, conjugué de O par rapport à la lentille L', se trouve le sommet d'un miroir concave M dont le centre est en O'. En un point P, situé à une distance h du conjugué ω' de O' par rapport à la lentille L et dans le plan mené par ω' perpendiculairement à OO', se trouve un point lumineux. La distance h est plus petite que le rayon de l'image de la lentille L' donnée par la lentille L. Représenter par une figure géométrique aussi simple que possible : 1° l'appareil qui vient d'être décrit ; 2° la marche que suivent dans cet appareil, par l'effet des lentilles et du miroir, les rayons qui, partant de P, forment un faisceau conique ayant pour sommet ce point et pour directrice le contour de la lentille L. Donner l'explication de cette marche des rayons.

(Bordeaux, nov. 1893.)

1° En construisant l'image ll_1 que donne la lentille L' de la lentille L, et l'image $l_1 l'_1$ que donne la lentille L de la

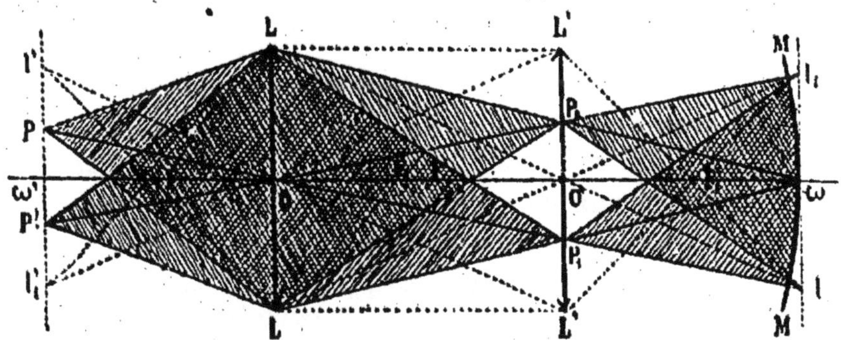

lentille L', on aura les positions des points ω et ω'. Il est évident d'ailleurs, puisque les deux lentilles ont même distance focale, que $O'ω = Oω'$.

2° La figure montre les transformations du faisceau conique ayant pour sommet le point P et pour directrice le contour LL_1 de la lentille L. Le faisceau dû à la première réfraction a évidemment son sommet sur la lentille L' : d'abord, parce que le plan de cette lentille est le conjugué du plan ω'P, et ensuite parce que la distance $ωP = h$ est plus petite que le rayon de l'image de la lentille L' donnée par la lentille L. Le faisceau dû à la seconde réfraction a encore pour sommet le point P_1 (qui, par rapport à la lentille L', est à lui-même sa propre image), mais sa base est évidemment l'image ll_1 que donne la lentille L' de la lentille L, image dans le plan de laquelle se trouve le miroir M. Le plan de la lentille L' étant d'ailleurs, par hypothèse, le plan antiprincipal du miroir M, le faisceau dû à la réflexion sur ce miroir a pour sommet le point P_2, image de P_1 et symétrique de ce point. Le reste de la construction se comprend aisément; les faisceaux qui correspondent à la lumière réfléchie sont les symétriques de ceux qui correspondent à la lumière incidente et, en fin de compte, le système optique donne du point P une image P' symétrique de P par rapport à son axe, le plan ll_1 étant un *plan antiprincipal* du système.

Remarque. — La figure donne la marche $POP_1\omega P_2OP'$ de l'axe secondaire PO du point P.

---

226. *Un objet lumineux est placé devant une lentille convergente dont la face postérieure est argentée et forme un miroir sphérique concave dont le rayon de courbure est égal à la moitié de la distance focale f de la lentille. Calculer la position et le rapport de grandeur à l'objet de l'image fournie par ce réflecteur catadioptrique, la distance de l'objet à la lentille étant p.*

(Nancy, juillet 1886, juillet 1892; Poitiers, juillet 1892;
Marseille, nov. 1892.)

1re *solution.* Le système donné équivaut à un *système centré*, constitué par une lentille convergente O de distance focale *f* et par un miroir sphérique concave O', de même courbure que la face postérieure de la lentille, ayant pour distance focale $\frac{f}{4}$, *dont l'épaisseur OO' serait négligeable.* Si l'on prend pour origine le centre optique O de la lentille convergente, et qu'on désigne par p_1, p_2, p' les distances à cette origine des images successives i_1, i_2, i que la lentille, puis le miroir et enfin, pour la dernière fois, la lentille donnent de l'objet, on obtient (*équation des foyers conjugués*) le système

$$\frac{1}{p} - \frac{1}{p_1} = \frac{1}{f} \qquad (1)$$

$$\frac{1}{p_1} + \frac{1}{p_2} = \frac{4}{f} \qquad (2)$$

$$\frac{1}{-p_2} - \frac{1}{-p'} = \frac{1}{f} \qquad (3)$$

d'où, par simple addition, la relation

$$\frac{1}{p} + \frac{1}{p'} = \frac{6}{f} \qquad (A)$$

qui montre que ce *réflecteur catadioptrique* produit le même effet qu'un miroir sphérique concave dont la distance focale serait $\frac{f}{6}$, et qui donne

$$p' = \frac{pf}{6p - f}$$

On a alors

$$\frac{i}{o} = - \frac{f}{6p - f} \qquad (B)$$

2° *solution*. Soit R le rayon de courbure de la face antérieure de la lentille, n l'indice inconnu de la substance qui forme cette lentille. On a (*formule de la distance focale d'une lentille*), en grandeur absolue,

$$\frac{1}{f} = (n - 1) \left(\frac{2}{f} + \frac{1}{R} \right) \qquad (1)$$

Si l'on applique alors à la lumière incidente et à la lumière réfléchie par le miroir et réfractée par la lentille l'*équation des foyers conjugués* relative à un dioptre [1], on obtient, en

1. Les formules relatives à la réfraction à travers un dioptre, employées ici, sont

$$\frac{1}{p} - \frac{n}{p'} = - \frac{n - 1}{R} \qquad (1)$$

$$\frac{i}{o} = \frac{p'}{np} \qquad (2)$$

les conventions de signes relatives aux longueurs p, p' et R étant les mêmes que pour les miroirs et les lentilles.

remarquant que dans la seconde réfraction, la lumière incidente a changé de sens, le système

$$\frac{1}{p} - \frac{n}{p_1} = -\frac{n-1}{-R} \tag{2}$$

$$\frac{1}{p_1} + \frac{1}{p_2} = \frac{4}{f} \tag{3}$$

$$\frac{1}{-p_2} - \frac{\left(\frac{1}{n}\right)}{-p_1} = -\frac{\left(\frac{1}{n}\right)-1}{R} \tag{4}$$

En éliminant p_1, p_2 et R entre les équations (1), (2), (3),
(4), on constate que n s'élimine de lui-même, et on retrouve
l'équation (A).

En appliquant aux deux réfractions à travers la face antérieure de la lentille la *formule du grossissement relative à un
dioptre*, on retrouverait l'équation (B).

---

§ 5. Dispersion.

227. *On a une cuve ABCD remplie d'eau et limitée
antérieurement et postérieurement par deux lames de
glace AB et CD. Cette cuve est traversée par un faisceau
infiniment étroit de rayons solaires SI, qu'on peut assimiler
à un rayon unique. On demande ce qui arrivera quand la
face postérieure CD tournera autour du point D de manière à prendre les positions DC', DC",... [1]. De cette
expérience pourrait-on déduire l'indice de réfraction dans
l'eau des radiations extrêmes visibles qui constituent la
lumière solaire?*

(Lille, avril 1884.)

Les lames de glace ayant leurs faces rigoureusement
parallèles, tout se passera (*réfraction à travers une lame à
faces parallèles*) comme si ces lames n'existaient pas.
Lorsque les glaces AB et CD sont parallèles, il est clair que

---

1. Cet appareil n'est autre que le *prisme à auge*.

le faisceau SI émergera d'abord suivant le prolongement de SI et restera composé de lumière blanche; mais, lorsque la glace CD tournera, il émergera en se dirigeant vers la base du prisme d'eau AMC′ formé et en faisant avec la

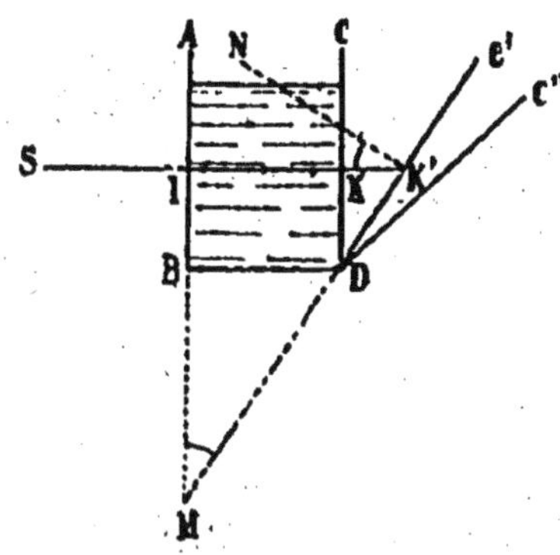

direction primitive SI un angle (angle de déviation) qui augmentera avec l'angle AMC′ (*théorie du prisme*); en même temps, il y aura décomposition de la lumière blanche du rayon SI, les rayons violets étant les plus déviés, les rouges ceux qui le sont le moins. L'angle AMC′ augmentant sans cesse, le rayon SI subira la réflexion totale lorsque l'angle SK′N sous lequel il rencontrera la face C′D, sera tel que

$$\sin SK'N = \frac{1}{n} \tag{1}$$

Les vibrations violettes étant les plus réfrangibles subiront les premières la réflexion totale, puis les radiations indigos, bleues, etc. Comme, à chaque instant, AMC′ = SK′N (angles ayant leurs côtés perpendiculaires), on pourra donc, en mesurant l'angle réfringent AMC′ du prisme au moment où les radiations violettes apparaîtront à l'œil, placé au-dessus de la cuve ABCD, calculer à l'aide de la formule (1) l'indice n de ces radiations par rapport à l'eau.

---

228. *Dans la section principale ABC d'un prisme de verre, on fait tomber un rayon lumineux SD sous l'incidence i. Ce rayon, après s'être réfracté suivant DE, se réfléchit sur la face BC et émerge suivant FG, faisant avec la normale à la face AC un angle i′. On suppose que le triangle ABC est équilatéral et que le rayon SD est un pinceau de lumière blanche. On demande : 1° la relation entre les angles i et i′; 2° la nature du faisceau lumineux émergent FG.*

(Toulouse, nov. 1892.)

1º Soient i et r les deux angles en D, i' et r' les deux angles en F. Si α est la valeur commune des angles d'incidence et de réflexion en E, on aura (le triangle ABC étant équilatéral)

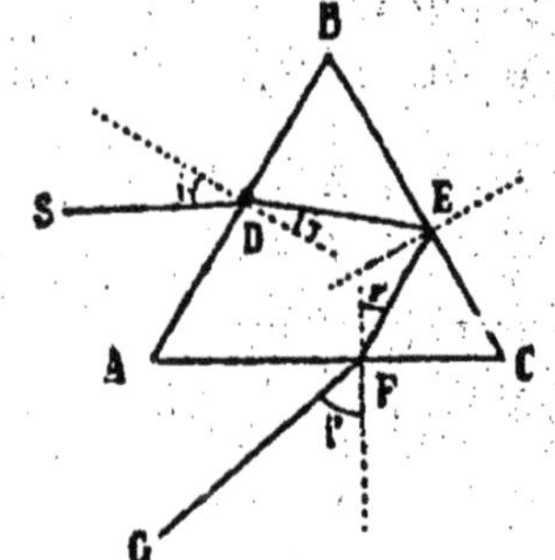

$$r + \alpha = 60°, \quad r' + \alpha = 60°$$

d'où

$$r = r'$$

et, par suite (*loi de Descartes*),

$$i = i'$$

2º Le pinceau de lumière blanche incidente SE s'est dispersé dans le prisme, mais si nous appliquons à chacune des radiations qui le composaient le raisonnement précédent, nous voyons que, pour toutes ces radiations, l'angle de sortie i' a la même valeur, qui est celle de l'angle i. La lumière se recompose donc à la sortie du prisme, et le faisceau émergent est formé de lumière blanche.

---

§ 6. Instruments d'Optique.

229. *Un myope se procure des lunettes qui lui permettent de voir distinctement à partir de $0^m,60$ de son œil jusqu'à l'infini; privé de ses lunettes, il voit distinctement les objets à partir de $0^m,20$ et n'aperçoit pas aisément les objets éloignés. Quelle est la distance focale des verres de ses lunettes, et à quelle distance de l'œil se forme l'image des objets placés à l'infini?*

(Paris, juillet 1886.)

Soit f la distance focale des lentilles divergentes dont sont formées les lunettes (*besicles*) employées; *négligeons la distance*, relativement très petite, *qui sépare l'œil des verres*. Il est clair que l'image des objets situés à l'infini se forme à la distance f de l'œil et l'image des objets plus rapprochés à une distance plus petite que f. En particulier, l'image des objets placés à $0^m,60$, qui sont les plus rapprochés que l'œil puisse apercevoir à travers les verres, devra se faire à $0^m,20$, cette distance étant celle du *punctum proximum*. Dès lors on doit avoir (*équation des foyers conjugués*)

$$\frac{1}{0,60} - \frac{1}{0,20} = -\frac{1}{f}$$

d'où $f = \frac{3^m}{10} = 30^c$.

La distance focale des verres employés est donc de $\frac{3^m}{10}$, leur puissance est de $\frac{10}{3}$ dioptries, et la distance de l'œil à laquelle se forme l'image des objets placés à l'infini, est de $\frac{3^m}{10} = 30^c$.

---

230. *Un presbyte ne voit nettement les objets qu'à une distance de* 40°. *Il place contre l'œil une lentille qui lui permet de voir les objets à* 30°. *Quelle est la nature et la distance focale de cette lentille?*

(Lyon, juillet 1883; Paris, avril 1890.)

La lentille employée, devant donner des objets une image plus éloignée de l'œil que l'objet, ne peut être qu'une lentille convergente. Si f est sa distance focale, l'*équation des foyers conjugués* donne

$$\frac{1}{30} - \frac{1}{40} = \frac{1}{f}$$

d'où $f = 120^c$.

La distance focale de la lentille est donc de 120°, et sa puissance de $\frac{1}{1,20} = 0,83$ dioptrie.

---

231. *Une loupe dont l'épaisseur est négligeable et dont la distance focale* $= 2^c$ *sert à regarder une longueur de* $\frac{1}{5}$ *mm. Trouver le diamètre apparent sous lequel cette longueur est vue et chercher comment ce diamètre apparent varie avec l'accommodation de l'œil. On désignera*

*par d la distance de la vision distincte pour une accom-
modation donnée, et on supposera le centre optique de l'œil
confondu avec celui de la lentille.*

(Toulouse, juillet 1892.)

Prenons le millimètre pour unité de longueur. L'angle très petit sous lequel on voit la longueur donnée, pour une distance de la vision distincte d, est, en désignant par i la grandeur de l'image que la loupe donne de l'objet considéré,

$$z = \frac{i}{d} \tag{1}$$

D'un autre côté, si l'on désigne par p la distance de l'objet à la loupe, les *formules des lentilles convergentes* donnent

$$\frac{i}{\left(\frac{1}{5}\right)} = \frac{d}{p} \tag{2}$$

$$\frac{1}{p} - \frac{1}{d} = \frac{1}{20} \tag{3}$$

L'élimination de p et de i entre (1), (2), (3) donne

$$z = \frac{1}{5}\left(\frac{1}{20} + \frac{1}{d}\right)$$

expression qui montre que l'angle sous lequel on voit l'objet est maximum lorsque l'œil est accommodé pour la distance minimum de la vision distincte.

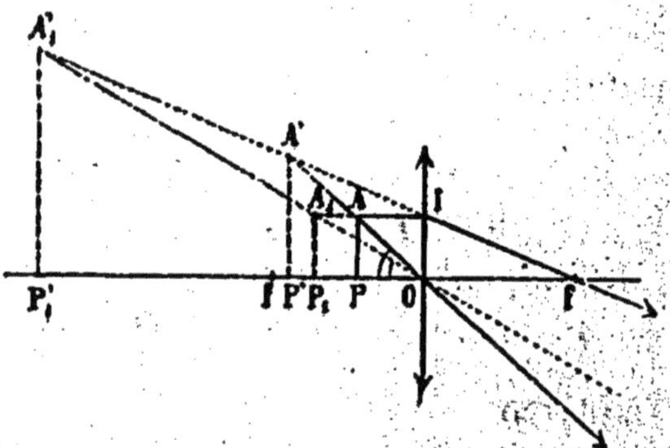

Remarque. — Ce résultat, absolument général, peut s'obtenir par une simple construction géométrique. La figure ci-contre montre, en effet, qu'à mesure qu'on rapproche un objet, tel que AP, du foyer f d'une loupe, les images obtenues A'P', A'₁P'₁,.... grandissent en valeur absolue, mais sont vues par l'œil, placé en O, sous des angles A'OP', A'₁OP'₁,.... de plus en plus petits.

16

232. *On observe un objet à travers une loupe composée constituée par deux lentilles, O et O', de même distance focale 3ᶜ, distantes de 2ᶜ. Où doit-on placer l'objet pour que son image se forme à 15ᶜ de la lentille voisine de l'œil? Déterminer le rapport de l'image à l'objet.*

(Marseille, juillet 1892.)

1° Prenons pour origine le centre optique O de la lentille contre laquelle est appliqué l'œil, et soit p la distance de l'objet, p_1 la distance de l'image due à la lentille O', à cette origine. L'*équation des foyers conjugués* donne

$$\frac{1}{p-2} - \frac{1}{p_1-2} = \frac{1}{3} \tag{1}$$

$$\frac{1}{p_1} - \frac{1}{15} = \frac{1}{3} \tag{2}$$

d'où

$$p_1 = 2^c,5, \quad p_1 - 2^c = 0^c,5, \quad p - 2^c = 0^c,43$$

et, enfin, $p = 2^c,43$ environ.

On doit donc placer l'objet à 0ᶜ,43 en avant de la lentille O'.

2° La *formule du grossissement* **(195)** donne

$$\frac{i}{o} = \frac{15}{p_1} \times \frac{p_1 - 2}{p - 2} \tag{3}$$

d'où, en remplaçant p_1, $p_1 - 2$, $p - 2$, par les valeurs trouvées,

$$\frac{i}{o} = \frac{7}{1}$$

pour le rapport demandé.

Remarque. — Ici, où l'on suppose l'œil placé à une distance négligeable de la lentille à travers laquelle il regarde, ce rapport représente aussi le *grossissement de la loupe* employée.

---

233. *L'objectif d'un microscope fournit une image réelle et renversée dont les dimensions sont 10 fois plus grandes que celles de l'objet. L'oculaire a une distance focale de*

1 c. Quel est le grossissement total de l'instrument pour un œil convenablement placé dont la distance minimum de la vision distincte = 30 c.?

(Dijon, juillet 1892.)

Admettons que le centre optique de l'œil coïncide avec celui de l'oculaire, et soit p_1 la distance à l'oculaire de l'image que donne l'objectif. L'*équation des foyers conjugués* donne

$$\frac{1}{p_1} - \frac{1}{30} = 1 \tag{1}$$

La *formule du grossissement* (**195**) donne

$$\frac{i}{o} = \frac{30}{p_1} \times 10 \tag{2}$$

En éliminant p_1 entre (1) et (2), on trouve $\frac{i}{o} = 310$, valeur qui, dans les conditions où l'on suppose l'œil placé, représente à la fois le rapport de l'image à l'objet et le *grossissement du microscope*.

Remarque. — La plus petite distance à laquelle le centre optique de l'œil puisse se trouver d'une lentille étant supérieure à 1^c, on voit qu'il est impossible d'admettre ici que la distance de l'œil au centre optique de l'oculaire soit négligeable. Un calcul complet montrerait que, dans ces conditions, pour obtenir le plus fort grossissement possible, il faut régler le microscope de façon que l'image virtuelle donnée par l'oculaire se forme à la distance maximum de la vision distincte.

---

234. *Une lunette astronomique est disposée de façon à voir nettement un objet situé à l'infini. On regarde ensuite avec cette lunette un objet placé à une distance D de l'objectif et, pour le voir nettement, on est obligé de faire varier de d la distance de l'oculaire à l'objectif. Quelle est la distance focale de l'objectif?*

(Paris, juillet 1890.)

Supposons que le réglage de l'oculaire se fasse de manière à voir toujours l'image dans les mêmes conditions, c'est-à-

dire que l'image soit toujours à la même distance de l'ocu.
laire et, par suite, de l'œil. Quand l'objet est situé à l'in.
fini, l'image qu'en donne l'objectif est située sur le plan focal
de cette lentille, à une distance de l'objectif égale à sa dis.
tance focale F; mais quand l'objet est à la distance D, il est
clair que l'image qu'en donne l'objectif est alors située à une
distance du plan focal de cette lentille justement égale au
déplacement d qu'on a dû faire subir à l'oculaire, c'est-à-
dire à une distance F + d de l'objectif. En mettant les signes
en évidence, l'*équation des foyers conjugués* donne alors

$$\frac{1}{D} + \frac{1}{F + d} = \frac{1}{F}$$

d'où

$$F^2 + dF - dD = 0$$

équation du second degré dont les racines sont réelles et de
signes contraires, la positive seule

$$F = \frac{- d + \sqrt{d\,(d + 4\,D)}}{2}$$

répondant à la question.

---

235. *Dans une lunette astronomique, l'objectif a pour
distance focale 1*^{m},50 *et l'oculaire* 0^m,06. *Quelle distance
faut-il établir entre les deux lentilles pour obtenir une
image réelle du Soleil sur un écran placé à 2*^{m},25 *de l'oculaire? Quel sera le diamètre de cette image? Le diamètre
apparent du Soleil vu de la Terre est de 32'.*

(Dijon, juillet 1893.)

1° L'image du Soleil que donne l'objectif se formant sur le
plan focal de cette lentille, il faut, pour obtenir l'image
demandée, déplacer l'oculaire de façon que son foyer dépasse
celui de l'objectif. Soit alors, en mètres, d la distance des
deux foyers, L la *longueur de la lunette*, c'est-à-dire la distance des deux lentilles. On a d'abord

$$L = 1^m,56 + d \qquad (1)$$

puis (*équation des foyers conjugués*), en mettant les signes
en évidence,

$$\frac{1}{d + 0,06} + \frac{1}{2,25} = \frac{1}{0,06} \tag{2}$$

Ces deux équations donnent $d = 0^m,0016$ et $L = 1^m,502$
environ.

2° L'image que l'objectif donne du Soleil a un diamètre

$$\delta = 1^m,50 \times 2\,\text{tang}\,16' \tag{3}$$

Si l'on désigne par x le diamètre demandé, exprimé en
mètres, la *formule du grossissement* donne

$$\frac{x}{\delta} = \frac{2,25}{0,0016 + 0,06} \tag{4}$$

d'où, en éliminant δ entre (3) et (4), $x = 0^m,51$ environ.

---

236. *L'objectif d'une lunette astronomique a été scié en
deux par un plan contenant l'axe optique, et les deux
moitiés peuvent être écartées perpendiculairement à l'axe
d'une quantité quelconque* a. *On pointe cette lunette sur
un cercle lumineux de diamètre* h, *orienté parallèlement
au plan des bords de l'objectif, puis on écarte les deux
moitiés de l'objectif jusqu'à ce que les deux images (fournies chacune par l'une des moitiés) soient en contact.
Connaissant* a, h *et la distance focale* f *de l'objectif, déterminer la distance* p *de
l'objet à la lunette.*

(Paris, juillet 1873.)

1° Supposons d'abord
l'axe de la lunette dirigé
vers le centre O du dis-
que MN. Les deux moi-

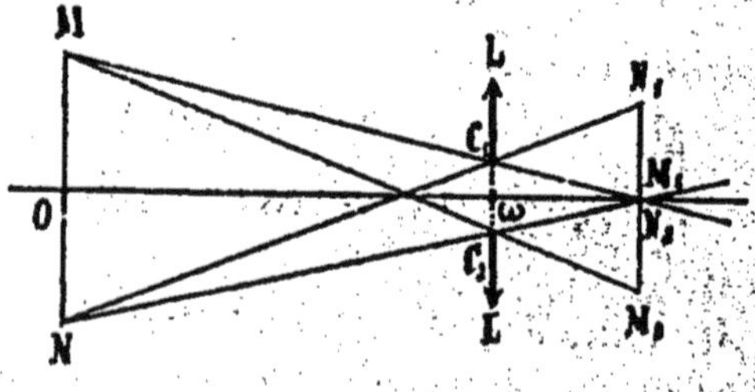

tiés de l'objectif, C_1L et C_2L, *agissant comme deux lentilles*,
donneront du disque deux images M_1N_1, M_2N_2, placées dans
le plan focal conjugué de celui du disque par rapport à l'ob-

jectif, supposé dans sa position primitive. Par suite, si p' est la distance de ce plan au centre optique ω de l'objectif, p la distance cherchée $O\omega$ de l'objet à la lunette, on a (*équation des foyers conjugués*), en mettant les signes en évidence,

$$\frac{1}{p} + \frac{1}{p'} = \frac{1}{f} \qquad (1)$$

D'un autre côté, si l'écartement C_1C_2 des deux moitiés de l'objectif est tel que l'image M_1 du point M coïncide avec l'image N_2 du point N, comme on le demande, la proportion $\dfrac{MN}{C_1C_2} = \dfrac{ON_2}{\omega N_2}$ donne, comme $NM = h$, $C_1C_2 = a$, $ON_2 = p + p'$, $\omega N_2 = p'$, l'équation

$$\frac{h}{a} = \frac{p + p'}{p} \qquad (2)$$

L'élimination de p' entre (1) et (2) donne

$$p = h\frac{f}{a}$$

2° Supposons le disque MN en dehors de l'axe. Pour que les images fournies par chacune des moitiés de l'objectif

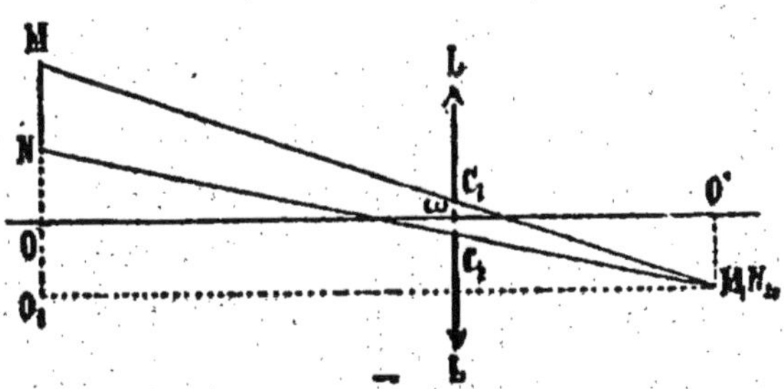

soient en contact, il faut que l'image M_1 du point M, donnée par la moitié C_1L, coïncide avec l'image du point N que donne la moitié C_2L. Dans ces conditions, l'équation (1) subsiste toujours. Il en est de même de l'équation (2), car les triangles semblables MNM_1 et $C_1C_2M_1$, NM_1O, et $C_2M_1\omega_1$, donnent respectivement $\dfrac{MN}{C_1C_2} = \dfrac{NM_1}{C_2M_1}$ et $\dfrac{NM_1}{C_2M_1} = \dfrac{O_1M_1}{\omega_1M_1} = \dfrac{OO'}{\omega O'}$, d'où la proportion

$$\frac{MN}{C_1C_2} = \frac{OO'}{\omega O'}$$

et l'équation (2).

237. *Démontrer par une simple construction géométrique que, dans la lunette de Galilée, il faut, pour obtenir le plus fort grossissement possible, régler la distance de l'oculaire à l'objectif de façon que l'image donnée par l'oculaire se fasse au punctum remotum, c'est-à-dire à la distance maximum de la vision distincte.*

Soit ω le centre optique de l'objectif, O celui de l'oculaire, F et f les foyers correspondants, AB un objet placé à une assez grande distance de la lunette, A_1B_1 l'image que l'objectif donnerait de AB si l'oculaire n'était pas interposé, A'B' l'image que voit l'œil, que l'on suppose placé au centre

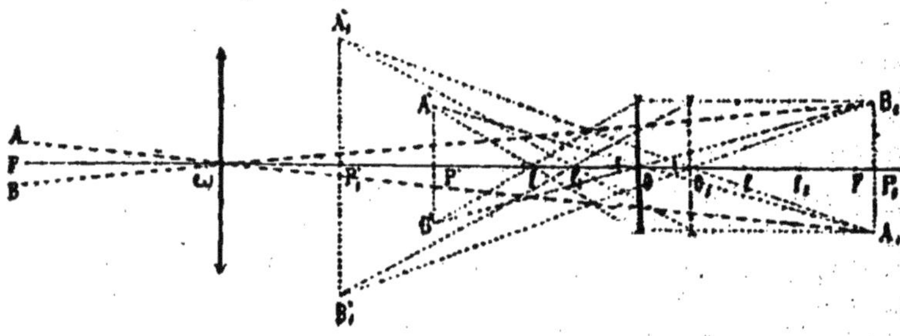

optique O de l'oculaire ; cette image est vue sous un angle A'OB' = A_1OB_1. Si l'on éloigne l'oculaire de l'objectif pour le rapprocher de A_1B_1, en s'arrangeant de façon que son foyer ne dépasse jamais le foyer F de l'oculaire, la figure montre que l'image $A'_1B'_1$ qui se formera alors, plus éloignée de l'œil, placé en O_1, qu'elle ne l'était tout à l'heure, sera vue sous un angle $A'_1O_1B'_1$ = $A_1O_1B_1$ plus grand que l'angle précédent A'OB'. Dès lors l'angle $A\omega B = A\omega_1B_1$ sous lequel l'œil verrait directement l'objet, supposé très éloigné, restant invariable, on obtiendra le plus fort grossissement possible en réglant la lunette de manière que l'image donnée par l'oculaire soit au punctum remotum, c'est-à-dire en éloignant le plus possible l'oculaire de l'objectif.

---

238. *Un myope doit-il tirer l'oculaire d'une lunette de Galilée plus ou moins qu'un presbyte ? Le rechercher.*

1° à l'aide de la construction géométrique des rayons;
2° à l'aide des formules des lentilles.

(Nancy, juillet 1886.)

1re solution. Soit A'B' l'image que donne d'un objet AB, pour une position donnée O de l'oculaire, une lunette de Galilée réglée de façon que cette image soit au punctum remotum d'un œil myope placé au centre optique O de l'oculaire. Le punctum remotum d'un presbyte étant à l'infini, pour que l'image A'B' se forme à l'infini, c'est-à-dire pour que les droites IR, OA₁, par exemple, deviennent parallèles, il faudra déplacer l'oculaire de façon que son foyer postérieur *f* se confonde avec le foyer F de l'objectif ω. On voit donc qu'un myope devra rapprocher l'oculaire de l'objectif,

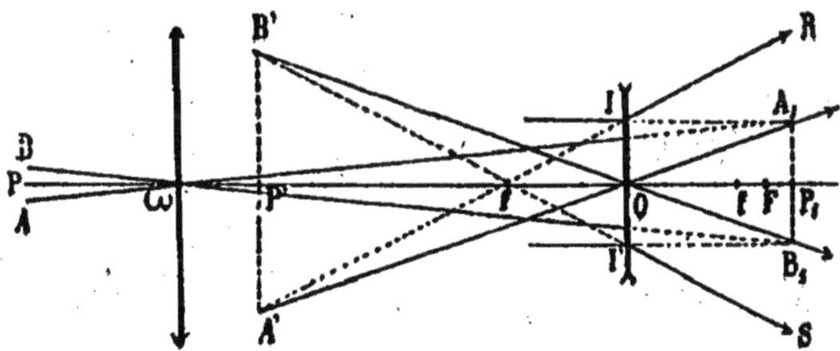

d'autant plus que son punctum remotum sera plus voisin de l'œil, tandis qu'un presbyte devra faire le contraire.

2e solution. Soit, en valeur absolue, *p* la distance du plan A₁B₁, conjugué de l'objet AB par rapport à l'objectif ω, au centre optique O de l'oculaire, *p'* la distance de l'image A'B' à ce même point. L'*équation des foyers conjugués* donne, en désignant par *f* la distance focale de l'oculaire et en mettant les signes en évidence,

$$\frac{1}{-p} - \frac{1}{p'} = -\frac{1}{f} \text{ ou } \frac{1}{p} + \frac{1}{p'} = \frac{1}{f}$$

relation qui montre que *p'* est d'autant plus grand que *p* est plus petit, c'est-à-dire que la lentille divergente O est plus rapprochée de l'objectif.

---

239. *Dans une lunette de Galilée, l'objectif a pour distance focale* F; *l'oculaire a pour distance focale* f. *On*

*met au point la lunette sur un objet placé à une distance
D de l'objectif. Quelle doit être la distance des deux
lentilles ?*

(Dijon, nov. 1892.)

Soit x la distance cherchée. L'image, jouant le rôle
d'*objet virtuel*, que l'objectif donne de l'objet, se forme
à une distance p_1 de cette lentille donnée (*équation des
foyers conjugués*), en mettant les signes en évidence, par la
relation

$$\frac{1}{D} + \frac{1}{p_1} = \frac{1}{F} \qquad (1)$$

D'autre part, on sait que l'image virtuelle que donne l'oculaire de cet objet virtuel doit se former à une distance de
l'œil égale à la distance maximum de la vision distincte.
Par suite, si on néglige la petite distance qui sépare l'œil de
l'oculaire, et qu'on désigne par d la distance maximum de
la vision distincte, l'*équation des foyers conjugués* donne, en
mettant les signes en évidence, la relation

$$\frac{1}{p_1 - x} + \frac{1}{d} = \frac{1}{f} \qquad (2)$$

L'élimination de p_1 entre (1 et (2) donne

$$x = \frac{DF}{D - F} - \frac{df}{d - f}.$$

Pour un œil normal ou presbyte, $d = \infty$: alors $x = F\dfrac{D}{D - F} - f.$
Pour $D = \infty$, on a, si l'œil qui regarde est normal ou
presbyte, c'est-à-dire si $d = \infty$, $x = F - f.$ S'il est myope,
c'est-à-dire si d a une valeur finie, $x = F - f\dfrac{d}{d - f}.$

---

240. *On donne une lunette de Galilée modifiée de
telle sorte qu'on puisse faire varier la distance d de ses
deux lentilles depuis zéro jusqu'à une valeur très grande.
On demande de trouver la nature, la grandeur et la posi-*

tion de l'image d'un objet situé à l'infini sur l'axe de la lunette, du côté de l'objectif, pour les différentes valeurs de d.

(Marseille, nov. 1881; Paris, juillet 1891; Grenoble, juillet 1893.)

Soit F la distance focale de l'objectif, f celle de l'oculaire. L'objectif donnera de l'objet situé à l'infini sur l'axe de la lunette, une image qui sera toujours, quelle que soit la distance d, située à une distance $(-F) + d = d - F$ de l'oculaire et dont la grandeur, si δ est le diamètre apparent de l'objet, sera (*formule du grossissement*)

$$i_1 = - F\delta$$

le signe — indiquant que cette image est renversée par rapport à l'objet. L'oculaire donnera de l'image i_1 une image i située à une distance x de son centre optique (pris comme origine) donnée (*équation des foyers conjugués*) par la relation générale

$$\frac{1}{d - F} - \frac{1}{x} = - \frac{1}{f} \tag{2}$$

D'un autre côté, on a (*formule du grossissement*)

$$\frac{i}{i_1} = \frac{x}{d - F} \tag{3}$$

La résolution des équations (1), (2), (3), donne

$$\begin{cases} x = f\, \dfrac{d - F}{d - (F - f)} \\ i = - \dfrac{Ff\delta}{d - (F - f)} \end{cases}$$

Discussion. — Elle est résumée dans le tableau ci-dessous :

d	x	i	
0	$+ \dfrac{fF}{F - f}$	$+ \dfrac{fF\delta}{F - f}$	image virtuelle et droite.
$+ (F - f)$	$\pm \infty$	$\pm \infty$	
$+ F$	0	$- F\delta$	réelle } renversée.
$+ \infty$	$+ f$	0	virtuelle }

Les figures ci-contre répondent respectivement aux trois cas
où l'image est virtuelle et droite par rapport à l'objet (fig. I),

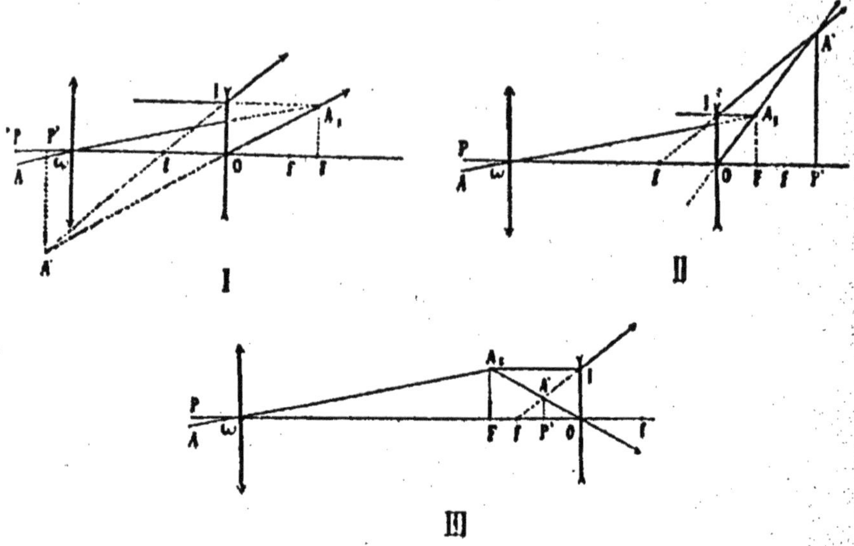

comme dans la lunette de Galilée, réelle et renversée (fig. II),
virtuelle et renversée (fig. III).

---

241. *Une lunette de Galilée étant réglée pour les objets
très éloignés, on la retourne bout pour bout, de façon que
l'objectif devienne l'oculaire et l'oculaire l'objectif. Indiquer ce qui se passe dans cette nouvelle position pour un
œil observant à travers la lentille convergente de la lunette,
fonctionnant cette fois comme oculaire, et donner le grossissement.*

(Besançon, nov. 1890, juillet 1892; Paris, avril 1893.)

Supposons les objets assez éloignés pour que chacun de
leurs points puisse être considéré comme à l'infini, sans
que pour cela ces objets cessent d'avoir un diamètre apparent sensible. Admettons que l'œil est placé assez près de la
lentille convergente servant d'oculaire pour pouvoir négliger
sa distance à cette lentille, et supposons que la lunette de
Galilée ait été, à l'avance, réglée pour un œil normal ou

presbyte, c'est-à-dire que, l'image donnée par l'oculaire se faisant à l'infini, le foyer F de la lentille convergente ω et le foyer f de la lentille divergente O soient en coïncidence parfaite. La lentille O donne alors de la partie supérieure AP de l'objet une image droite et virtuelle A_1f, située dans son plan focal, et la lentille ω donne de cette image A_1f une

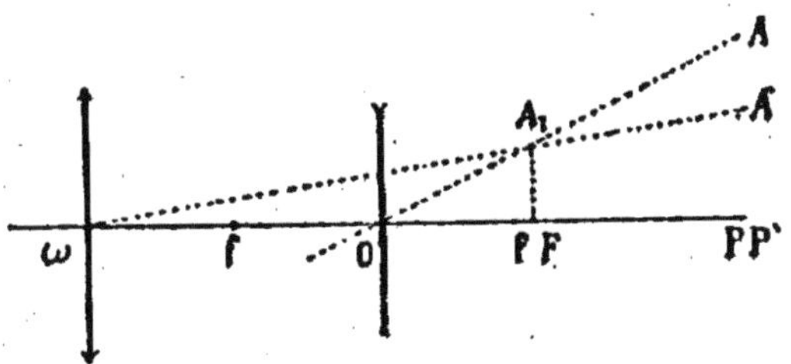

image A'P'' virtuelle, située à l'infini, droite aussi par rapport à l'objet. Soient f la distance focale de la lentille O, F celle de la lentille ω.

A l'œil nu, l'observateur verrait l'objet sous un angle $A'OP' = A_1Of$; à travers la lunette, il le verra sous un angle $A'\omega P' = A_1\omega F$. En désignant le grossissement par G, on a

$$G = \frac{A_1\omega F}{A_1Of} = \frac{\tang A_1\omega F}{\tang AOf} = \frac{\left(\dfrac{A_1f}{F}\right)}{\left(\dfrac{A_1f}{f}\right)} = \frac{f}{F}$$

Les objets sont donc vus plus petits, et il en serait de même d'ailleurs avec une lunette astronomique ou avec une lunette terrestre. De là l'expression : *regarder par le gros bout de la lorgnette.*

Remarque. — Si la lunette avait été réglée à l'avance pour un œil myope, le même phénomène se produirait. En désignant par D la distance de l'image à l'œil, distance égale à la distance maximum de la vision distincte, et en supposant toujours négligeable la distance de l'œil à la lentille, on trouverait

$$G = \frac{f}{F} + \frac{f}{D}$$

CHAPITRE VII

ÉLECTRICITÉ

§ 1. Électricité statique.

242. *Un pendule vertical* AB, *de longueur* l, *est composé d'une sphère* B *suspendue par un fil de soie et électrisée positivement. Une autre sphère* C, *isolée, dont le centre est sur la verticale* AB, *est électrisée négativement et attire* B *avec une force égale à* p. *Calculer le poids de la boule* B, *sachant que lorsqu'on fait osciller le pendule* AB, *la durée d'une de ses oscillations est égale à* t. *On suppose que* B *et* C *sont assez éloignées pour que les lignes qui joignent leurs centres soient sensiblement parallèles dans tous les cas. — Intensité de la pesanteur* = g.

(Lyon, août 1877.)

Soit x le poids cherché. Tout se passe, lorsque le pendule AB oscille, comme si la boule B, au lieu d'être soumise à la seule force x, était soumise à une force égale à $x + p$. Par suite, g représentant l'accélération du mouvement que prendrait la boule B sous l'influence de son propre poids x, si l'on désigne par γ l'accélération qu'elle prendrait sous l'influence de la force $x + p$, le *théorème de la proportionnalité des forces aux accélérations* donne

$$\frac{x + p}{x} = \frac{\gamma}{g} \tag{1}$$

D'un autre côté, on a (*formule du pendule simple*)

$$t = \pi \sqrt{\frac{l}{\gamma}} \qquad (2)$$

L'élimination de γ entre (1) et (2) donne

$$x = p \frac{g t^2}{\pi^2 l - g t^2}$$

---

243. *Deux pendules électriques en contact, de longueur* l, *sont chargés d'une quantité inconnue d'électricité. Ils s'écartent de telle sorte que chacun d'eux fait avec la verticale un angle* α. *On demande la charge de chaque balle, sachant que les balles ont un poids* p.

(Lille, juillet 1887.)

Soit x la charge demandée, A et B les positions d'équilibre des deux balles, f la force répulsive qui s'exerce entre ces deux balles; négligeons le poids des fils. La figure montre que, pour l'équilibre, il faut que la résultante Bm de la force répulsive Bf et de l'action Bp de la pesanteur sur la boule B soit dans le prolongement du fil OB, ce qui donne la relation

$$\frac{f}{p} = \operatorname{tang} \alpha \qquad (1)$$

D'un autre côté, la *loi de Coulomb* donne

$$f = \frac{x^2}{\overline{AB}^2}$$

ou, comme $\overline{AB}^2 = (2l \sin \alpha)^2$,

$$f = \frac{x^2}{4 l^2 \sin^2 \alpha} \qquad (2)$$

L'élimination de f entre (1) et (2) donne

$$x = 2l \sin \alpha . \sqrt{p \operatorname{tang} \alpha}$$

---

244. *Un électroscope de Henley est formé d'une boule mobile de poids p attachée au bout d'un fil de longueur l. A quelle charge correspond une déviation égale à θ? — Application numérique :* θ = 30°, p = 1ᵍ,2, l = 8ᶜ.

(Problèmes et calculs pratiques d'Électricité, par A. Witz [1].)

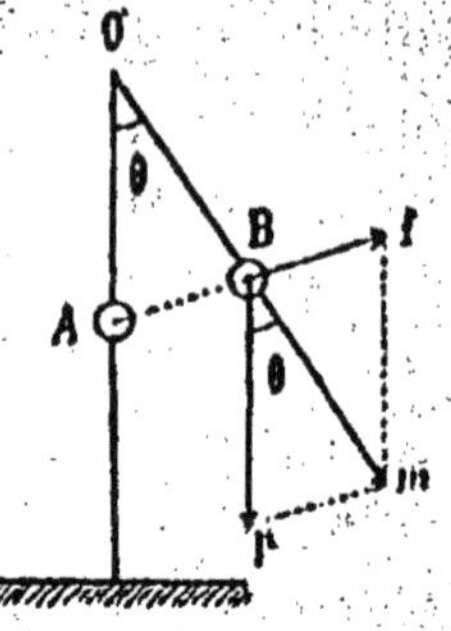

Soit x la charge demandée, B la position d'équilibre de la boule mobile, f la force répulsive entre cette boule et son point de contact A; négligeons le poids du fil. Pour l'équilibre, il faut que la résultante Bm des forces Bf et Bp soit dans le prolongement du fil OB. Le triangle isocèle pBm donne alors

$$\frac{f}{\sin \theta} = \frac{p}{\sin \mathrm{B}mp}$$

Mais l'angle Bmp = OBA = $90° - \dfrac{\theta}{2}$. Par suite, cette relation peut s'écrire

$$\frac{f}{\sin \theta} = \frac{p}{\cos \dfrac{\theta}{2}} \qquad (1)$$

D'un autre côté, on a (*loi de Coulomb*)

$$f = \frac{x^2}{\overline{\mathrm{AB}}^2}$$

Mais, le triangle AOB étant isocèle, on a $\overline{\mathrm{AB}}^2 = \left(2l \sin \dfrac{\theta}{2}\right)^2$. Par suite

$$f = \frac{x^2}{4l^2 \sin^2 \dfrac{\theta}{2}} \qquad (2)$$

En éliminant f entre (1) et (2), on trouve

$$x = 2l \sin \frac{\theta}{2} \cdot \sqrt{2p \sin \frac{\theta}{2}}$$

Application numérique. — Pour avoir x en U. E. S., il faut

1. Gauthier-Villars et fils, éditeurs, 55, quai des Grands-Augustins, Paris.

réduire les grammes en dynes, c'est-à-dire poser $p = 1,2 \times 981 = 1177,2$ dynes [1]. On trouve alors

$$x = 102 \text{ U. E. S. environ}$$

ou, en transformant les unités électrostatiques en coulombs [2],

$$x = \frac{102}{3 \times 10^9} = 0,000\,000\,034 \text{ coulomb}$$

---

245. *L'aiguille d'une balance de Coulomb, après s'être électrisée au contact de la boule fixe, est repoussée à une distance angulaire α. On met alors la boule fixe en communication lointaine avec une sphère de rayon double, à l'état neutre, on rompt la communication et on demande à quelle distance angulaire β va se fixer la boule mobile. On admet, pour simplifier les calculs, que α ne dépasse pas 20°.*

(Journal de Physique élémentaire de Buguet.)

Soit q la charge qui reste sur la boule fixe après le premier contact, m la charge prise par la boule mobile. La force de torsion qui fait alors équilibre à la répulsion électrique, peut être représentée, puisque, par hypothèse, $\alpha < 20°$, par l'expression $k\alpha$, k désignant une constante; quant à la répulsion électrique, elle sera, pour la même raison, représentée par l'expression $k' \frac{mq}{\alpha^2}$, k' désignant une autre constante. Par suite,

$$k\alpha = k' \frac{mq}{\alpha^2} \qquad (1)$$

Soit r le rayon de la boule fixe. Quand on la met en communication lointaine avec une sphère de rayon double, la

---

[1] A Paris, où $g = 980^c,96$, $1^g = 980,96$ dynes. Comme g varie très peu d'un point à l'autre de la surface du globe, on admet que
$1^g = 981$ dynes

[2] 1 Coulomb $= 3 \times 10^9$ U. E. S. de quantité.

charge q se partage en deux, q' et q'', telles que $q' + q'' = q$, et l'on a (*équation de l'équilibre électrique*)

$$\frac{q'}{r} = \frac{q''}{2r} = \frac{q}{3r}$$

d'où, pour la charge qui reste sur la boule fixe, la valeur

$$q' = \frac{q}{3}$$

L'équation d'équilibre entre la force de torsion et la force répulsive électrique est alors

$$k\beta = \frac{1}{3} k' \frac{mq}{\beta^2} \qquad (2)$$

En divisant (1) et (2) membre à membre, on trouve

$$\beta = \alpha \frac{\sqrt{3}}{3}$$

---

246. *Deux sphères, de rayon r et qr, sont chargées d'électricité de même nom. Placées à une certaine distance d l'une de l'autre, leur répulsion est mesurée par une force égale à f. On les met en communication lointaine, on les sépare ensuite, et on les place à une distance nd* [1] *: on constate alors que leur répulsion est égale à f'. On demande le rapport des charges électriques primitives des deux sphères.*

(Lyon, juillet 1876, avril 1879, juillet 1889.)

Soit x la charge de la sphère de rayon r, y la charge de la sphère de rayon qr. A la distance d, on a (*loi de Coulomb*)

$$f = \frac{xy}{d^2} \qquad (1)$$

Quand les deux sphères sont en communication lointaine,

---

1. Par inadvertance, l'auteur du problème supposait qu'au lieu d'être mises en communication lointaine, les deux sphères étaient rapprochées jusqu'au contact. Le calcul de la répartition de la charge, dans le cas indiqué par l'auteur, n'entre pas dans le programme des classes de Mathématiques élémentaires.

la charge de la première devient $(x + y) \dfrac{r}{r + qr} = (x + y)$ $\dfrac{1}{1 + q}$, la charge de la seconde devient $(x + y) \dfrac{qr}{r + qr} =$ $(x + y) \dfrac{q}{1 + q}$ (*équation de l'équilibre électrique*). A la distance nd, on a alors (*loi de Coulomb*)

$$f' = \frac{(x + y)^2 \dfrac{q}{(1 + q)^2}}{n^2 d^2} \qquad (2)$$

Les équations (1) et (2) donnent, après élimination de d et en posant $\dfrac{x}{y} = z$, l'équation du second degré

$$z^2 + \left[2 - n^2 \frac{f'}{f} \frac{(1 + q)^2}{q} \right] z + 1 = 0$$

Le produit des racines étant égal à 1, les deux solutions que donne cette équation n'en forment en réalité qu'une seule, et les valeurs trouvées pour z représenteront les charges relatives des deux sphères.

---

247. *Calculer en kilogrammes la force répulsive qui s'exerce entre deux conducteurs chargés chacun de 1 coulomb et distants de 10 kilomètres.*

(Traité de Physique Élémentaire de Drion et Fernet, Masson, édit.)

Réduisons la charge commune des deux conducteurs en U. E. S., leur distance en centimètres, et soit f la force répulsive demandée. On a (*loi de Coulomb*)

$$f = \frac{(3 \times 10^9)^2}{(10^6)^2} = 9 \times 10^6 \text{ dynes} = 9 \text{ mégadynes}$$

Mais 9 mégadynes = 9 kilogrammes à peu près [1]. Par suite, $f = 9^{kg}$ environ.

<hr>

[1]. A Paris, où $g = 0^m,8009$, 1 dyne $= \dfrac{1}{980,96}$ gramme, et, par suite, 1 mégadyne $= \dfrac{1}{980,96} \times 10^6$ grammes $= 1^{kg},0101$ environ. Comme g varie très peu d'un point de la surface du globe à l'autre, on peut admettre que 1 mégadyne $= 1^{kg}$ environ.

248. *Calculer le rayon d'une sphère dont la capacité électrique serait de 1 microfarad, et le rapport du volume de cette sphère à celui de la Terre.*

1° Soit x le rayon demandé, la sphère étant supposée à l'abri de toute action d'influence. On a [1]

$$x = 3^2 \times 10^5 \, c = 900\,000 \, c = 9 \text{ kilomètres}$$

2° Soit y le rapport demandé. Le rayon de la Terre étant de $\dfrac{40\,000}{2\pi}$ kilomètres. On a

$$y = \frac{9^3}{\left(\dfrac{40\,000}{2\pi}\right)^3} = \frac{2825}{10^{12}} \text{ environ}$$

---

249. *Les deux armatures d'un condensateur sont mises en communication avec deux sources électriques aux potentiels* V_1 *et* V_2; *la surface du condensateur* $= S$, *l'épaisseur de la lame isolante* $= e$. *Quelle est la charge prise par chacune des armatures?*

(Journal de Physique Élémentaire de Buguet.)

On sait que les *phénomènes électriques ne dépendent que des différences de potentiel.* Par suite, tout se passera comme si, l'une des armatures étant au potentiel *zéro*, l'autre était au potentiel $V_1 - V_2$. La valeur absolue de la charge prise par chaque armature est donc (*formule de la charge*)

$$Q = \frac{S}{4\pi e} (V_1 - V_2)$$

---

250. *Le rayon de l'armature extérieure d'une bouteille de Leyde sphérique est* 15^c. *L'épaisseur de l'isolant* $=$ 1^{mm}; *celle de l'armature extérieure* $= 0^{mm},1$. *On charge*

---

1. 1 farad $= 3^2 \times 10^{11}$ U. E. S. et 1 microfarad $= 3^2 \times 10^5$ U. E. S. On sait que la capacité en U. E. S. d'une sphère d'un rayon de 1 centimètre est égale à l' U. E. S. de capacité.

cette bouteille au moyen d'une machine électrique dont le potentiel est 200 volts. Calculer la charge de l'armature intérieure : 1° en supposant que l'armature extérieure n'existe pas; 2° l'armature extérieure étant isolée; 3° l'armature extérieure communiquant avec le sol. On calculera également la capacité électrique dans chaque cas.

(Poitiers, août 1890.)

1° La capacité de l'armature intérieure est

$$C = 15$$

Sa charge est donc (*formule de la charge*), en transformant les volts en U. E. S. de potentiel [1],

$$Q = 15 \times 200 \times \left(\frac{1}{3 \times 10^2} \right) = 10 \ \text{U. E. S.}$$

2° La capacité de l'armature intérieure est devenue [2]

$$C_1 = \frac{15 \times 15{,}1 \times 15{,}11}{15{,}1 \times 15{,}11 - 15 \times 15{,}11 + 15 \times 15{,}1} = 15{,}009$$

Sa charge est donc

$$Q_1 = 15{,}009 \times \left(200 \times \frac{1}{3 \times 10^2} \right) = 10{,}006 \ \text{U. E. S.}$$

3° La capacité de l'armature intérieure est devenue

$$C_2 = \frac{15 \times 15{,}1}{15{,}1 - 15} = 2265$$

Sa charge est donc

$$Q_2 = 2265 \times \left(200 \times \frac{1}{3 \times 10^2} \right) = 1510 \ \text{U. E. S.}$$

---

1. 1 volt $= \dfrac{1}{3 \times 10^2}$ U. E. S. de potentiel.

2. Les formules générales relatives à la capacité, pour un condensateur sphérique de dimensions R, R', R'', sont

$$\begin{cases} C_1 = \dfrac{RR'R''}{R'R'' - RR'' + RR'} \\ C_2 = \dfrac{RR'}{R' - R} \end{cases}$$

la première correspondant au cas où l'armature extérieure est isolée, la seconde au cas où elle est en communication avec le sol.

251. Une des armatures d'un condensateur communique avec la Terre, l'autre est chargée de 1000 U. E. S. de quantité; la capacité du condensateur est de 1 microfarad. Calculer, en volts, la différence de potentiel des armatures.

Réduisons les unités électrostatiques de quantité en coulombs, et exprimons en farads la capacité du condensateur. Comme 1000 U. E. S. de quantité $= \dfrac{1000}{3 \times 10^9} = \dfrac{1}{3 \times 10^6}$ coulomb, et que 1 microfarad $= \dfrac{1}{10^6}$ farad, la *formule de la charge* donnera

$$ V = \frac{\left(\dfrac{1}{3 \times 10^6} \right)}{\left(\dfrac{1}{10^6} \right)} = \frac{1}{3} \text{ volt.} $$

+ 252. *On se propose de construire un condensateur ayant une capacité de 1 microfarad avec des lames d'étain ayant chacune 1030 cm² de surface, séparées par du papier paraffiné dont le pouvoir inducteur spécifique $= 1,8$, et dont l'épaisseur $= 1$ centimètre. Combien de lames de papier faut-il employer ?*

(Problèmes et Calculs pratiques d'Électricité, par A. Witz.)

Soit S la surface totale, en centimètres carrés, d'une des armatures du condensateur. La formule $C = k \dfrac{S}{4\pi e}$, applicable ici, donne, en exprimant la capacité du condensateur en U. E. S.,

$$ S = \frac{4\pi \times 1}{1,8} \times (9 \times 10^5) = 62\,830 \text{ cm}^2 $$

Comme $\dfrac{62\,803}{1030} = 61$, il faudra donc employer 61 lames de papier paraffiné.

---

*253. *Comparer les capacités, les potentiels et les énergies de deux batteries électriques A et B chargées respectivement par n et 4n tours d'une même machine électrostatique, les surfaces des deux batteries étant respectivement S et 4S, leurs lames isolantes ayant les épaisseurs e et 8e et des pouvoirs inducteurs spécifiques respectivement égaux à 1 et à 4.*

1° On a (*formule générale de la capacité d'un condensateur fermé à lame mince*)

$$C = \frac{S}{4\pi e}, \quad C' = 4 \times \frac{4S}{4\pi \times 8e}$$

d'où

$$\frac{C}{C'} = \frac{1}{2} \tag{1}$$

2° Soit Q la charge de la batterie A : 4Q est évidemment la charge de la batterie B. Dès lors, si V et V' sont les potentiels respectifs des deux batteries, on a (*formule de la charge*)

$$Q = CV, \quad 4Q = C'V'$$

d'où, en tenant compte de la relation (1),

$$\frac{V}{V'} = \frac{1}{2} \tag{2}$$

3° Soit W l'énergie électrique de la batterie A, W' celle de la batterie B. La *formule de l'énergie d'un conducteur électrisé en équilibre* donne

$$W = \frac{1}{2} CV^2, \quad W' = \frac{1}{2} C'V'^2$$

d'où, en tenant compte des relations (1) et (2),

$$\frac{W}{W'} = \frac{1}{8}$$

---

254. Les deux armatures d'un condensateur d'une capacité de 10 microfarads ont été mises en communication, l'une avec le sol, l'autre avec une source au potentiel de 2 000 volts. On décharge alors le condensateur, à l'aide d'un excitateur électrique, à travers un fil d'argent de 5 centimètres de longueur ayant 1 mm² de section. Quelle sera l'élévation de la température du fil, en admettant que toute l'énergie électrique qui a disparu après la décharge s'est transformée en chaleur produite dans le fil? — Chal. spécif. de l'argent = 0,05; densité de ce métal = 10,5.

(Traité de Physique élémentaire de Drion et Fernet.)

L'énergie électrique mise en jeu est (*formule de l'énergie*), en transformant les microfarads en farads,

$$\frac{1}{2} \times \frac{1}{100\,000} \times (2\,000)^2 = 20 \text{ joules}$$

Cette énergie équivaut (167) à

$$\frac{20}{4,185} = 4,78 \text{ calories-grammes environ}$$

Soit t l'élévation de température demandée. En exprimant que la quantité de chaleur absorbée par le fil est égale à 4,78 calories-grammes, on a

$$\left(\frac{1}{100} \times 5 \times 10,5\right) \times 0,05 \times t = 4,78 \qquad (1)$$

d'où $t = 182°,1$.

---

255. Une batterie de 10 jarres, dont chacune a une capacité de 0,65 microfarad, est chargée par une machine Ramsden au potentiel de 25 000 volts. Calculer l'énergie accumulée dans ce condensateur, d'abord en ergs, puis en joules, et enfin en kilogrammètres. Que deviendrait-elle si les jarres étaient assemblées en cascade?

(Problèmes et calculs pratiques d'Électricité, par A. Witz.)

1° La formule $W = \frac{1}{2} nCV^2$ donne, en transformant les microfarads en U. E. S., et en faisant subir la même transformation aux volts,

$$W = \frac{1}{2} \times 10 \times (0,60 \times 3^2 \times 10^5) \times \left(\frac{25\,000}{3 \times 10^2}\right)^2 = 203\,125 \times 10^5 \text{ ergs}$$

Dès lors [1]

$$W = \frac{203\,125 \times 10^5}{10^7} = 2031,25 \text{ joules}$$

et [2]

$$W = \frac{2031,25}{9,81} = 208 \text{ kgm environ}$$

2°. Si les jarres étaient assemblées en cascade, l'énergie accumulée serait 100 fois moindre, comme le montre la formule générale $W = \frac{1}{2}\frac{1}{n}CV^2$, et on aurait

$$W = 203\,125 \times 10^3 \text{ ergs} = 20,3215 \text{ joules} = 2,08 \text{ kgm}$$

---

256. *Une machine électrostatique Carré charge en 100 tours de plateau un condensateur de 0,1 microfarad de capacité, au potentiel de 2 500 volts. Quel courant peut-elle alimenter à la vitesse de 5 tours par seconde, et quelle est, en watts et en chevaux-vapeur, la puissance que devrait avoir le moteur nécessaire pour fournir l'énergie qu'elle absorbe ?*

(Problèmes et calculs pratiques d'Électricité, par A. Witz.)

1° Pour plus de commodité, exprimons les microfarads en farads. La charge de la batterie, au bout de 100 tours du plateau, sera

$$Q = (0,1 \times 10^{-6}) \times 2\,500 \text{ coulomb}$$

Le débit, par tour de plateau, est donc

$$I_1 = \frac{Q}{100} = 250 \times 10^{-8} \text{ coulomb}$$

et, par seconde, pour 5 tours de plateau,

$$I_2 = 5I_1 = 0,000\,0125 \text{ coulomb}$$

1. 1 joule $= 10^7$ ergs.

2. A Paris, où $g = 9^m,8096$, 1 joule $= \frac{1}{9,8096}$ kgm. Comme g varie très peu d'un point à l'autre de la surface du globe, on peut admettre que

$$1 \text{ joule} = \frac{1}{9,81} \text{ kgm environ}$$

A ce débit correspond un courant dont l'intensité, en ampères, est

$$I_2 = 0,000\,0125 \text{ ampère}$$

2° L'énergie absorbée par la machine, dans 1 seconde, est,

$$W = 0,\,000\,0125 \times 2\,500 = 0,0312 \text{ joule}$$

La puissance du moteur à employer sera alors

$$P = 0,0312 \text{ watt}$$

ou, en chevaux-vapeur [1],

$$P = \frac{0,0312}{736} = 0,000\,042 \text{ chev.-vap.}$$

---

257. *Un conducteur électrisé, dont la capacité est γ et le potentiel V, est mis en communication lointaine avec le plateau inférieur A d'un électroscope condensateur de Volta. Que se passe-t-il?*

Soit Q la charge que prend le plateau A, Q' la charge qui reste sur le conducteur, V_1 le potentiel commun au conducteur et au plateau A. Si C est la capacité du condensateur, on a

$$V_1 = \frac{Q}{C}, \; V_1 = \frac{Q'}{\gamma}$$

Mais

$$Q + Q' = \gamma V$$

Par suite

$$V_1 = V \frac{\gamma}{C + \gamma}$$

Lorsqu'on éloignera le plateau condenseur, la capacité du plateau A reprendra sa valeur propre c. Si V' représente

---

1. A Paris, où $g = 9^m,8096$, 1 watt $= \dfrac{1}{9,8096}$ kgm $= \dfrac{1}{735,72}$ chev.-vapeur, car 1 chev.-vapeur $= \dfrac{1}{75}$ kgm. Comme g varie très peu d'un point du globe à l'autre, on admet, dans la pratique, que

$$1 \text{ watt} = \frac{1}{736} \text{ chev.-vapeur}$$

le potentiel auquel sera porté alors ce plateau, la relation connue

$$V' = \frac{C}{c}\, V_1$$

donnera

$$V' = V\,\frac{C}{c}\,\frac{\gamma}{C + \gamma} \quad \text{ou} \quad V' = V\,\frac{F\gamma}{C + \gamma}\;,$$

F désignant la force condensante du condensateur, c'est-à-dire le rapport $\frac{C}{c}$.

Si $V' > V$, c'est-à-dire si $F\gamma > C + \gamma$ ou $\gamma > \dfrac{C}{F - 1}$, il y aura avantage à se servir de l'électroscope condensateur. Comme, pratiquement, F est toujours très grand, cette condition revient à

$$\gamma > \frac{C}{F} \quad \text{ou} \quad \gamma > c$$

Il y a donc avantage à se servir de l'électroscope condensateur chaque fois que la capacité du conducteur donné est plus grande que celle du plateau collecteur A.

---

§ 2. Magnétisme.

258. *En quel point de la moitié boréale d'une aiguille de boussole faudra-t-il placer un poids donné p pour la rendre horizontale dans tous les azimuts possibles?*

Si F représente l'intensité des forces, dues au couple terrestre, qui agissent sur les deux pôles de l'aiguille, *i* l'inclinaison magnétique au lieu où se trouve l'aiguille, les forces verticales dues au couple terrestre sont égales à F sin *i*, c'est-à-dire *indépendantes de l'azimut*. L'aiguille, rendue horizontale pour un azimut déterminé, le sera donc pour tous les autres.

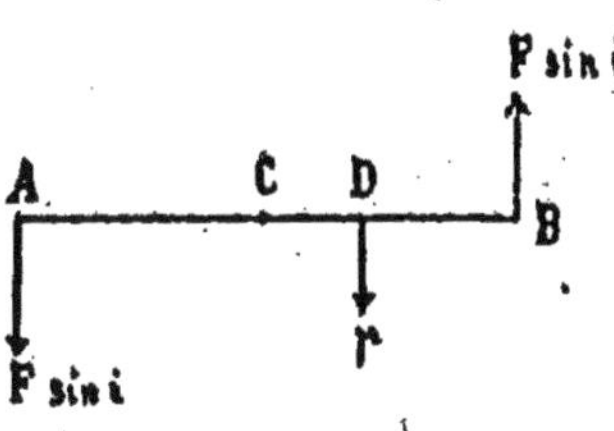

Soit alors x la distance du point D, où l'on devra placer le poids p, au centre G de l'aiguille. Le *théorème des moments*

donnera, en désignant par $2l$ la longueur AB de l'aiguille, la relation

$$2lF \sin i - px = 0, \text{ d'où } x = 2l\,\frac{F \sin i}{p}$$

Condition de possibilité. — Il faut que $x \leqslant l$, ce qui donne la condition

$$p \geqslant 2F \sin i$$

---

259. *Une aiguille d'inclinaison* AB, *placée dans le plan du méridien magnétique et suspendue par son milieu* C, *fait avec l'horizon un angle* i' *plus grand que l'angle vrai* i *d'inclinaison, parce que le centre de gravité* G *de l'aiguille est un peu au-dessous de l'axe de suspension, sur l'axe magnétique, à une distance* $GC = \delta$. *On demande le poids* x *qu'il faut appliquer à l'extrémité* B *de l'aiguille pour l'amener à l'horizontalité.* — *Le poids de l'aiguille* $= \varpi$, *sa longueur* $= 2l$.

(Dijon, juillet 1892.)

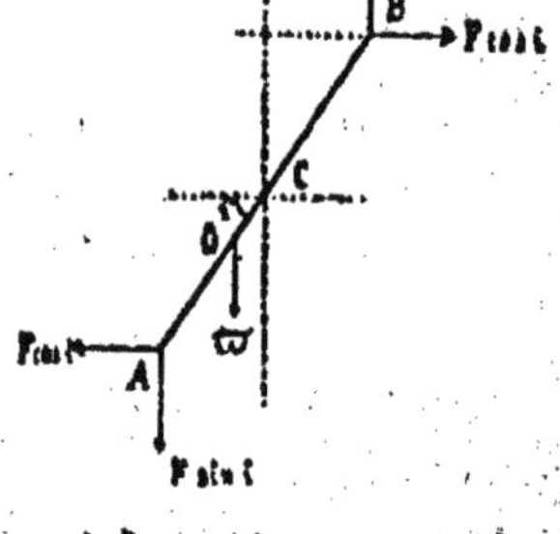

Soit F l'intensité des forces du couple terrestre. Dans sa position d'équilibre, l'aiguille est soumise à cinq forces : 1° les deux composantes verticales F $\sin i$ du couple terrestre; 2° les deux composantes horizontales F $\cos i$ du même couple; 3° son poids ϖ. *L'équation des moments* donne alors

$$2F \cos i \times l \sin i' - 2F \sin i \times l \cos i' - \varpi\delta \cos i' = 0 \qquad (1)$$

Quand, sous l'influence du poids x appliqué en B, l'aiguille sera horizontale, les forces agissantes seront : 1° les composantes verticales F $\sin i$ du couple terrestre; 2° le poids ϖ de l'aiguille; 3° le poids x. L'équation des moments donne alors

$$xl - 2F \sin i \times l - \varpi\delta = 0$$

Après élimination de F entre (1) et (2), on obtient

$$x = \frac{\varpi\delta}{l} \cdot \frac{\sin i' \cos i}{\sin (i' - i)}$$

260. *Comment faut-il disposer les deux aimants mobiles employés dans la méthode de la double touche séparée, pour obtenir un point conséquent au-milieu du barreau que l'on veut aimanter ?*

Il suffit de les placer aux deux extrémités du barreau les pôles de même nom en regard et de les amener simultané-

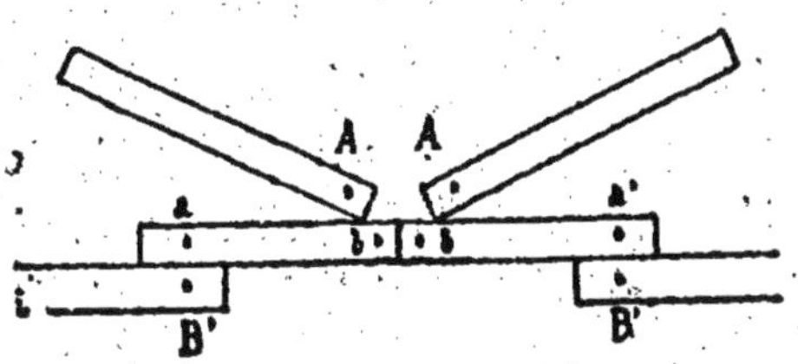

ment au milieu du barreau. Dans la disposition que représente la figure, le barreau que l'on veut aimanter aura à ses deux extrémités un pôle austral et, en son milieu, un point conséquent formé d'un double pôle boréal b,b.

Les aimants fixes doivent aussi être disposés comme l'indique la figure, leurs pôles de même nom en regard.

---

§ 3. Électricité dynamique.

261. *Une sphère conductrice isolée, de rayon R centimètres, est reliée à l'un des pôles d'une pile de n éléments dont l'autre pôle est à la Terre. Calculer sa charge en coulombs, sachant que la force électromotrice d'un élément de la pile est égale à e volts.*

(Problèmes et calculs pratiques d'Électricité, par A. Witz.)

La capacité de la sphère, en farads, est $\dfrac{R}{3^2 \times 10^{11}}$; le potentiel du pôle en communication avec la Terre est, en valeur absolue, ne volts. On a donc, en désignant par Q la charge demandée (*formule de la charge*),

$$Q = \frac{R}{3^2 \times 10^{11}} \times ne \text{ coulombs}$$

262. Une pile de Volta est formée par deux plaques de zinc et de cuivre ayant chacune 1 dm² de surface; le liquide excitateur est de l'eau acidulée par l'acide sulfurique dont la résistance spécifique = 32520. Quelle est la résistance intérieure de cet élément quand les deux lames sont espacées, d'abord de 5, ensuite de 10 centimètres?

(Problèmes et calculs pratiques d'Électricité, par A. Witz.)

1° En appelant R_1 la résistance cherchée, la *formule de la résistance d'un conducteur* [1] donne

$$R_1 = 32\,520 \times \frac{0,05}{10\,000} = 0,160 \text{ ohm}$$

2° En appelant R_2 la résistance cherchée, on a

$$R_2 = 2R_1 = 0,320 \text{ ohm}$$

---

263. Quelle valeur devra avoir la force électromotrice d'une pile ou de tout autre générateur analogue d'électricité pour actionner 10 lampes à incandescence montées en série dans un circuit dont la résistance totale, pile ou générateur compris, est de 6,7 ohms? On sait que la résistance de chaque lampe est, à chaud, de 28,3 ohms et que l'intensité du courant qui leur convient est de 1,77 ampère.

On a (formule d'Ohm)

$$1,77 = \frac{x}{6,7 + 10 \times 28,3}, \text{ d'où } x = 5128 \text{ volts}$$

---

1. La résistance R, évaluée en ohms, d'un conducteur homogène de section constante est donnée par la formule

$$R = \rho \frac{l}{s}$$

ρ représentant la résistance spécifique du conducteur, c'est-à-dire la résistance, en ohms, d'un cylindre de ce conducteur ayant 1 mètre de long et 1 mm² de section, l la longueur du conducteur en mètres, s sa section en millimètres carrés.

264. *Un courant qui traverse une lampe à incandescence produit entre les attaches de la lampe une différence de potentiel de 25 volts. Il produirait une différence de 12,5 volts entre les extrémités d'un fil de 10 ohms. Quelle est la résistance de la lampe ?*

(Problèmes et calculs pratiques d'Électricité, par A. Witz.)

Soit x la résistance demandée, I l'intensité du courant. La *loi d'Ohm* donne, pour le premier et le second cas, les relations

$$I = \frac{25}{x}, \quad I = \frac{12,5}{10}$$

d'où l'équation

$$\frac{25}{x} = \frac{12,5}{10}$$

qui donne

$$x = 20 \text{ ohms}$$

---

265. *Quelle est la force électromotrice efficace, c'est-à-dire la différence de potentiel vraie, entre les pôles d'un élément Leclanché de résistance intérieure égale à 1,15 ohms, les deux pôles de l'élément étant réunis par un fil de cuivre de 100 mètres de longueur et de 2^{mm} de diamètre ? — F. é. m. d'un élément Leclanché = 1,45 volts ; résistance spécifique du cuivre = 0,018.*

(Problèmes et calculs pratiques d'Électricité, par A. Witz.)

Soit x la différence de potentiel cherchée, I l'intensité du courant, R la résistance du fil interpolaire. On a (*formule d'Ohm*)

$$x = IR$$

D'un autre côté (*formule de la résistance*),

$$R = 0,018 \times \frac{100}{\pi} = 0,57 \text{ ohm}$$

et (*formule d'Ohm*)

$$I = \frac{1,45}{1,15 + 0,5} = 1,208 \text{ ampères}$$

Par suite,

$$x = 1,208 \times 0,57 = 0,69 \text{ volt}$$

---

266. Une pile est formée de 6 éléments Daniell montés en 2 séries de 3 éléments, les 2 séries étant associées en surface, c'est-à-dire en batterie. Chaque élément a une force électromotrice de 1,1 volt et une résistance de 1,50 ohm. Les pôles de cette pile sont réunis par un fil métallique d'une résistance de 11 ohms. Quelle est, en ampères, l'intensité I du courant produit?

(Paris, avril 1893.)

La formule de l'association mixte des éléments d'une pile donne

$$I = \frac{3 \times 1,1}{11 + \dfrac{3 \times 1,5}{2}} = 0,248 \text{ ampère}$$

---

267. Quel est le courant le plus intense que l'on puisse lancer dans un conducteur dont la résistance est de 5 ohms, à l'aide d'une pile de 80 éléments au bichromate de potasse ayant chacun une force électromotrice de 2,01 volts et une résistance intérieure de 0,25 ohm?

(Problèmes et calculs pratiques d'Électricité, par A. Witz.)

1. La formule employée pour la solution de ce problème est la formule connue

$$I = \frac{ne}{R + \dfrac{nr}{m}}$$

dans laquelle m représente le nombre des séries, n le nombre d'éléments dont se compose chaque série, e la force électromotrice des éléments, r leur résistance intérieure, R la résistance du circuit extérieur. Dans la pratique, il est souvent avantageux de la remplacer par la suivante :

$$I = \frac{Nne}{NR + n^2 r} \tag{1}$$

dans laquelle $N = mn$, N représentant le nombre total des éléments.

Pour que l'intensité du courant produit soit maximum, il faut que

$$R = \frac{nr}{m}$$

ou, ce qui revient au même, que

$$R = \frac{n^2 r}{N} \tag{2}$$

c'est-à-dire que *la résistance intérieure de la pile soit égale à la résistance du circuit extérieur.*

Pour obtenir le courant d'intensité maximum, il faudra grouper les 80 éléments de façon que la résistance intérieure de la pile ainsi construite soit égale à la résistance du circuit extérieur, c'est-à-dire, ici, à 5 ohms. Soit alors n le nombre d'éléments dont devra être composée chacune des séries dont la réunion en batterie formera la pile que l'on cherche à construire. La *formule relative à la condition du maximum d'intensité* (266) donne

$$\frac{n^2 \times 0{,}25}{80} = 5, \text{ d'où } n = 40$$

Il faudra donc former, avec les 80 éléments, 2 séries de 40 éléments chacune qu'on associera en surface, c'est-à-dire en batterie, et l'intensité du courant obtenu sera

$$I = \frac{80 \times 40 \times 2{,}01}{80 \times 5 + 1600 \times 0{,}25} = 8{,}04 \text{ ampères}$$

---

268. *Un amateur qui dispose de 20 éléments Poggendorff associés en série, ayant chacun une force électromotrice de 2,01 volts et une résistance de 0,25 ohm, désire savoir combien il pourra alimenter de lampes à incandescence ayant chacune, à chaud, une résistance de 32 ohms et exigeant un courant de 0,6 ampère, ces lampes étant montées en dérivation.*

(Problèmes et calculs pratiques d'Électricité, par A. Witz.)

Soit x le nombre de lampes demandé, R la résistance du conducteur unique qu'elles remplacent. La *formule de la résistance d'un conducteur équivalant à un nombre quelconque de circuits dérivés* [1] donne

$$\frac{1}{R} = \frac{x}{32}, \text{ d'où } R = \frac{32}{x}$$

Dès lors, si I est l'intensité du courant produit, on a (*formule d'Ohm*)

1. On sait que l'ensemble des fils de n dérivations dont les résistances

$$I = \frac{20 \times 2{,}01}{20 \times 0{,}25 + \dfrac{32}{x}} \qquad (1)$$

Mais on a aussi

$$I = x \times 0{,}6 \qquad (2)$$

L'élimination de I entre (1) et (2) donne $x = 7$.

---

269. *Calculer le travail extérieur que produit une pile de 40 éléments Daniell : 1° lorsqu'ils sont accouplés en série; 2° lorsqu'ils sont accouplés par 4 groupes de 10 en série, la résistance du circuit extérieur étant de 10 ohms. Comparer, dans chaque cas, le rendement et l'énergie disponibles. — F. é. m. des éléments employés $= 1{,}07$ volt; résistance intérieure de chaque élément $= 2{,}80$ ohms.*

(Problèmes et calculs pratiques d'Électricité, par A. Witz.)

1° Les éléments étant accouplés en série, l'intensité du courant est (*formule d'Ohm*)

$$I_1 = \frac{40 \times 1{,}07}{40 \times 2{,}8 + 10} = 0{,}384 \text{ ampère}$$

Le travail extérieur fourni par la pile dans 1 seconde est alors [1].

respectives sont r, r', r'',... se comporte comme un conducteur unique de résistance ρ telle que

$$\frac{1}{\rho} = \frac{1}{r} + \frac{1}{r'} + \frac{1}{r''} + \dots$$

Si i, i', i'',... sont les intensités des courants qui parcourent les dérivations, I l'intensité du courant principal, on a

$$I = i + i' + i'' + \dots$$

Si $r = r' = r'' = \dots$, on a

$$\frac{1}{\rho} = \frac{n}{r}$$

Dans ce cas, $i = i' = i'' = \dots$, et

$$I = ni$$

1. La *puissance d'une pile* ou de tout autre générateur d'électricité analogue, c'est-à-dire le travail total produit dans 1 seconde, est donné, en watts, par la formule

$$P = IE = I^2R = \frac{E^2}{R}$$

$$W_1 = (0,351)^2 \times 10 = 1,23 \text{ watts}$$

2° Dans le second mode d'association, l'intensité du courant est (*formule de l'association mixte des éléments de pile*)

$$I_2 = \frac{40 \times 10 \times 1,07}{40 \times 10 + (10)^2 \times 2,8} = 0,629 \text{ ampère}$$

et le travail extérieur

$$W_2 = (0,629)^2 \times 10 = 3,06 \text{ watts}$$

3° La puissance de la pile, dans le premier cas, est (*formule de la puissance d'une pile*)

$$P_1 = 0,351 \times (40 \times 1,07) = 15,02 \text{ watts}$$

et, par suite, le rendement est

$$\frac{W_1}{P_1} = \frac{1,23}{15,02} = 0,082$$

Dans le second cas, la puissance de la pile est

$$P_2 = 0,629 \times (10 \times 1,07) = 6,73 \text{ watts}$$

et, par suite, le rendement est

$$\frac{W_2}{P_2} = \frac{3,06}{6,73} = 0,588$$

Le rendement est donc supérieur dans le second cas, c'est-à-dire lorsque les éléments sont accouplés par 4 groupes de 10 en série, mais la puissance de la pile et, par suite, le travail disponible, est moindre.

I représentant l'intensité du courant en ampères, R la résistance totale du circuit en ohms, E la force électromotrice de la pile en volts.

Le *travail fourni par une pile*, en 1 *seconde, dans un conducteur* d'une résistance de r ohms et pour lequel la chute de potentiel est de e volts, est donné, en watts, par la formule

$$W = Ie = I^2 r = \frac{e^2}{r}$$

I représentant l'intensité, en ampères, du courant qui traverse le conducteur. Dès lors, *le travail fourni par la pile, dans la totalité de son circuit, en 1 seconde,* est

$$W_1 = IE_1 = I^2 R_1 = \frac{E_1^2}{R_1}$$

R₁ représentant la résistance de ce circuit en ohms, E₁ la force électromotrice efficace en volts, et le *rendement de la pile* sera

$$\frac{W_1}{P} = \frac{R_1}{R}$$

valeur indépendante de la force électromotrice de la pile.

270. *On alimente une lampe à arc par un courant de 10,3 ampères; la chute de potentiel est de 46,6 volts. Quelle est, en watts, la dépense d'énergie effectuée dans cette lampe et combien pourrait-on en desservir par une machine à vapeur ayant une puissance effective de 10 chevaux?*

(Problèmes et calculs pratiques d'Électricité, par A. Witz.)

L'énergie dépensée dans la lampe est, par seconde (*formule de Joule*),

$$W = 46,6 \times 10,3 = 480 \text{ watts}$$

ou (256)

$$W = \frac{480}{736} = 0,652 \text{ chev.-vap.}$$

Par suite, une machine d'une puissance effective de 10 chevaux pourrait alimenter un nombre de lampes

$$x = \frac{10}{0,652} = 15$$

---

271 *Combien faut-il d'accumulateurs Planté, contenant chacun 1500ᵍ de plomb, pour suffire, pendant 1 heure, à l'alimentation de 30 lampes Edison de 50 volts de différence de potentiel aux deux bornes et dont la résistance est de 400 ohms, les lampes étant placées en dérivation.*

On sait que les $\frac{2}{3}$ seulement de la charge d'un accumulateur Planté sont utilisables. — F. é. m. d'un accumulateur Planté de 1500ᵍ = 2,1 volts, capacité = 36 360 coulombs par kilogramme de plomb, résistance intérieure = 0,001 ohm.

(Problèmes et calculs pratiques d'Électricité, par A. Witz.)

Soit mn le nombre d'accumulateurs demandé, ces accumulateurs étant groupés en séries de *n* éléments, les *m* séries étant associées en batterie.

Pour obtenir d'abord les 50 volts nécessaires à la marche de chacun des couples, il faut que

$$n = \frac{50}{2,1} = 23,7$$

c'est-à-dire que $n = 24$. Chaque série devra donc être formée de 24 accumulateurs au moins.

Pour trouver maintenant m, il faut chercher combien d'énergie consomment les 30 lampes dans 1 heure, et combien d'énergie peuvent fournir m séries de 24 accumulateurs chacune. L'énergie consommée dans 1 seconde par une lampe étant (*formule de Joule*) de $\frac{50^2}{40}$ watts, l'énergie consommée par les 30 lampes pendant 1 heure sera

$$W = 30 \times \frac{50^2}{40} \times 3600 = 6\,740\,000 \text{ watts}$$

D'un autre côté, la capacité d'un accumulateur étant de 36 360 coulombs par kilogramme, chacun des accumulateurs employés pesant $1500^g = \frac{3}{2}$ kg, a une charge de $36\,360 \times \frac{3}{2}$ coulombs. Mais les $\frac{2}{3}$ seulement de la charge sont utilisables; par suite, la charge utilisable de chacun des accumulateurs est $\left(36\,360 \times \frac{3}{2}\right) \times \frac{2}{3} = 36\,360$ coulombs, la charge utilisable de $m \times 24$ accumulateurs est $m \times 36\,360 \times 24$ coulombs, et l'énergie correspondante est

$$W_1 = (m \times 36\,360 \times 24) \times 2,1 = m \times 1\,832\,544 \text{ watts}$$

Pour l'alimentation des 30 lampes, il faut que

$$m \times 1\,832\,544 = 6\,740\,000$$

d'où

$$m = 3,6, \text{ c'est-à-dire } m = 4$$

Il faudra donc employer

$$mn = 4 \times 24 = 96 \text{ accumulateurs}$$

groupés en 4 séries de 24 accumulateurs associées en batterie.

---

272. *Quelle est la quantité de chaleur que dégage par heure une lampe à incandescence de 16 bougies, ayant à*

*chaud une résistance de 32 ohms et exigeant une diffé-
rence de potentiel de 40 volts? Comparer la chaleur dégagée par cette lampe avec celle d'un bec de gaz de même
intensité lumineuse, sachant que l'entretien d'une bougie
correspond à 10¹,6 de gaz par heure et que 1 litre de gaz,
en brûlant, dégage 4,9 calories.*

(Problèmes et calculs pratiques d'Électricité, par A. Witz.)

1° En 1 heure = 3600 secondes, le nombre de calories-
grammes dégagées par la lampe est [1], en désignant par I
l'intensité en ampères du courant qui l'alimente,

$$Q = \frac{I^2 \times 32}{4,185} \times 3600 \qquad (1)$$

Mais

$$I = \frac{40}{32} \qquad (2)$$

En éliminant I entre (1) et (2), on trouve

$$Q = 43\,000 \text{ calories-grammes} = 43 \text{ calories}$$

2° L'entretien de 16 bougies, au moyen du gaz, correspond
à $(16 \times 10,6)$ litres de gaz par heure. Dès lors, le nombre
de calories qui correspond à l'entretien d'un bec de gaz de
16 bougies est, par heure,

$$Q' = 16 \times 10,6 \times 4,9 = 831 \text{ calories environ}$$

Comme

$$\frac{Q'}{Q} = 19,3$$

on voit qu'à égalité de lumière un bec de gaz dégage à peu
près 20 fois plus de chaleur qu'une lampe à incandescence.

---

1. Les *lois de Joule* donnent, pour la quantité de chaleur q, évaluée
en calories-grammes, qu'absorbe, en 1 seconde, un conducteur de résistance r, évaluée en ohms, traversé par un courant d'intensité I, évaluée
en ampères, la relation

$$q = \frac{I^2 r}{J} \quad \text{ou} \quad q = \frac{Ie}{J}$$

J désignant l'équivalent mécanique de la chaleur en unités C. G. S., e la
différence de potentiel, évaluée en volts, aux deux extrémités du conducteur.

273. *Une amorce explosive en platine, de $0^c,3$ de long et de $0^c,005$ de diamètre, a une résistance de 0,14 ohm et il faut qu'elle atteigne une température de 700° pour provoquer la détonation de l'explosif. Quel temps x sera nécessaire pour qu'un courant de 0,5 ampère produise la mise du feu? — Densité du platine $= 21,45$; chal. spécif. du platine $= 0,0324$. Équiv. mécan. de la chal. $= 4,185$.*

(Problèmes et calculs pratiques d'Électricité, par A. Witz.)

Soit Q le nombre de calories-grammes absorbées par l'amorce dans le temps x. Le poids de l'amorce étant $\pi \times (0,0025)^2 \times 0,03 \times 21,45$, on a

$$Q = \pi \times (0,0025)^2 \times 0,3 \times 21,45 \times 0,0324 \times 700$$

D'un autre côté, le nombre de calories-grammes absorbées par l'amorce dans 1 seconde étant (*loi de Joule*) $\dfrac{(0,5)^2 \times 0,14}{4,185}$, on a

$$Q = \frac{(0,5)^2 \times 0,14}{4,185} \cdot x$$

De là l'équation

$$\frac{(0,5)^2 \times 0,14}{4,185}\, x = \pi \times (0,0025)^2 \times 0,3 \times 21,45 \times 0,0324 \times 700$$

qui donne $x = 0^s,34$ environ.

---

274. *Sur le circuit d'une pile se trouve un voltamètre à sulfate de cuivre. La f. é. m. de la pile $= 50$ volts, la résistance totale du circuit $= 12,5$ ohms. On demande le poids du cuivre déposé par minute dans le voltamètre, sachant qu'un courant de 1 ampère dépose $0^g,067$ d'argent par minute. — Équiv. électrochim. du cuivre $= 32$, de l'argent $= 108$.*

(Clermont, juillet 1891.)

L'intensité du courant étant (*formule d'Ohm*) $\dfrac{50}{12,5} = 4$ ampères, ce courant déposerait (*loi de Faraday*), par minute, dans un voltamètre, un poids d'argent de $0^g,067 \times 4 = 0^g,268$. Dès lors, si x est le poids de cuivre demandé, on a (*loi de Faraday*)

$$\frac{x}{0,268} = \frac{32}{108}$$

d'où $x = 0^g,079$ à peu près.

---

275. *Calculer le nombre d'éléments Daniell nécessaires pour libérer en 10 heures 263^g d'argent, et déterminer le mode de groupement le plus avantageux, sachant que la résistance du bain d'argent employé (celle des réophores pouvant être considérée comme négligeable) est de 0,575 ohm. — F. é. m. des éléments Daniell employés = 1,07 volt; résist. intér. des éléments = 2,8 ohms; poids d'argent libéré en 1 heure par un courant de 1 ampère = $4^g,022$.*

(Problèmes et calculs pratiques d'Électricité, par A. Witz.)

D'après la *loi de Faraday*, le courant nécessaire à l'électrolyse devra avoir une intensité

$$I = \frac{\left(\dfrac{263}{10}\right)}{4,022} = 6,54 \text{ ampères}$$

Soit alors N le nombre des éléments demandés. Il faut, pour opérer dans de bonnes conditions, que ces éléments soient groupés de façon que la résistance de la pile soit égale à la résistance extérieure, c'est-à-dire, ici, à 0,575 ohm. Si n est le nombre d'éléments composant chaque série, il faut donc que

$$\frac{n^2 \times 2,8}{N} = 0,575 \qquad (1)$$

Mais, cette condition réalisée, la force électromotrice de la pile est le double de la force électromotrice efficace[1], c'est-à-dire que

$$n \times 1,07 = 2 \times (6,54 \times 0,575) \qquad (2)$$

---

[1] On sait que, lorsque la résistance intérieure d'une pile (ou de tout autre générateur d'électricité analogue) est égale à la résistance exté-

Les équations (1) et (2) donnent

$$n = 6,24, \text{ c.-à-d. } n = 7, \text{ et } N = 238$$

Il faudra donc prendre 238 éléments Daniell et les grouper en 34 séries de 7 éléments chacune.

Remarque. — Ce résultat justifie l'emploi des machines d'induction, à la place des piles, pour l'argenture et la dorure (290).

---

276. *Calculer le nombre d'éléments Daniell, associés en série, nécessaires pour libérer en 5 minutes un poids de cuivre de $0^g,0495$: 1° dans le cas où les électrodes plongées dans le bain de sulfate de cuivre sont en platine; 2° dans le cas où elles sont en cuivre. — Résistance du bain (réophores compris) $= 0,238$ ohm; f. é. m. de polarisation $= 1,28$ volt. On sait d'ailleurs que 1 coulomb libère $0^{mg},33$ de cuivre, que la f. é. m. d'un élément Daniell $= 1,07$ volt, et que la résistance des éléments employés $= 1,5$ ohm.*

(Problèmes et calculs pratiques d'Électricité, par A. Witz.)

1° Soit x_1 le nombre d'éléments nécessaires dans le premier cas. Il y a alors *polarisation des électrodes*, et l'intensité, en ampères, du courant est [1]

$$I = \frac{x_1 \times 1,07 - 1,28}{x_1 \times 1,5 + 0,038} \qquad (1)$$

rieure, condition pour laquelle le courant obtenu a l'intensité maximum, on a

$$E = 2E_1$$

E_1 désignant la force électromotrice efficace, E la force électromotrice de la pile,

[1]. Dans le cas où il y a polarisation des électrodes, l'intensité du courant est donnée, en ampères, par la formule,

$$I = \frac{E - E_1}{R}$$

E désignant la force électromotrice de la pile, E_1 la force électromotrice de polarisation en volts, R la résistance totale du circuit en ohms.

En 5 minutes, il passera dans le voltamètre un nombre de coulombs

$$Q = 5 \times 60 \times I \qquad (2)$$

et, pour qu'il y ait dépôt de $0^g,495$ de cuivre, il faut (*loi de Faraday*) que

$$Q \times 0,00033 = 0,0495 \qquad (3)$$

La résolution des équations (1), (2), (3) donne $x_1 = 4$.

2° Soit x_2 le nombre d'éléments nécessaire dans le second cas. Il n'y a plus de polarisation, les équations (1), (2), (3) deviennent

$$I = \frac{x_2 \times 1,07}{x_2 \times 1,5 + 0,038} \qquad (4)$$

$$Q = 5 \times 60 \times I \qquad (5)$$

$$Q \times 0,00033 = 0,0495 \qquad (6)$$

et donnent $x = \frac{19}{220}$, résultat qui montre qu'il suffit alors de 1 élément Daniell au lieu de 4.

---

^277. *Combien faut-il brûler de zinc dans un élément Bunsen pour développer la puissance de 2 chevaux-vapeur pendant 1 heure, c'est-à-dire pour produire 2 chevaux par seconde pendant 1 heure? On sait que 1 coulomb libère $0^{mg},0103$ d'hydrogène. — F. é. m. d'un élément Bunsen = 1,9 volt; équiv. électrochim. du zinc = 33.*

(Problèmes et calculs pratiques d'Électricité, par A. Witz.)

Soit p le poids, en grammes, que devra brûler l'élément Bunsen en 1 seconde pour produire le travail demandé, I l'intensité, en ampères, du courant produit. Le travail fourni par cet élément est, en 1 seconde, de $I \times 1,9$ watts $= \frac{I \times 1,9}{736}$ chev.-vap. (256). On devra donc avoir

$$\frac{I \times 1,9}{736} = 2 \qquad (1)$$

D'un autre côté, 1 coulomb libérant $0^{mg},0103$ d'hydrogène, 1 ampère libère, en 1 seconde, $0^{mg},0103$ d'hydrogène, et, par suite (*loi de Faraday*), $0^{mg},0103 \times 33 = 0^g,00034$ de zinc. Le poids p sera donc tel qu'on ait (*loi de Faraday*)

$$p = I \times 0,00034 \qquad\qquad (2)$$

En éliminant I entre (1) et (2), on trouve $p = 0^g,264$ environ. L'élément Bunsen devra donc brûler $0^g,264$ de zinc par seconde et $0^g,264 \times 60 = 950^g,4$ de zinc par heure, c'est-à-dire 1^{kg} de zinc, à peu près.

---

278. *Une boussole des tangentes est mise dans un circuit avec un voltamètre renfermant de l'azotate d'argent; la déviation moyenne de l'aiguille, pendant 1 heure d'observation, a été de 32°35', et il s'est déposé $5^g,395$ d'argent. Faire, sur ces données, le tarage de la boussole. On sait que, en 1 heure, un courant de 1 ampère libère $4^g,022$ d'argent.*

(Problèmes et calculs pratiques d'Électricité, par A. Witz.)

L'intensité moyenne du courant lancé dans la boussole est

$$I = \frac{5,395}{4,022} = 1,34 \text{ ampères}$$

D'un autre côté, K désignant le *coefficient de réduction* cherché, on a (*principe de la boussole des tangentes*)

$$I = K \text{ tang } 32^o\ 35'$$

Dès lors

$$K = \frac{\text{tang } 32^o\,35'}{1,34} = 2,097$$

---

279. *On met un galvanomètre dans le circuit d'une pile de 10 éléments Daniell avec une boîte de résistances. Pour deux résistances de la boîte égales à 62 et à 110 ohms, on relève des déviations de 38° et de 25°. Faire, sur ces données, le tarage du galvanomètre. — F. é. m. d'un élément Daniell = 1,07 volt.*

(Problèmes et calculs pratiques d'Électricité, par A. Witz.)

On a d'abord (*formule d'Ohm*), pour les valeurs respectives des intensités du courant dans le premier et le second cas

$$I = \frac{10,7}{10r + 62} \text{ ampères, } I' = \frac{10,7}{10r + 110} \text{ ampères}$$

r représentant la résistance intérieure d'un élément Daniell. D'un autre côté, k étant le *coefficient de réduction* du galvanomètre, on a

$$I = k \times 38°, \; I' = k \times 25°$$

Ces quatre relations donnent $k = 0,003$.

---

280. *Un galvanomètre à réflexion, placé à une distance* l *d'une échelle divisée, a donné pour deux courants des déplacements du point lumineux égaux à* n *et* n'. *Calculer le rapport exact* x *des intensités des deux courants.*

(Problèmes et calculs pratiques d'Électricité, par A. Witz.)

Soit α, α' les déviations du barreau qui correspondent aux déplacements n et n'. On a

$$\operatorname{tang} \alpha = \frac{n}{l}, \; \operatorname{tang} \alpha' = \frac{n'}{l}$$

D'un autre côté, les intensités des courants qui ont donné lieu aux déplacements n et n' étant proportionnelles à $\operatorname{tang} \frac{\alpha}{2}$ et $\operatorname{tang} \frac{\alpha'}{2}$, on a

$$x = \frac{\operatorname{tang} \dfrac{\alpha}{2}}{\operatorname{tang} \dfrac{\alpha'}{2}}$$

Or,

$$\operatorname{tang} \frac{\alpha}{2} = \frac{\sqrt{1 + \operatorname{tang}^2 \alpha} - 1}{\operatorname{tang} \alpha} = \frac{\sqrt{l^2 + n^2} - l}{n}$$

$$\operatorname{tang} \frac{\alpha'}{2} = \frac{\sqrt{1 + \operatorname{tang}^2 \alpha'} - 1}{\operatorname{tang} \alpha'} = \frac{\sqrt{l^2 + n'^2} - l}{n'}$$

Par suite

$$x = \frac{n'}{n} \cdot \frac{\sqrt{l^2 + n^2} - l}{\sqrt{l^2 + n'^2} - l}$$

Remarque. — Le rapport des intensités n'est pas le même que celui des déplacements observés, à moins que l ne soit très grand par rapport à n et à n'.

---

281. *On veut réduire, par un shunt, l'intensité d'un courant aux $\frac{3}{7}$, dans un galvanomètre ayant 5 ohms de résistance entre les bornes. Déterminer la résistance S du shunt et en déduire la résistance ρ de l'ensemble des deux circuits dérivés.*

(Problèmes et calculs pratiques d'Électricité, par A. Witz.)

D'après une formule connue [1], on a

$$\frac{S}{S+5} = \frac{3}{7}, \text{ d'où } S = 3{,}75 \text{ ohms}$$

La formule de la résistance d'un nombre quelconque de circuits dérivés (268) donne alors

$$\rho = \frac{1}{\frac{1}{5} + \frac{1}{3{,}75}} = 2{,}14 \text{ ohms}$$

---

282. *Un galvanomètre de 10 ohms de résistance ayant été shunté par un fil d'une résistance de 3,33 ohms, cal-*

---

[1]. Si G est la résistance, entre ses bornes, d'un galvanomètre shunté par un fil de résistance S, i l'intensité du courant qui traverse le galvanomètre, I celle du courant principal, on a

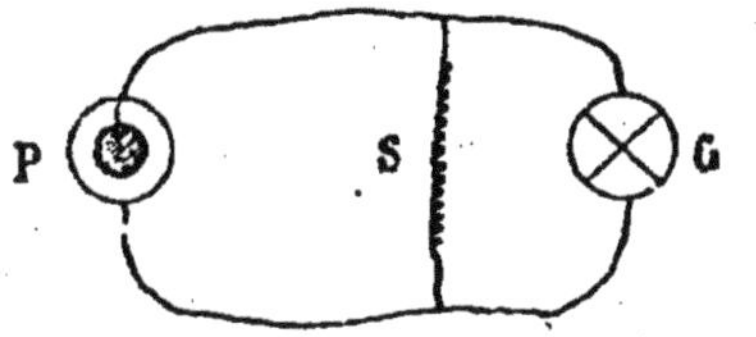

$$I = \frac{S+G}{S} i ;$$

d'où

$$i = \frac{S}{S+G} I$$

La fraction $\frac{S+G}{S}$ s'appelle le *pouvoir multiplicateur* du shunt. Si on pose $\frac{S+G}{S} = n$, on a

$$S = \frac{G}{n-1} \text{ et } G = (n-1) S$$

culer la valeur de la résistance compensatrice R *qu'il faut introduire dans le circuit principal pour que le courant y garde la même valeur que lorsque le galvanomètre était seul interposé.*

(Problèmes et calculs pratiques d'Électricité, par A. Witz.)

L'introduction du shunt produit le même effet que l'introduction d'une résistance ρ donnée (268) par la relation $\frac{1}{\rho} = \frac{1}{10} + \frac{1}{3,33}$, d'où $\rho = 2,5$ ohms. Par suite, pour que le courant garde la même valeur dans le circuit principal, il faut y introduire une résistance

$$R = 10 - 2,5 = 7,5 \text{ ohms}$$

---

283. *On lance successivement le courant qui provient d'un élément Bunsen et celui qui provient d'un élément Daniell dans un circuit d'une grande longueur dont la résistance est immense, et on constate, à l'aide d'un galvanomètre, que le rapport des intensités des deux courants est d'environ 1,7. Quel est le rapport de la force électromotrice d'un élément Bunsen à celle d'un élément Daniell?* [1]

Soient E et E′ les forces électromotrices respectives des éléments Bunsen et Daniell, R et R′ leurs résistances intérieures, r la résistance du circuit interposé, galvanomètre compris. On a, en désignant par I et I′ les intensités des deux courants correspondants obtenus (*loi d'Ohm*),

$$I = \frac{E}{R + r}, \quad I' = \frac{E}{R' + r}$$

d'où

$$\frac{I}{I'} = \frac{E}{E'} \cdot \frac{1 + \dfrac{R'}{r}}{1 + \dfrac{R}{r}} = \frac{E}{E'}$$

1. Ce procédé de comparaison des forces électromotrices, dû à Fechner, est utilisé aujourd'hui dans la construction des *voltmètres* industriels.

car, par hypothèse, $r = \infty$. Dès lors comme, par hypothèse, $\dfrac{1}{r} = 1,7$, on a

$$\frac{E}{E'} = 1,7$$

---

284. Pour déterminer la résistance d'une bobine de fil R, on la place sur la branche BC d'un pont à corde de Wheatstone. Sur la branche AC on place un shunt S d'une

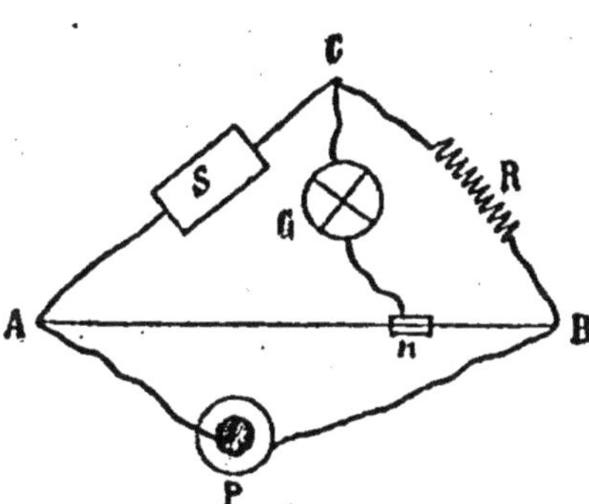

résistance de 20,17 ohms, et on constate que, pour que le galvanomètre G reste au zéro, il faut placer la pièce métallique mobile n de façon que $\dfrac{nB}{nA} = \dfrac{1}{10}$. Calculer la résistance de la bobine.

Soit x la résistance cherchée. On a [1]

$$\frac{x}{20,17} = \frac{1}{10}, \text{ d'où } x = 2,017 \text{ ohms}$$

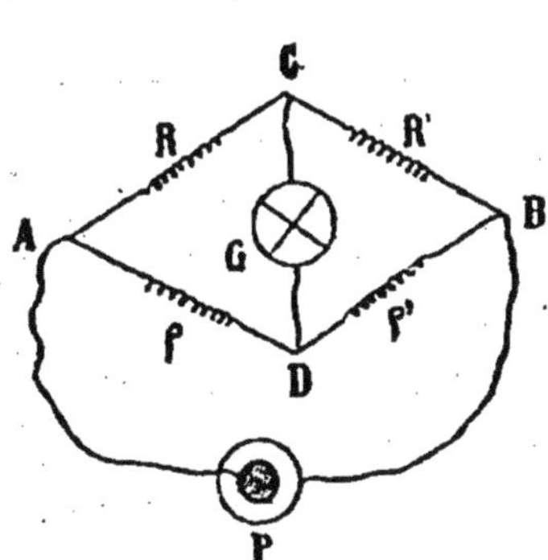

[1] Considérons un quadrilatère ACBD dont les sommets A et B communiquent avec les pôles d'une pile ou d'un générateur d'électricité analogue. Soit R, R', ρ, ρ' les résistances respectives des côtés AC, CB, AD, DB, et cherchons la relation qui doit exister entre ces résistances pour que, si l'on joint les sommets C et D par un fil, ce fil ne soit parcouru par aucun courant. Remarquons d'abord que, s'il en est ainsi, le courant a la même intensité i en AC et en CB, et la même intensité i' en AD et en DB. En écrivant que la chute de potentiel est la même de A vers C et D, puis de C et D vers A, on aura les relations

$$iR = i'\rho$$
$$iR' = i'\rho'$$

d'où la relation

$$\frac{R}{R'} = \frac{\rho}{\rho'} \tag{1}$$

285. A combien d'éléments Daniell ayant chacun une résistance de 2 ohms équivaut une dynamo donnant 600 volts entre ses bornes, à circuit ouvert, et ayant une résistance totale de 26 ohms? — F. é. m. d'un élément Daniell = 1,07 volt.

(Problèmes et Calculs pratiques d'Électricité, par A. Witz.)

Soit N le nombre d'éléments demandés. Pour obtenir une force électromotrice de 600 volts, il faut grouper n de ces éléments en série, de façon que

$$n \times 1,07 = 600, \text{ d'où } n = 561$$

Maintenant, pour que la pile Daniell demandée ait même résistance que la dynamo, il faut associer en batterie $N - n$ de ces éléments de façon que la résistance intérieure de la pile constituée soit égale à 26 ohms, ce qui donne **(266)** la relation

$$\frac{n^2 \times 2}{N} = 26$$

d'où, en remplaçant n par sa valeur, N = 24 209.

La dynamo considérée équivaut donc, à peu près, à une pile de 24 209 éléments Daniell groupés en 43 séries de 561 éléments chacune, les séries étant associées en batterie.

Remarque. — Ce résultat montre l'avantage qu'il y a à remplacer les piles par des machines d'induction à courants continus.

---

286. Dans les expériences faites entre Munich et Miessbach (1882), la dynamo-génératrice fournissait un courant de 0,52 ampère et donnait 1340 volts entre ses bornes; sa

Si les côtés AD et DB sont formés par un fil de section constante, et si AD = l, DB = l', on aura

$$\frac{\rho}{\rho'} = \frac{l}{l'}$$

d'où, à la place de (1), la relation

$$\frac{R}{R'} = \frac{l}{l'} \tag{2}$$

résistance intérieure atteignait 450 ohms. Quelle était, en chevaux-vapeur, l'énergie disponible ? Quel était le rendement électrique ?

(Problèmes et calculs pratiques d'Électricité, par A. Witz.)

1° Les 1340 volts représentant la force électromotrice efficace de la dynamo-génératrice, le travail fourni au circuit extérieur (réceptrice et câble compris) était

$$U = 1340 \times 0,52 \text{ watts} = 0,95 \text{ chev.-vap.}$$

2° La puissance totale de la dynamo, somme du travail fourni au circuit extérieur et de l'énergie consommée dans la machine, étant

$$P = 1340 \times 0,52 + (0,52)^2 \times 450 \text{ watts} = 1,11 \text{ chev.-vap.}$$

le rendement était

$$\frac{U}{P} = \frac{0,95}{1,11} = 0,86$$

---

287. *Une chute d'eau donne une puissance de 400 chevaux-vapeur qu'on utilise à actionner une dynamo-génératrice ayant une résistance intérieure de 10 ohms, de manière à lui donner une force électromotrice de 2000 volts. Le courant est transmis à 28 kilomètres de distance par un conducteur dont la résistance est de 30 ohms et il est reçu par une dynamo-réceptrice dont la résistance intérieure est de 15 ohms. Calculer : 1° la puissance dont on peut disposer à la seconde station ; 2° le rendement industriel, sachant que le rendement de la dynamo-réceptrice = 0,93.*

(Problèmes et calculs pratiques d'Électricité, par A. Witz.)

1° Soit U la puissance demandée. L'intensité du courant que reçoit la dynamo-réceptrice étant

$$I = \frac{2000}{10 + 30 + 15} = \frac{2000}{55} \text{ ampère}$$

l'énergie reçue par la réceptrice sera *(lois de Joule)*

$$P = \left(\frac{2000}{55}\right) \times 15 \text{ watts} = 26,99 \text{ chev.-vap.}$$

et l'énergie utilisable sera

$$U = 26,99 \times 0,93 = 25 \text{ chev.-vap. environ}$$

2° Le rendement industriel est

$$\frac{U}{400} = \frac{25}{400} = 0,06 \text{ environ}$$

Remarque. — La résistance du câble de 28 kilomètres de longueur étant de 80 ohms, l'énergie qu'il absorbe à lui seul est de $\left(\frac{2000}{55}\right)^2 \times 30 \text{ watts} = 53,98 \text{ chev.-vap.}$, c'est-à-dire le double de l'énergie reçue par la réceptrice. Si l'électricité est un transmetteur d'énergie, ses services sont donc loin d'être gratuits.

---

288. *Un transport d'énergie de 5 chevaux doit être fait par un fil télégraphique, et l'on s'impose de ne pas employer de courant d'intensité plus grande que 0,5 ampère. Quelles seront les forces électromotrices de la dynamo-génératrice et de la dynamo-réceptrice, sachant que l'ensemble des résistances atteint 80 ohms.*

(Problèmes et calculs pratiques d'Électricité, par A. Witz.)

Soit E_1 la force électromotrice, en volts, de la réceptrice. La puissance de cette machine devant être de 5 chev.-vap. $= 5 \times 736$ watts, il faut que *(formule de la puissance)*

$$E_1 \times 0,5 = 5 \times 736, \text{ d'où } E_1 = 7360 \text{ volts}$$

Si E est la force électromotrice en volts, de la génératrice, on a [1] alors

$$0,5 = \frac{E - 7360}{80}, \text{ d'où } E = 7400 \text{ volts}$$

[1]. L'intensité, en ampères, du courant qui circule de la génératrice à la réceptrice, est donnée par la formule

$$I = \frac{E - E_1}{R},$$

289. *On veut distribuer 500 ampères sous une force électromotrice de 100 volts à une distance de 1000 mètres, avec une perte de 10 0/0. Quel avantage y aura-t-il à remplacer ce mode de transmission par la distribution à la même distance de 50 ampères sous 1000 volts, un transformateur intercalé dans le circuit ramenant ensuite la somme d'énergie ainsi distribuée à l'intensité primitive sous la même force électromotrice?*

(Traité élémentaire d'Électricité de J. Joubert ; G. Masson, éditeur.)

L'énergie correspondante à un courant de 500 ampères sous une force électromotrice de 100 volts est $500 \times 100 = 50\,000$ watts, et l'on ne veut en perdre que 5000. Pour la transmission directe, le conducteur de 2000 mètres employé devra avoir une résistance ρ telle, que

$$(500)^2 \times \rho = 5000, \text{ d'où } \rho = 0,02 \text{ ohm}$$

Si on transporte à la même distance la même quantité d'énergie par un courant de 50 ampères sous 1000 volts, le conducteur devra avoir une résistance ρ' telle, que

$$(50)^2 \times \rho' = 5000, \text{ d'où } \rho' = 2 \text{ ohms}$$

La résistance ρ' étant 100 fois plus grande que ρ, on voit que, dans le second cas, le conducteur de bronze employé aura une section 100 fois plus petite que dans le premier cas, pèsera 100 fois moins, et coûtera, par conséquent, 100 fois moins.

---

290. *Un barreau de fer doux AB est entouré d'un fil de cuivre, recouvert de soie, enroulé en hélice. Ce barreau est implanté sur un axe horizontal CD perpendiculaire au plan du méridien magnétique, de sorte que, lorsqu'on*

E et E_1 représentant les forces électromotrices des deux machines en volts, R la résistance totale du circuit en ohms. Une machine réceptrice donne, en effet, naissance à une force contre-électromotrice, analogue à la force contre-électromotrice de polarisation.

imprime un mouvement de rotation à l'axe CD *à l'aide de la manivelle* M, AB *prend successivement toutes les directions dans le plan de ce méridien. L'extrémité du fil, du côté* A, *est repliée de manière à aboutir au coussinet* C, *et l'extrémité, du côté* B, *de manière à aboutir au coussinet* D. *On demande :* 1° *dans quel sens se produisent les courants d'induction dans le fil extérieur* CPD, *quand on fait tourner la manivelle* M, *et dans quelle position est le barreau quand les courants d'induction changent de sens ;* 2° *comment varieraient les intensités des courants d'induction formés par cet appareil, en le faisant mouvoir avec une vitesse supposée constante, mais en divers points de la surface du globe.*

(Dijon, juillet 1889 ; Rennes, avril 1891.)

1° Supposons d'abord le barreau AB placé parallèlement à la direction de l'aiguille d'inclinaison : il est alors aimanté, avec un pôle austral A au-dessous de l'horizon, le pôle boréal B étant au-dessus. Quand on le fera tourner, il tendra à se désaimanter et il se produira alors dans l'hélice un courant induit, d'intensité croissante, de même sens que les courants particulaires du barreau. Ce courant induit, pour un observateur placé devant le pôle austral A, circulera en sens inverse des aiguilles d'une montre, de sorte que, si l'on suppose l'hélice enroulée dans ce sens pour l'observateur qui regarde A, le conducteur CKD sera parcouru par un courant allant de C vers D. — Après une rotation de 90°, le barreau est désaimanté. Si on continue à le faire tourner, il tend à s'aimanter, mais en sens inverse du sens précédent, l'extrémité B devenant un pôle austral, tandis que l'extrémité A devient un pôle boréal. Dans ces conditions, il y aura production dans l'hélice d'un courant induit d'intensité croissante de sens inverse du sens actuel des courants particulaires du barreau, et, par suite, de même sens que le courant induit obtenu pendant le premier quart de révolution. Dès lors, le conducteur CKD sera encore parcouru par un courant allant de C vers D.

Il est facile de voir que, pendant la seconde demi-révolution du barreau, le conducteur CKD sera parcouru par un courant allant, au contraire, de D vers C, les courants d'induction changeant de sens à chaque demi-révolution du barreau [1].

2° Il est évident que, pour une même vitesse de rotation, l'intensité des courants induits obtenus sera proportionnelle à l'intensité de la force magnétique terrestre au lieu où se trouve l'appareil.

---

1. Les courants induits se produiraient dans l'hélice, même en l'absence du barreau AB, comme Faraday et Delezenne l'ont constaté, ce qui démontre l'existence des *courants induits telluriques.*

CHAPITRE VIII

CHIMIE

291. *Connaissant la somme* V *des volumes de deux corps, solides ou liquides, et le volume* U *de leur combinaison; connaissant de plus la densité moyenne* δ *de leur simple mélange sans contraction ni dilatation, et la densité* d *de leur combinaison, déterminer le coefficient de contraction ou de dilatation, s'il y a lieu.*

(Lyon, juillet 1885.)

Le poids étant le même, on a toujours, qu'il y ait contraction ou dilatation,

$$V \times \delta = U \times d$$

Supposons qu'il y ait contraction. La contraction a pour valeur

$$V - U = V\frac{d - \delta}{d}$$

et le *coefficient de contraction* est

$$\frac{V - U}{V} = \frac{d - \delta}{d}$$

Supposons qu'il y ait dilatation. La dilatation a pour valeur

$$U - V = V\frac{\delta - d}{d}$$

et le *coefficient de dilatation* est

$$\frac{U - V}{V} = \frac{\delta - d}{d}$$

On voit qu'il suffit de connaître $\dfrac{U}{V}$ ou $\dfrac{\delta}{d}$ pour savoir s'il y a contraction ou dilatation, et déterminer le coefficient de contraction ou celui de dilatation.

---

292. *Sachant que le cuivre, traité par une quantité convenable d'acide azotique, donne de l'azotate de cuivre, de l'oxyde azotique et de l'eau, écrire la formule de la réaction.*

Soient x, y, z, t, u les nombres inconnus des molécules de chacun des corps qui entrent dans la réaction chimique ou qui en sont les produits. L'*équation chimique* de la réaction peut alors s'écrire

$$x\,Cu + y\,AzO^3H = z\,AzO + t\,H^2O + u\,(AzO^3)^2Cu$$

En appliquant à chacun des éléments simples, cuivre, azote, oxygène, hydrogène qui entrent dans la constitution des corps en présence, la *loi des poids*, on aura le système

$$x = u \qquad\qquad (1)$$
$$y = z + 2u \qquad\qquad (2)$$
$$3y = z + t + 6u \qquad\qquad (3)$$
$$y = 2t \qquad\qquad (4)$$

dans lequel entrent 5 inconnues pour 4 équations. Les coefficients numériques cherchés correspondant à des rapports, on peut poser $x = 1$, par exemple. On trouve alors

$$y = \frac{8}{3},\ z = \frac{2}{3},\ t = \frac{4}{3},\ u = 1$$

L'équation cherchée est donc

$$Cu + \frac{8}{3}\,AzO^3H = \frac{2}{3}\,AzO + \frac{4}{3}\,H^2O + (AzO^3)^2Cu$$

ou, en faisant disparaître les coefficients fractionnaires,

$$3\,Cu + 8\,AzO^3H = 2\,AzO + 4\,H^2O + 3\,(AzO^3)^2Cu$$

---

293. *Sachant que 4 vol. d'hydrogène phosphoré résultent de la combinaison de 6 vol. d'hydrogène avec un volume inconnu x de vapeur de phosphore, calculer la composition en volumes de ce corps et sa formule. — Densité de l'hydrogène phosphoré $= 1,1815$, de l'hydrogène $= 0,0695$; poids atomique de $P = 31$.*

L'équation en poids moléculaires la plus générale de la réaction est

$$xP^3 + 6H^2 = 4P^yH^z$$

On a alors les équations de condition

$$4x = 4y \qquad\qquad (1)$$
$$12 = 4z \qquad\qquad (2)$$

D'un autre côté, la densité de l'hydrogène phosphoré rapportée à celle de l'hydrogène est $\dfrac{1,1815}{0,0695} = 17$; par suite, son poids moléculaire $= 34$, ce qui donne la nouvelle équation de condition

$$31x + 3 = 34 \qquad\qquad (3)$$

La résolution des équations (1), (2), (3), donne

$$x = 1,\; y = 1,\; z = 3$$

1 vol. de vapeur de phosphore s'unit donc à 6 vol. d'hydrogène pour former 4 vol. d'hydrogène phosphoré, et la formule de ce corps est PH^3.

---

294. *Un carbure d'hydrogène gazeux, introduit dans un eudiomètre dans la proportion de 2 vol. pour 5 vol. d'oxygène, donne, après le passage de l'étincelle, 4 vol. d'un résidu gazeux complètement absorbé par la potasse. Déterminer la composition de ce carbure et écrire sa formule.*

(Grenoble, mars 1881.)

Soit C^xH^y la formule cherchée. D'après l'énoncé, la combustion du carbure est complète, et les 4 vol. qui forment le résidu gazeux sont entièrement formés d'anhydride carbonique. L'*équation en poids moléculaires* la plus générale de cette réaction est alors

$$2C^xH + 5O^2 = 4CO^2 + zH^2O$$

Elle donne les équations de condition

$$2x = 4 \qquad (1)$$
$$2y = 2z \qquad (2)$$
$$10 = 8 + z \qquad (3)$$

d'où

$$x = 2, y = 2$$

La formule du carbure est donc C^2H^2 (formule de l'*acétylène*) et ce carbure résulte de la combinaison de 2 vol. de vapeur de carbone et de 2 vol. d'hydrogène donnant 2 vol. du carbure.

---

295. *Le chlorure de sodium et le chlorure d'argent renferment chacun 1 atome de métal pour 1 atome de chlore. Or, en versant un excès d'une solution d'azotate d'argent dans une solution de sel marin renfermant 0ᵍ,584 de ce sel, on a obtenu, par double décomposition, une quantité de chlorure d'argent pesant, à l'état pur et sec, 1ᵍ,431. Le poids atomique du sodium étant 23 et celui du chlore 35,5, on demande, d'après ces données, de calculer le poids atomique de l'argent.*

(Alger, nov. 1888.)

L'équation de la réaction

$$NaCl + AzO^3Ag = AgCl + AzO^3Na$$

montre qu'il y a simplement substitution de 1 atome d'argent à 1 atome de sodium. Soit x le poids atomique de l'argent, y le poids de chlore contenu dans 1ᵍ,314 de chlorure d'argent; on a d'abord

$$\frac{35,5}{x} = \frac{7}{1,431 - y} \qquad (1)$$

Mais le poids y de chlore contenu dans le précipité de

chlorure d'argent est le même que celui que contenaient les $0^g,584$ de chlorure de sodium : on a donc

$$\frac{35,5}{23} = \frac{7}{0,584 - y} \qquad (2)$$

En éliminant y entre les équations (1) et (2), on trouve $x = 107,92$, à très peu près.

---

296. *On traite* $12^g,6$ *d'acide azotique à son maximum de concentration par* $23^g,2$ *d'oxyde d'argent. Après calcination, on constate que le poids total du mélange a diminué de* $1^g,8$. *En déduire la formule de l'acide azotique concentré.*

On sait, d'après une expérience connue de Gay-Lussac, que la formule brute de l'anhydride azotique est $Az^{2n}O^{5n}$. Soit alors $Az^{2n}O^{5n},xH^2O$ la formule de l'acide azotique concentré, x étant l'inconnue à calculer au moyen des résultats que donne l'expérience décrite. La composition centésimale de cet acide est de $108\,n$ parties d'anhydride azotique pour $18\,x$ parties d'eau ; le poids de l'anhydride azotique étant ici $12,6 - 1,8 = 10^g,8$ (car la calcination a eu pour effet d'éliminer l'eau mise en liberté), et le poids de l'eau étant $1^g,8$, on a immédiatement (*loi des nombres proportionnels*)

$$\frac{108n}{18x} = \frac{10,8}{1,8}$$

d'où $x = n$. La formule de l'acide azotique concentré est donc $Az^{2n}O^{6n}H^{2n}$, n étant un nombre à déterminer.

Mais l'expérience montre que l'acide azotique ne forme avec l'oxyde d'argent ou les alcalis qu'une seule espèce de sel : il est donc monobasique et, par conséquent, le *poids moléculaire* de l'azotate d'argent est donné par le poids de ce sel qui contient 1 atome ou 108^g. d'argent. L'analyse montrant que ce poids est de 170^g, en remplaçant les 108 parties d'argent par 1 partie d'hydrogène, on aura le *poids moléculaire de l'acide azotique concentré*. Or $170 - 108 + 1 = 63$. Le poids moléculaire de l'acide azotique concentré est donc 63, et par suite $n = \frac{1}{2}$. La formule de l'acide azotique est donc AzO^3H et celle de son anhydride est, par conséquent, Az^2O^5.

---

297. *Indiquer la nature et le poids de substance qu'on doit employer pour obtenir 3 litres d'oxyde azoteux saturé de vapeur d'eau à la température de 15° et à la pression de 750ᵐᵐ. — Poids atomique de Az = 14, de O = 16. Poids spécif. normal de l'air = 0,0013; densité de l'hydrogène = 0,07; coeff. de dilat. des gaz = 0,0037; tension max. de la vap. d'eau à 15° = 12ᵐᵐ,7.*

(Montpellier, nov. 1891, nov. 1892, avril 1893.)

La substance que l'on emploie d'ordinaire pour préparer de l'oxyde azoteux est de l'azotate d'ammoniaque, et la réaction est représentée par l'équation

$$AzO^3\,(AzH^4) = Az^2O + 2H^2O$$

Cherchons le poids des 3 litres d'oxyde azoteux : le gaz étant saturé de vapeur d'eau, sa pression individuelle est $750 - 12,7 = 737^{mm},3$. D'un autre côté, son poids moléculaire est $28 + 16 = 44$; par suite sa densité par rapport à l'hydrogène $= \frac{44}{2} = 22$, sa densité par rapport à l'air $= 22 \times 0,07$. Le poids des 3 litres d'oxyde azoteux est alors

$$3 \times \frac{22 \times 0,07 \times 0,0013}{1 + 15 \times 0,0037} \times \frac{737,3}{760} \text{ kg} = 5^g,52$$

Or, d'après l'équation de la réaction, pour obtenir 44 p. d'oxyde azoteux, il faut 80 p. d'azotate d'ammoniaque. Par suite, pour obtenir 1 p. d'oxyde azoteux, il faut $\frac{80}{44} = \frac{20}{11}$ p. d'azotate d'ammoniaque, et pour obtenir les 3 litres d'oxyde azoteux, il faudra un poids d'azotate d'ammoniaque

$$p = \frac{20}{11} \times 5,52 = 10^g \text{ environ}$$

---

298. *On veut obtenir 100 litres d'azote, à 10° et sous la pression de 750mm, en profitant de l'action du chlore sur l'ammoniaque. Combien faudra-t-il employer de peroxyde de manganèse pour obtenir le chlore nécessaire? — Poids atomique de Mn = 55, de Cl = 35,5, de As = 14; densité de l'hydrogène = 0,0695, poids spécifique normal de l'air = 0,001293; coeff. de dilat. des gaz = 0,00367.*

(Lille, avril 1886.)

L'équation en poids moléculaires

$$8\,AzH^3 + 3\,Cl^2 = 6\,ClAzH^4 + Az^2 \qquad (1)$$

montre que, pour avoir 1 vol. d'azote, il faut 3 vol. de chlore et que, par suite, pour avoir 100 l. d'azote à 10° et sous la pression de 750mm, il faut 300 l. de chlore à 10° et sous la pression de 750mm. Or, le poids de 300 l. de chlore, dans ces conditions de température et de pression, est

$$\left(300 \times \frac{35,5 \times 0,0695 \times 0,001293}{1 + 10 \times 0,00367} \times \frac{750}{760}\right)\,kg = 911^g$$

et l'équation

$$4\,HCl + MnO^2 = 2\,Cl + MnCl^2 + 2\,H^2O \qquad (2)$$

montre que pour obtenir 71 p. de chlore il faut 87 p. de peroxyde de manganèse. Par suite, pour obtenir 911g de chlore il faudra un poids de peroxyde de manganèse

$$p = \frac{87}{71} \times 911 = 1116^g \text{ environ}$$

---

299. *Dans une éprouvette cylindrique placée sur une très large cuve à eau, on introduit un volume d'air qui, saturé de vapeur d'eau, y occupe une longueur n à la température t de l'eau, le niveau étant le même à l'intérieur et à l'extérieur, et la pression atmosphérique étant égale, en colonne de mercure, à H. On absorbe l'oxygène au moyen d'un fragment de phosphore. On demande à quel niveau s'élèvera l'eau dans l'éprouvette lorsque l'absorption* *sera terminée, la pression atmosphérique étant toujours égale à H et la température étant restée la même. — Tension maxim. de la vap. d'eau à t^o $= F$; densité du mercure $= D$; densité de l'eau à 0° $= 1$. On admet que le rapport des densités du mercure et de l'eau à t^o est le même qu'à 0°.*

(Lyon, nov. 1877; Paris, juillet 1879; Toulouse, juillet 1886.)

Supposons, pour plus de simplicité, la section de l'éprouvette égale à l'unité. Les n volumes d'air qu'elle renferme à la température t et sous la pression $H - F$ sont formés des $0,21\,n$ volumes d'oxygène et $0,79\,n$ volumes d'azote à la même température et sous la même pression. Le phosphore absorbera complètement l'oxygène et ne laissera que de l'azote, saturé de vapeur d'eau. Si x est l'élévation de niveau demandée, cette masse d'azote occupera, à la fin de l'expérience, un volume $n - x$ à t^o et sous la pression $H - F - \dfrac{x}{D}$ $\left(\dfrac{x}{D}\right.$ étant la hauteur de la colonne de mercure

qui équivaut à la colonne d'eau soulevée$\Big)$. La *loi de Mariotte* donne alors

$$0,79\,n\,(H - F) = (n - x)\left(H - F - \frac{x}{D}\right)$$

d'où

$$f(x) = x^2 - \left[n + D\,(H - F)\right]x + 0,21\,n\,D\,(H - F) = 0$$

équation du second degré dont les deux racines sont réelles et positives. Mais

$$f(n) = -\,0,79\,n\,D\,(H - F)$$

quantité essentiellement négative. Par suite, la plus petite des deux racines, dont le calcul ne présente aucun intérêt, convient seule à la question, l'autre étant plus grande que n.

---

300. *Un vase en verre scellé à la lampe contient 20 cm³ d'air à la pression atmosphérique et le reste du vase est rempli d'eau acidulée. On y fait passer un courant électrique à l'aide de deux fils de platine scellés dans le verre*

*jusqu'à ce qu'on ait décomposé 0ᵍ,18 d'eau. Calculer la
pression en atmosphères dans le vase. — On supposera
la température égale à 0°; on ne tiendra compte ni de la
tension de la vapeur d'eau, ni de la solubilité des gaz.
Poids normal du litre d'air = 1ᵍ,3; poids atomique
de O = 16, densité de l'hydrogène = 0,069.*

(Montpellier, nov. 1889.)

Les 0ᵍ,18 d'eau décomposée fourniront 0ᵍ,16 d'oxygène
et 0ᵍ,02 d'hydrogène. Chacun de ces gaz occupant le volume
total du mélange, que nous supposons toujours de 20 cm³
(malgré la faible augmentation de volume qu'il subit, augmentation égale à 0cm³,18), si l'on appelle f la force élastique de l'oxygène, on aura

$$0^g,16 = 20 \times (16 \times 0,069) \times 0,0013 \times \frac{f}{76}$$

d'où $f = 423^c,6$. Le volume de l'hydrogène étant, à pression
égale, le double du volume de l'oxygène, sa pression individuelle, dans le mélange, sera le double de celle de l'oxygène et, par suite, égale à $2f = 847^c,2$. La pression totale
du mélange sera alors $F = 76^c + 423^c,6 + 847^c,2 = 17,7$
atm. environ.

Remarque. — On peut encore raisonner ainsi :

Le poids spécifique de la vapeur d'eau, à 0° et à la pression
le 76ᶜ, étant $9 \times 0,069 \times 0,0013 = 0,0008073$, les 0ᵍ,18 d'eau
à l'état de vapeur occuperaient, à 0° et à 76ᶜ, un volume de
$\frac{0,18}{0,0008073} = 222^{cm3},96$ environ. La décomposition augmen-
terait ce volume de la moitié et il deviendrait $334^{cm3},44$.
Ce volume étant supposé réduit à 20cm³, la pression individuelle du mélange d'oxygène et d'hydrogène serait $334,44$
$\times \frac{76}{20} = (16,76 \times 76^c) = 16,76$ atm. La pression totale du
mélange sera alors $16,76 + 1 = 17,76$ atm. environ, nombre
déjà trouvé.

---

301. *On mélange 25 litres d'oxygène à 10° et à 750ᵐᵐ
avec 50 litres d'hydrogène à 20° et à 770ᵐᵐ. On fait passer*

une étincelle dans le mélange. Dire s'il y a un résidu gazeux, par quel gaz il est constitué et quel est son volume à 0° et à 760^{mm} en le supposant sec. — Poids atomique de $O = 16$. Poids spécif. normal de l'air $= 0,0013$; densité de l'hydrogène $= 0,07$; coeff. de dilat. des gaz $= 0,0037$.

(Bordeaux, nov. 1888.)

1re solution. Le poids des 25 l. d'oxygène du mélange est

$$p = 25 \times \frac{16 \times 0,07 \times 0,0013}{1 + 10 \times 0,0037} \times \frac{75}{76} = 34^g,639$$

Le poids des 50 l. d'hydrogène est

$$p' = 50 \times \frac{0,07 \times 0,0013}{1 + 20 \times 0,0037} \times \frac{77}{76} = 4^g,292$$

Or $4^g,292 \times 8 = 34^g,336$. Il y aura donc un résidu; ce résidu sera de l'oxygène, son poids sera $34^g,639 - 34^g,336 = 0^g,303$ et son volume, à 0° et sous la pression de 760^{mm},

$$\frac{0,303}{16 \times 0,07 \times 0,0013} = 208\,cm^3 = 0^l,208 \text{ à peu près.}$$

2e solution. Les volumes des 25 litres d'oxygène et des 50 litres d'hydrogène, ramenés à 0° et à 760^{mm}, sont, respectivement,

$$\frac{25}{1+10\times0,0037} \times \frac{75}{76} = 23^l,791, \quad \frac{50}{1+20\times0,0037} \times \frac{77}{76} = 47^l,167$$

Or $\dfrac{47,167}{2} = 23^l,583$. Il y aura donc un résidu d'oxygène d'un volume égal à $23,791 - 23,583 = 0^l,208$, nombre déjà trouvé.

---

302. *Combien faut-il brûler de soufre pour obtenir 100 kg d'acide sulfurique, la transformation étant supposée complète? Quel serait, à 20° et sous la pression de 750^{mm}, le volume d'air normal nécessaire pour fournir l'oxygène employé dans cette réaction? — Poids atomique de $S = 32$, de $O = 16$; densité de l'hydrogène $= 0,07$; coeff. de dilat. des gaz $= 0,0037$; poids spécifique normal de l'air $= 0,0013$.*

(Poitiers, juillet 1886.)

1° Le poids moléculaire de l'acide sulfurique SO^4H^2 est 98; et 1 molécule d'acide sulfurique contient 1 atome de soufre qui pèse 32. Dès lors, pour obtenir 98 p. d'acide sulfurique, il faut brûler 32 p. de soufre; par suite, pour obtenir 100 kg d'acide sulfurique, il faudra brûler un poids de soufre

$$p = \frac{32}{98} \times 100 = 32^{kg},65$$

2°. La transformation du soufre en acide sulfurique est représentée, en fin de compte, par l'équation

$$S + 3O + H^2O = SO^4H^2$$

Il faut donc, pour obtenir 98 p. d'acide sulfurique, 48 p. d'oxygène. Pour avoir 100 kg de cet acide, il faudra donc $\frac{48}{98} \times 100 = 48^{kg},98$ d'oxygène. La densité de l'oxygène étant $16 \times 0,07$, le volume v d'oxygène nécessaire à la transformation demandée est donné, en litres, par la formule

$$48,98 = v \times \frac{16 \times 0,07 \times 0,0013}{1 + 20 \times 0,0037} \times \frac{750}{760}$$

d'où $v = 36\,610$ litres à peu près. Dès lors, étant donnée la *composition en volume de l'air normal* (21 0/0 d'oxygène, 79 0/0 d'azote), le volume d'air sec demandé est

$$V = \frac{100}{21} v = 174\,333\ l. = 174\ m^3\ \text{à peu près}$$

---

303. *On dissout une pièce de 2 fr. dans un excès d'acide azotique étendu de son volume d'eau et l'on dirige le produit gazeux de la réaction dans une cloche cylindrique placée sur l'eau et remplie d'oxygène pur sous la pression atmosphérique, qui est de 752^{mm}. La température et la pression atmosphérique restant les mêmes, on demande de combien l'eau s'élèvera dans la cloche. On néglige les effets dus à la présence de la vapeur d'eau dans la cloche. — Section intérieure de la cloche = 12 cm²; hauteur de la cloche au-dessus du niveau de l'eau = 40^c. Poids ato-*

mique de $Cu = 64$, de $Ag = 108$. *Densité de l'hydrogène* $= 0,0695$; *poids spécif. normal de l'air $= 0,0013$.*

(Caen, juillet 1885.)

L'acide azotique étant *étendu* de son volume d'eau, son action sur l'argent et sur le cuivre qui entrent dans la composition de l'alliage des monnaies d'argent, est représentée par les équations

$$3\,Cu + 8\,AzO^3H = 3\,(AzO^3)^2\,Cu + 2AzO + 4H^2O \qquad (1)$$

$$3\,Ag + 4\,AzO^3H = 3\,AzO^3Ag + AzO + 2H^2O \qquad (2)$$

L'alliage des monnaies d'argent étant au titre de $\frac{835}{1000}$, une pièce d'argent de 2 fr., qui pèse 10^g, renferme 8^g,35 d'argent et 1^g,65 de cuivre. Comme $3\,Cu = 192$, l'équation (1) montre que 192^g de cuivre donnent 60^g d'oxyde azotique, d'où il est facile de conclure que 1^g,65 de cuivre donneront 0^g,516 d'oxyde azotique. L'équation (2) montre de même que 8^g,35 d'argent donneront 0^g,773 du même gaz. Le poids total d'oxyde azotique obtenu est donc $0,516 + 0,773 = 1^g,269$. Ce poids correspond à un volume v d'oxyde azotique qui, à 0° et sous la pression 752^{mm}, est donné (la densité de l'oxyde azotique étant $15 \times 0,0695$) par la formule

$$1,269 = v \times 0,0013 \times 15 \times 0,0695 \times \frac{752}{760}$$

d'où $v = 979^{cm^3},3$ environ.

L'oxyde azotique arrivant dans la cloche se transforme, en totalité ou en partie, en peroxyde d'azote qui, au contact de l'eau, donne de l'acide azotique et de l'oxyde azotique. Ces deux réactions sont représentées par les *équations en poids moléculaires*

$$\left\{ \begin{array}{l} 6AzO + 3O^2 = 6AzO^2 \\ 6AzO^2 + 2H^2O = 4AzO^3H + 2AzO \end{array} \right.$$

qui, par addition, donnent

$$4AzO + 3O^2 + 2H^2O = 4AzO^3H \qquad (3)$$

équation qui indique que 4 vol. d'oxyde azotique, en se combinant avec 3 vol. d'oxygène, donnent, en présence de l'eau, de l'acide azotique qui se dissout dans l'*excès d'eau*. Or le volume d'oxygène contenu dans la cloche est $12 \times 40 = 480$ cm^3 et $\frac{4}{3} \times 480$ cm$^3 = 640$ cm^3. Il y a donc un excès d'oxyde azotique : les 480 cm³ d'oxygène seront absorbés par 649 cm³ d'oxyde azotique, et 979,3 — 640 = 339ᶜᵐ³,3 d'oxyde azotique, mesurés à la pression de 752ᵐᵐ de mercure, resteront libres.

Soit maintenant x la hauteur, en centimètres, dont l'eau s'élève dans la cloche par suite de l'absorption totale de l'oxygène. Le volume occupé alors par l'excès d'oxyde azotique est de $12(40 - x)$ cm³ sous la pression de $\left(752 - \dfrac{10x}{13,6}\right)$ millimètres de mercure $\left(\dfrac{10x}{13,6}\right.$ représentant, en millimètres, la hauteur d'une colonne de mercure équivalente à la colonne d'eau soulevée$\Big)$. La *loi de Mariotte* donne alors

$$339,3 \times 752 = 12\,(40 - x)\left(752 - \frac{10x}{13,6}\right) \qquad (4)$$

d'où l'équation.

$$f(x) = 12x^2 - 12\,752,64x + 143\,896,704 = 0$$

qui a ses deux racines réelles et positives. Mais comme $f(40) < 0$, c'est la plus petite des deux racines qui seule convient. On trouve ainsi $x = 11^c,4$, à peu près.

---

304. *Dans une chambre de plomb renfermant de l'eau et 100 m³ d'air, on introduit 1 m³ d'oxyde azotique qui se transforme en acide azotique. La pression initiale était de 0ᵐ,760 dans la chambre. Dire ce qu'elle devient après.*

(Paris, juillet 1879.)

La réaction qui se produit est représentée par l'*équation en poids moléculaires*

$$4AzO + 3O^2 + 2H^2O = 4AzO^3H$$

On voit donc que 4 vol. d'oxyde azotique absorbent, dans leur transformation, 3 vol. d'oxygène. Par suite, l'introduction dans la chambre de plomb de 1 m³ d'oxyde azotique aura pour résultat la disparation de $\frac{3}{4}$ m³ d'oxygène. En considérant l'air qui remplit la chambre comme un mélange formé de $\frac{3}{4}$ m³ d'oxygène et d'une masse gazeuse (mélange de l'azote de l'air et du reste de l'oxygène), dont la pression individuelle est justement la pression demandée, en appelant x cette pression, et en négligeant la tension des vapeurs que l'acide azotique et l'eau peuvent émettre, la *loi du mélange des gaz* donne

$$100 \times x + \frac{3}{4} \times 0,760 = 100 \times 0,760$$

d'où $x = 0^m,754$.

---

305. *On a une dissolution renfermant de l'acide sulfureux et du chlorure de baryum. On y verse 100 cm³ d'eau de chlore et l'on sait que tout le chlore entre en réaction. Il se forme 1 gramme de sulfate de baryte. Quelles réactions se produiront? Quelle est la richesse de la solution de chlorure? Quelle est la quantité d'acide chlorhydrique formée dans la réaction? — Poids atomique de $Cl = 35,5$, de $S = 32$, de $O = 16$, de $Ba = 137$; densité de l'hydrogène = 0,07; poids spécif. normal de l'air = 0,0013.*

(Nancy, avril 1887.)

1° Le chlore oxydera d'abord l'acide sulfureux en présence de l'eau, avec production d'acide sulfurique et d'acide chlorhydrique :

$$SO^3H^2 + 2Cl + H^2O = SO^4H^2 + 2HCl \qquad (a)$$

Ensuite, l'acide sulfurique formé réagira sur le chlorure de baryum pour donner du sulfate de baryte insoluble qui se précipitera :

$$SO^4H^2 + BaCl^2 = SO^4Ba + 2HCl \qquad (b)$$

En fin de compte, les réactions qui se produiront seront représentées par l'équation

$$SO^3H^2 + BaCl^2 + 2Cl + H^2O = SO^4Ba + 4HCl \qquad (1)$$

qu'on obtient en ajoutant les équations (a) et (b).

2° D'après l'équation (1), 71 p. de chlore donnent 233 p. de sulfate de baryte. Par suite, la formation de 1 gramme de sulfate de baryte est due à la présence d'un poids de $\frac{71}{233} = 0^g,3047$ de chlore, correspondant (la densité du chlore étant égale à 35, 5 $\times$ 0,07) à un volume de chlore égal à $\frac{35,5 \times 0,07 \times 0,0013}{0,3047} = 94$ cm³ à peu près. La *richesse* de la solution de chlore est donc 0,94.

3° A 233 p. de sulfate de baryte correspondent, d'après l'équation (1), 146 p. d'acide chlorhydrique. Le poids d'acide chlorhydrique formé est donc

$$p = \frac{146}{233} = 0^g,627 \text{ environ}$$

---

306. *On plonge une lame de cuivre dans une dissolution d'azotate d'argent et on l'y laisse séjourner, jusqu'à précipitation complète. Le poids d'azotate d'argent dissous étant de 5ᵍ, on demande l'augmentation de poids de la lame de cuivre. — Poids atomique de Cu = 63, de Ag = 108, de Az = 14, de O = 16.*

(Traité de Chimie élémentaire de E. Drincourt; A. Colin, édit.)

L'équation de la réaction

$$Cu + 2AzO^3Ag = 2\,Ag + (AzO^3)^2\,Cu$$

montre que, pour un poids d'azotate d'argent égal à 340, la lame de cuivre perd un poids égal à 63, mais gagne un poids d'argent égal à 216, de sorte que le gain total est 216 — 63 = 153. Par suite, pour 5ᵍ d'azotate d'argent, le gain total sera

$$p = \frac{153}{340} \times 5 = 2^g,25$$

---

307. *2 litres d'un mélange d'hydrogène et d'acide sulf-hydrique ont exigé, pour brûler complètement, 2250 cm³ d'oxyde azoteux. On demande quel est le rapport des volumes d'hydrogène et d'acide sulfhydrique dans le mélange?*

(Bordeaux, nov. 1890.)

Soit x le nombre de centimètres cubes d'hydrogène, y le nombre de centimètres cubes d'acide sulfhydrique qui composent le mélange. On a d'abord

$$x + y = 2\,000 \tag{1}$$

Si on désigne maintenant par t, u, v les nombres de centimètres cubes de vapeur d'eau, d'anhydride sulfureux et d'azote qui résultent de la combustion du mélange, *l'équation en poids moléculaires* la plus générale de la réaction est

$$x\text{II}^2 + y\text{II}^2\text{S} + 2250\,\text{Az}^2\text{O} = t\text{II}^2\text{O} + u\text{SO}^2 + v\text{Az}^2$$

Cette équation donne (*loi des poids*) les équations de condition

$$2x + 2y = 2t \tag{2}$$
$$y = u \tag{3}$$
$$4\,500 = 2v \tag{4}$$
$$2\,250 = t + 2u \tag{5}$$

d'où l'on déduit, en tenant compte de l'équation (1),

$$x = 1\,875\ \text{cm}^3, \quad y = 125\ \text{cm}^3$$

Le rapport des volumes d'hydrogène et d'acide sulfhydrique dans le mélange est donc

$$\frac{x}{y} = \frac{1875}{125} = 15$$

---

308. *On introduit dans un eudiomètre placé sur le mercure $11^{\text{cm}^3},02$ d'oxyde de carbone, $22^{\text{cm}^3},25$ de protocarbure d'hydrogène (formène) et $50^{\text{cm}^3},01$ d'oxygène, ces gaz étant pris à $0°$ sous la pression de 760^{mm}. On fait passer une étincelle dans l'eudiomètre, puis on y introduit de la potasse. Quel est le volume du résidu mesuré à $0°$ et sous la pression de 760^{mm} ?*

(Caen, avril 1882; Montpellier, juillet 1889.)

Trois cas peuvent se présenter : 1° l'oxygène est en excès et alors, la vapeur d'eau étant à peu près entièrement condensée et l'anhydride carbonique absorbé par la potasse, le résidu est de l'oxygène; 2° l'oxygène est en quantité juste suffisante pour brûler complètement l'oxyde de carbone et le formène, et il n'y a pas de résidu; 3° il y a insuffisance d'oxygène, et alors le résidu peut avoir une composition assez complexe.

Cherchons d'abord s'il y a excès d'oxygène. L'*équation en poids moléculaires* la plus générale de la réaction est alors

$$11,02\ CO + 22,25\ CH^4 + 50,01\ O^2 = x\ CO^2 + y\,H^2O + z\,O^2$$

Elle donne (*loi des poids*) les équations de condition

$$x = 11,02 + 22,25 \tag{1}$$
$$2x + y + z = 11,02 + 100,02 \tag{2}$$
$$2y = 89 \tag{3}$$

d'où $z = 0$. Il n'y a donc *pas de résidu gazeux*, comme il est facile de le voir directement.

---

309. *Démontrer que, lorsque de l'acide sulfhydrique brûle dans la quantité d'oxygène qui est exactement celle qu'il faut pour la combustion complète de l'hydrogène qu'il contient, le dégagement de chaleur est maximum quand il ne se forme pas d'anhydride sulfureux. — Chaleur de formation de la vapeur d'eau $= + 58,2$ cal., de l'anhydride sulfureux $= + 69,2$ cal., de l'acide sulfhydrique $= + 4,6$ cal.*

(Traité élémentaire de Chimie de P. Lugol; Belin frères, édit.)

Supposons qu'il se forme de l'anhydride sulfureux : de l'hydrogène et du soufre seront alors mis en liberté et l'*équation en poids moléculaires* la plus générale de la réaction sera

$$2\,H^2S + O^2 = z\,H^2O + t\,SO^2 + u\,H^2 + v\,S^2 \tag{1}$$

Les équations de condition (*loi des poids*)

$$\begin{cases} 4 = 2z + 2u \\ 2 = t + 2v \quad \text{donnant} \\ 2 = z + 2t \end{cases} \qquad \begin{cases} z = 2(1 - t) \\ v = \dfrac{2 - t}{2} \\ u = 2t \end{cases}$$

l'équation (1) peut s'écrire, plus simplement,

$$2H^2S + O^3 = 2(1-t)H^2O + t\,SO^2 + 2t\,H^2 + \frac{2-t}{2}\,S^2$$

La chaleur dégagée est alors, en calories,

$$Q = 2(1-t) \times 58,2 + t \times 69,2 - 2 \times 4,6 = 107,2 - 47,2t$$

et sera, évidemment, *maximum* pour $t = 0$, c'est-à-dire lorsqu'il ne se forme pas d'anhydride sulfureux. Le théorème énoncé est donc démontré et l'équation exacte de la réaction, en poids moléculaires, est

$$2H^2S + O^3 = 2H^2O + S^2$$

---

310. *On mélange 1 litre d'air sec, pris à 0° sous la pression de 770ᵐᵐ, et dépouillé d'anhydride carbonique, avec 1920ᵐᵍ de vapeur d'eau, puis on fait passer le tout dans un tube chauffé au rouge, rempli de cuivre dans sa première moitié et de fer dans la seconde. Enfin, au sortir du tube, les gaz sont envoyés en totalité dans un eudiomètre rempli d'une dissolution d'acide chlorhydrique, où, toujours à la pression de 770ᵐᵐ, ils sont soumis à l'action d'une série d'étincelles. On demande : 1° la nature et le poids des substances formées dans le tube; 2° le volume du gaz qui restera dans l'eudiomètre, une fois la réaction terminée. — Chal. de formation de $CuO = +\,40,4$ calories; de $Fe^2O^3 = +\,191,2$ cal.; de $Fe^3O^4 = +\,269$ cal.; de la vapeur d'eau $= +\,58,4$ calories. Poids spécif. normal de l'air $= 0,0013$. Poids atomique de $Cu = 63$; de $Fe = 56$. Densité de l'hydrogène $= 0,07$.*

(Caen, juillet 1887.)

1° L'*oxygène* de l'air est absorbé par le cuivre, comme l'indique l'équation

$$Cu + O = CuO + 40,4 \text{ cal.}$$

qui correspond à une *réaction exothermique*. Le poids du litre d'air sec étant $0,0013 \times \frac{770}{760}$ kg, le poids de l'oxygène

qu'il contient est (*composition en poids de l'air normal*)
$\frac{23}{100} \times 0,0013 \times \frac{770}{760}$ kg, et, dès lors, le poids d'*oxyde de cuivre* formé est

$$\frac{79}{16} \times \frac{23}{100} \times 0,0013 \times \frac{770}{760} \text{ kg} = 1^g,495.$$

La *vapeur d'eau* n'est pas décomposée par le cuivre au rouge, car l'équation

$$Cu + H^2O = CuO + 2H + (40,4 - 58,4 = -18 \text{ cal.})$$

correspond à une *réaction endothermique*. Mais elle est décomposée par le fer, car les deux équations qui représentent les deux réactions possibles

$$\begin{cases} 2 Fe + 3 H^2O = Fe^2O^3 + 6 H + (191,2 - 175,2 = 16 \text{ cal.}) \\ 3 Fe + 4 H^2O = Fe^3O^4 + 8 H + (269 - 233,6 = 35,4 \text{ cal.}) \end{cases}$$

correspondent à des *réactions exothermiques*. Seulement, en vertu du *principe du travail maximum*, c'est la dernière des deux réactions qui se produira. Le poids de l'eau étant $1^g,920$, le poids d'oxygène qu'elle contient est $\left(\frac{8}{9} \times 1,920\right)$ g, et, par suite, le poids d'*oxyde magnétique de fer* Fe^{3}O^4 formé est

$$\frac{232}{64} \times \left(\frac{8}{9} \times 1,920\right) = 6^g,187.$$

2° Les gaz qui arrivent dans l'eudiomètre sont de l'*azote* et de l'*hydrogène*. Étant donnée la *composition en volumes de l'air*, le volume d'azote contenu dans le litre d'air donné est de $0^l,79$ sous la pression de 770^{mm}. Quant à l'hydrogène, son poids est $\left(\frac{1}{9} \times 1,920\right)$ g, et comme son poids spécifique, à 0° et sous la pression de 770^{mm}, est $0,0013 \times 0,07 \times \frac{77}{76}$, son volume est

$$\frac{\frac{1}{9} \times 1,920}{0,07 \times 0,0013 \times \frac{770}{760}} = 2331 \text{ cm}^3 = 2^l,331.$$

Sous l'influence des étincelles électriques, il se forme, comme l'indique l'*équation en poids moléculaires*,

$$Az^2 + 3 H^2 = 2 AzH^3$$

du gaz ammoniac, dans la proportion de 1 vol. d'azote pour 3 vol. d'hydrogène. Par suite, les $2^l,331$ d'hydrogène s'uniront avec $\frac{1}{3} \times 2,331 = 0^l,777$ d'azote pour former du gaz ammoniac qui sera absorbé totalement par la dissolution d'acide chlorhydrique. Le *résidu gazeux* sera donc de l'*azote*, et son volume sera

$$0^l,792 - 0^l,777 = 0^l,015 = 15\,\text{cm}^3$$

SECONDE PARTIE

PROBLÈMES NON RÉSOLUS [1]

CHAPITRE I

PESANTEUR

§ 1. Chute des corps.

1. Pendant combien de temps un corps, abandonné à lui-même, doit-il tomber pour parcourir 500 mètres dans les 2 secondes qui vont suivre? On prendra $9^m,81$ pour l'accélération de la pesanteur, et on supposera qu'il s'agit d'une chute dans le vide.

(Dijon, juillet 1874.)

2. Un projectile étant lancé verticalement de bas en haut avec une vitesse initiale de 80 mètres à la seconde, calculer : 1° à quelle hauteur il s'élèvera et combien il mettra de temps à s'élever à cette hauteur; 2° combien il mettra de temps à redescendre; 3° sa vitesse en revenant au point de départ.

(Grenoble, janvier 1885; Toulouse, juillet 1885;
Lille, nov. 1887; Alger, avril 1890.)

3. Deux pierres placées sur la même verticale, à l mètres l'une de l'autre, sont abandonnées à l'action de leur poids,

---

1. Dans tous ces problèmes, les données essentielles sont seules indiquées. Les données courantes telles que l'intensité de la pesanteur, le poids normal du litre d'air, le coefficient de dilatation des gaz, etc., sont, en général, supposées connues.

celle qui est située le plus haut n secondes avant celle qui est située le plus bas. Au bout de combien de temps la première aura-t-elle atteint la seconde ?

(Paris, oct. 1892.)

4. Deux corps pesants sont lancés successivement à partir d'un même point dans le vide, de bas en haut, suivant la verticale et avec la même vitesse initiale a. On demande quel intervalle de temps doit s'écouler entre leur départ pour que la rencontre s'effectue à une hauteur au-dessus du point de départ égale à la moitié de la hauteur maximum à laquelle s'élève le premier.

(Lille, nov. 1880; Grenoble, oct. 1888.)

5. Un point matériel pesant, abandonné sans vitesse initiale sur un plan incliné et glissant sans frottement sous la seule action de la pesanteur, a parcouru sur le plan, en 10 secondes, une longueur de $245^m,25$. On demande quelle est l'inclinaison du plan.

(Marseille, juillet 1885.)

6. Dans une machine d'Atwood, la hauteur de chute pendant les 5 premières secondes est de 5^m. Sachant que le poids additionnel pèse 10^g, on demande le poids total de la masse mise en mouvement.

(Marseille, avril 1884; Paris, oct. 1888.)

7. Les poids égaux qui sous-tendent la corde enroulée sur la poulie d'une machine d'Atwood sont de P grammes. On demande de déterminer le poids additionnel qui donnera au système une vitesse de l mètres au bout de n secondes.

(Caen, nov. 1891.)

§ 2. Pendule.

8. On demande de calculer la vitesse acquise par un corps pesant tombant de 20 mètres de hauteur en un lieu de la Terre où le pendule simple qui bat la seconde a pour longueur $0^m,940$.

(Paris, juillet 1886; Dijon, juillet 1887.)

9. Un pendule simple bat exactement la seconde. De combien faut-il l'allonger pour qu'il batte une fois de plus en un jour ?

(Toulouse, nov. 1893.)

10. On constate que deux pendules de longueurs l et l' ont des temps d'oscillation qui diffèrent de $\dfrac{1}{n}$ de la valeur absolue du temps d'oscillation du pendule de longueur l. Trouver la longueur du pendule l' en fonction de l.

(Nancy, 1886.)

11. Les deux masses principales d'une machine d'Atwood valent P grammes chacune ; la masse additionnelle vaut p grammes ; on constate que le système parcourt l centimètres pendant la $n^{\text{ième}}$ seconde de sa chute. Déduire de ces données : 1° l'accélération de la pesanteur dans le lieu de l'expérience ; 2° la longueur qu'il faut donner en ce lieu à un pendule pour que son oscillation dure exactement une seconde. — On néglige les masses de la poulie et du fil.

(Paris, juillet 1891.)

12. La longueur du pendule simple qui bat la seconde en un point déterminé du globe est $0^m,997$. Calculer : 1° l'intensité de la pesanteur en ce point ; 2° ce que pèse, en ce point, 1 dm³ d'eau à 4° dans le vide, sachant qu'à Paris, où l'intensité de la pesanteur est de $9^m,8099$, 1 dm³ d'eau à 4° pèse 1 kg.

(Montpellier, nov. 1891.)

§ 3. Balance.

13. Sur la tranche d'un couteau C, on pose horizontalement une tige pesante AB portant à ses extrémités les poids P et Q. Indiquer la condition pour que la tige soit en équilibre.

(Paris, nov. 1885.)

14. On donne une balance symétrique par rapport au plan qui, passant par l'axe de rotation, est perpendiculaire à la ligne du fléau, et on suppose que les arêtes des trois couteaux (axe de rotation et couteaux de suspension des plateaux) sont dans un même plan. On demande l'angle dont s'inclinera le fléau quand on mettra dans l'un des plateaux un poids de 4^g. — Poids du fléau $= 100^g$, distance de son centre de gravité à l'axe de rotation $= 1^c$; distance qui sépare les couteaux de suspension des plateaux $= 50^c$.

(Toulouse, juillet 1887.)

CHAPITRE II

HYDROSTATIQUE

§ 1. Presse hydraulique. — Pressions à l'intérieur des liquides et sur les parois.

15. Deux corps de pompe communiquent l'un avec l'autre ; l'eau qu'ils contiennent est au même niveau dans l'un et dans l'autre ; la section de l'un est de 3 dm², celui de l'autre 4 dm², on place sur la surface de l'eau, dans le petit corps de pompe, un piston pesant 3411^g, et sur la surface de l'eau, dans l'autre, un piston du poids de 4964^g. Quel est celui des deux pistons qui descendra et de combien ? On fait abstraction de la résistance due au frottement.

16. Un corps de pompe vertical A, dont la section est de 1 dm², contient du mercure à sa partie inférieure et communique latéralement avec un tube vertical B. Sur le

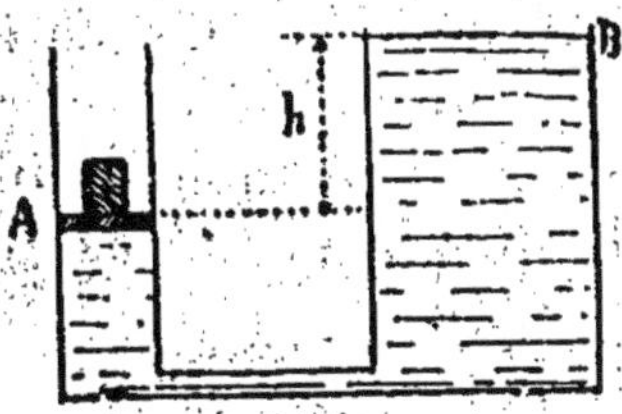

mercure repose un piston pesant, mobile, sans frottement dans le corps de pompe. La distance verticale entre la base A du piston et le niveau B du mercure dans le tube est de h cent. On demande : 1° quel est le poids du piston ? 2° quelle sera la distance verticale du niveau du mercure dans le tube B à la base du piston, quand on versera dans ce tube, par la partie supérieure, une quantité d'eau occupant dans le tube une longueur de l mètres. — Densité du mercure = 13,6.

(Clermont, nov. 1893.)

17. Un corps de pompe cylindrique, dont la section intérieure a 3 décimètres de rayon, se trouve placé dans une position verticale, et renferme une suffisante quantité d'eau; sur la surface de l'eau presse un piston percé à son centre d'une ouverture circulaire dont le rayon est de $0^m,05$ et au-dessus de laquelle s'élève verticalement un long tube faisant corps avec le piston; le poids total du piston et du tube est de 200^{kg}. On demande à quelle hauteur l'eau s'élèvera dans le tube au-dessus de la base inférieure du piston. On néglige les frottements, de sorte que le poids de 200^{kg} représente sans perte la pression exercée par le piston sur le liquide qu'il touche.

§ 2. Principe d'Archimède.

18. Un morceau de liège pèse 30^g dans l'air. On l'attache à l'extrémité A d'un fil qui passe sur une poulie verticale B fixée au fond d'un vase plein d'eau. L'autre extrémité C du fil est attachée à l'un des plateaux d'une balance. On met dans l'autre plateau 95^g et, dans ces conditions, le liège est entièrement plongé dans l'eau et le fléau horizontal. On demande la densité du liège.

(Besançon, juillet 1889.)

19. Une sphère de platine ayant 3 c. de rayon est suspendue au-dessous d'un des plateaux d'une balance et plonge complètement dans le mercure. Au-dessous de l'autre plateau est suspendu un cylindre de cuivre droit à base circulaire ayant aussi 3 c. de rayon. Ce cylindre plonge complètement dans l'eau. On demande quelle doit être sa hauteur pour que l'équilibre ait lieu. — Densité du mercure $= 13,59$, du cuivre $= 8,8$, du platine $= 22$.

(Lille, avril 1891.)

20. Une sphère métallique creuse, d'épaisseur uniforme, flotte sur un liquide de densité d, de telle sorte que son centre se trouve au niveau de la surface libre; la cavité intérieure de la sphère a un volume égal à v; la densité du métal $= d'$. Quel est le poids de cette sphère?

(Paris, avril 1891.)

21. Quel est le rapport des poids de deux sphères, l'une de platine, l'autre de fer, qu'il faudrait attacher ensemble pour que le système soit en équilibre au milieu du mercure? — Densité du platine = 21, du fer = 7,8, du mercure = 13,6.

(Marseille, nov. 1883; Nancy, nov. 1885; Paris, mai 1886.)

22. Un corps de densité 8,4 flotte à la surface de séparation de deux liquides de densité 13,6 et 5,8. Quel est le rapport des volumes immergés dans les deux liquides?

(Paris, juillet 1880; Clermont, avril 1885; Paris, nov. 1887;
Saint-Denis (Réunion), avril 1889.)

23. Un cube de fer dont les arêtes ont 8^c flotte sur un bain de mercure. Quelle est la hauteur dont émerge le cube au-dessus du bain : 1° quand il n'y a que du mercure dans le vase; 2° quand on a versé au-dessus du mercure une couche d'eau assez épaisse pour que le cube soit complètement noyé, en partie dans le mercure et en partie dans l'eau? Densité du fer = 7,7, du mercure = 13,6.

(Dijon, avril 1883.)

24. Un tube de verre cylindrique, fermé à sa partie supérieure et lesté avec du mercure, pèse p et flotte verticalement sur l'eau de façon que la fraction n de sa hauteur soit immergée dans le liquide. Quel poids de mercure faut-il ajouter dans le tube pour que dans un liquide de densité d le tube soit immergé jusqu'à son bord supérieur?

(Caen, nov. 1885; Paris, nov. 1885; Toulouse, avril 1889.)

25. Un vase a la forme d'un tronc de cône de révolution reposant sur sa petite base. Le rayon de celle-ci est 7^c, et l'inclinaison des arêtes 60°. Il contient un liquide qui s'élève à 10^c de hauteur. On y plonge verticalement un cylindre droit plein dont la densité est les 0,7 de celle du liquide; son rayon est 5^c et sa hauteur 10^c. Trouver : 1° quelle sera la hauteur de la partie immergée quand le cylindre vertical sera flottant; 2° de combien se sera élevé le niveau du liquide qui l'environne; 3° l'augmentation de pression par centimètre carré sur le fond du vase. — On calculera d'abord le rayon du cercle qui est à ce niveau.

(Lille, juillet 1886; Dijon, avril 1889; Alger, juillet 1892.)

26. Un prisme de fer dont la section droite a la forme d'un triangle isocèle ayant une base égale à l et une hauteur égale à h, flotte sur un bain de mercure de telle sorte que la plus grande face latérale soit horizontale. On demande : 1° de quelle hauteur émerge le prisme au-dessus du mercure? 2° quelle est la position du centre de poussée? — Densité du fer $= d$, du mercure $=$ D.

§ 3. Vases communicants.

27. Un tube de verre ABCDE est formé de deux cylindres AB, DE de section S et de hauteur h réunis par un tube BCD de section s. Il contient du mercure, de densité d, jusqu'au niveau BD. On verse de l'eau dans le vase AB jusqu'au moment où il est complètement rempli. On demande d'évaluer la dépression du mercure dans le tube BC. — *Application* 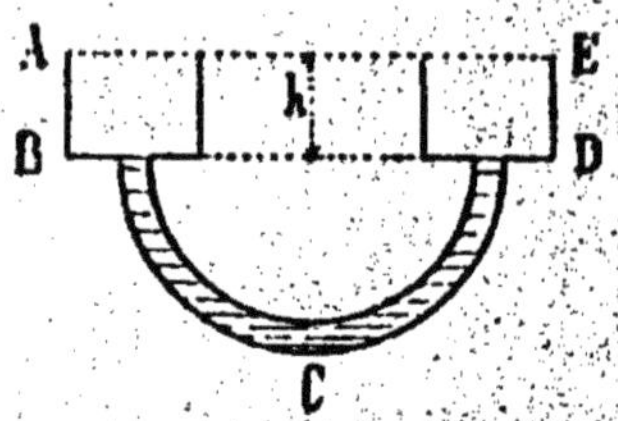

numérique : $d = 13,6$; $\dfrac{s}{S} = \dfrac{1}{10}$, $h = 13^c,95$.

(Nancy, avril 1893.)

§ 4. Densités. — Aréomètres.

28. Un ballon plein de mercure pèse un poids P. On le vide et on y introduit un poids p de poudre, puis on achève de le remplir avec du mercure. Dans cet état, il pèse P'. On demande la densité de la poudre. — Densité du mercure $=$ D.

(Besançon, nov. 1893.)

29. Un flacon plein d'eau pèse 250ᵍ, plein d'alcool 210ᵍ et plein d'éther 200ᵍ. On demande : 1° le poids du flacon vide; 2° le poids spécifique de l'éther, sachant que celui de l'alcool $= 0,80$.

(Dijon, oct. 1887.)

30. Un morceau de liège de poids p est attaché à un morceau de plomb qui pèse p' dans l'eau. Le système pèse p'' dans l'eau. On demande la densité du liège. — Densité du plomb $= d$.

(Nancy, nov. 1884.)

31. Deux liquides A et B ont pour densité A = 1,1 et B = 1,2. On les mélange dans la proportion, en volume, de 2 parties pour A et 5 parties pour B ; le volume total du mélange se contracte de $\frac{1}{136}$. On plonge verticalement dans ce mélange un cylindre de 1m,20 de haut qui surnage de 0m,06. Quelle est la densité de la substance formant le cylindre ?

(Marseille, avril 1885.)

32. Un aréomètre de Fahrenheit plongé dans un liquide de densité 1,4 à 0° et il faut ajouter 42g dans la capsule supérieure pour obtenir l'affleurement. Lorsqu'on le plonge dans l'eau pure à 4°, il faut ajouter 20g pour obtenir l'affleurement. On demande le poids de l'instrument.

(Clermont, juillet 1881 ; Dijon, nov. 1887 ; Montpellier, nov. 1889.)

33. Un aréomètre à poids constant est gradué en parties d'égale longueur. On marque zéro vers le milieu de la tige, de façon à compter positivement les degrés au-dessus de 0, et négativement au-dessous. L'appareil marque — 50° dans l'acide azotique de densité 1,45, + 25° dans l'alcool de densité 0,792. Quelle est la densité du liquide dans lequel l'instrument marque 0° ? Quel degré marquerait-il dans l'huile d'olive de densité = 0,915 ?

(Lille, nov. 1888.)

34. Un aréomètre porte une tige graduée en parties d'égal volume ; cet instrument pèse P grammes, et il affleure dans l'eau à la division zéro. On attache au sommet un poids de p grammes, et on fait plonger de nouveau dans l'eau : il affleure cette fois à la division n. On demande quelle est la densité d'un liquide dans lequel l'aréomètre affleure sans surcharge à la division n'.

(Grenoble, juillet 1886 ; Paris, juillet 1891.)

35. Un aréomètre à poids constant et à tige parfaitement cylindrique pèse 100 g. Lorsqu'on le plonge dans l'eau, le point d'affleurement est au bas de la tige, à la division zéro. Lorsqu'on le plonge dans un liquide de densité 0,9, le point d'affleurement est à la division 10. On demande : 1° quel est le volume d'une division de la tige ; 2° quel est le poids de fer qu'il faut suspendre au bas de l'aréomètre pour que,

l'instrument étant plongé dans l'eau, le point d'affleurement correspondo à la division 10 de la tige. — Densité du fer = 7,8.

(*Marseille, oct. 1885.*)

30. Un aréomètre de Baumé marque 5° dans du lait pur. Quel degré marquera-t-il dans du lait étendu contenant 400 g d'eau par litre? — Densité de la solution saline qui a servi à marquer le 15° degré = 1,116.

(*Besançon, nov. 1893.*)

CHAPITRE III

STATIQUE DES GAZ

§ 1. Pression atmosphérique. — Baromètres.

37. Une soupape pesant p kg recouvre une ouverture de s dm². On désire qu'elle ne s'ouvre que sous une différence de pression de n atmosphères. De quel poids faut-il la charger? — On suppose que l'atmosphère équivaut à H millimètres de mercure.

(*Grenoble, juillet 1883.*)

38. Un corps de pompe à axe vertical, de section S, de hauteur l, fermé par un piston de poids ϖ, renferme un poids P d'air sec. La pression extérieure est H et la température 0°. Quel effort faut-il exercer sur le piston pour le maintenir en équilibre? — *Application numérique :* S = 0^m²,02, H = 770^{mm}, l = 0^m,6, ϖ = 0^{kg},3, P = 40^g; densité du mercure = 13,6; poids normal du litre d'air = 1^g,293.

(*Alger, avril 1889.*)

39. On suppose que, depuis le niveau du sol jusqu'à 100 mètres de hauteur, le poids spécifique de l'air est constant et égal à $\dfrac{1}{770}$. Quelle est, à cette hauteur de 100 mètres, la hauteur de la colonne barométrique? On admet qu'à la surface du sol la pression atmosphérique est égale à 76 c de mercure.

40. Un baromètre marque une hauteur h; on le plonge dans un liquide de densité d, celle du mercure étant D, et on observe une différence de niveau h' entre la surface du liquide et le niveau du mercure dans la cuvette. Calculer la hauteur x du mercure dans le baromètre. — Discuter la formule trouvée en supposant $d >$ ou $<$ petit que D.

(Nancy, avril 1885.)

§ 2. Loi de Mariotte. — Manomètres.

41. Une masse d'air est emprisonnée dans un cylindre vertical fermé à la partie supérieure par un piston de poids P. 1° Calculer la force élastique de cette masse d'air, sachant que la pression extérieure est équilibrée par une colonne de mercure de hauteur H, de densité D, et que la section droite du cylindre est S. 2° On place sur le piston un poids P_1. Calculer la hauteur dont il se déplacera. — On sait que la distance qui sépare la base du cylindre de la partie inférieure du piston est, dans la première partie de l'expérience, l. — *Application numérique :* $P = 10^{kg},2$, $H = 750^{mm}$, $D = 13,6$, $S = 10^{cm^2}$, $P_1 = 20^{kg}$, $l = 3^d$.

(Nancy, juillet 1890 ; Paris, oct. 1891.)

42. On plonge une éprouvette cylindrique de hauteur h, pleine d'air à la pression atmosphérique normale, dans du mercure. On demande de combien il faudra enfoncer l'éprouvette pour que le volume de l'air soit réduit à sa moitié.

(Nancy, avril 1893.)

43. Un ballon muni d'une monture à robinet contient de l'air à la pression de $0^m,77$. On l'ajuste à la partie supérieure d'un baromètre à cuvette dont le tube a une hauteur de 90 c au-dessus du niveau du mercure dans la cuvette et une section de 2 cm². On ouvre le robinet, le mercure s'abaisse dans ce tube jusqu'à ce qu'il ne soit plus qu'à 10 c au-dessus du niveau du mercure dans la cuvette. La pression extérieure est de 76 centimètres et la température invariable. Quelle est la capacité du ballon ?

(Caen, nov. 1893.)

44. Un tube cylindrique recourbé ABC contient de l'air en AM, du mercure de densité D en MBM', le plan horizontal contenant la surface M renfermant la surface M'. On verse une colonne d'eau de hauteur h dans la portion CM'. Calculer la position du mercure dans la branche AMB, la pression atmosphérique étant équilibrée par une

colonne de mercure de hauteur H. — *Application numérique :*
AM $=$ MB $=$ 1^m ; $h =$ 20^m ; D $=$ 13,6 ; H $=$ 760^{mm}.

(*Clermont, avril 1893; Toulouse, juillet 1891.*)

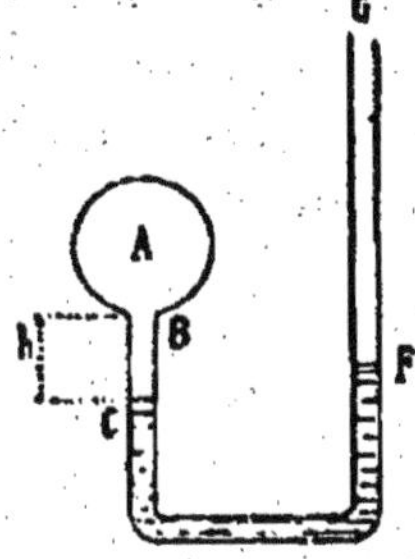

45. Un ballon A, d'une capacité égale à V, est soudé à un tube coudé BCFG de section s et dont les branches sont verticales. Du mercure, occupant la partie inférieure jusqu'à la hauteur du plan horizontal CF, isole de l'air à la pression atmosphérique H. On demande quelle est la hauteur de la colonne d'un liquide de densité d, moindre que la densité D du mercure, qu'il faut verser en G pour que le niveau G monte en B, CB étant égal à h.

(*Clermont, juillet 1831.*)

§ 3. Mélange des gaz.

46. D'un réservoir de capacité V, muni d'un robinet où se trouve de l'air comprimé à la pression H, on laisse sortir une quantité de gaz qui occupe un volume v à la pression h ($h <$ H), et on referme le robinet. A quelle pression se trouve l'air qui reste dans le réservoir?

(*Clermont, nov. 1884, avril 1889.*)

47. 400 litres d'air à 0° et à la pression de 760^{mm} contiennent 0^g,1203 d'anhydride carbonique. Quelle est la pression de ce dernier gaz dans l'air? — Densité de l'anhydride carbonique $=$ 1,529.

(*Paris, juillet 1885.*)

48. Un mélange d'air sec et de gaz carbonique (anhydride carbonique) a pour densité 1,254. Quelle est, en volume, la proportion de gaz carbonique mélangé à l'air? — Densité du gaz carbonique $=$ 1,529.

(*Poitiers, juillet 1884.*)

49. Dans un espace de 1 litre se trouvent enfermés 11^g,056 d'oxygène et 0^g,74 d'azote. Quelle est la composition centésimale en volume du mélange? Quelle est sa pression? — Densité de l'oxygène $=$ 1,1056, de l'azote $= \dfrac{7}{8}$ de celle de l'oxygène; poids normal du litre d'air $=$ 1^g,293.

(*Paris, mai 1888.*)

§ 4. Pompes.

50. On considère une machine pneumatique à un seul corps de pompe, dans laquelle l'air du récipient a tout d'abord une force élastique de 720^{mm}. On constate qu'après 3 coups de piston la force élastique n'est plus que de 216^{mm}, et on demande quel est le rapport entre le volume du corps de pompe et celui du récipient.

(Grenoble, juillet 1882; Dijon, juillet 1885; Nancy, nov. 1887; Toulouse, avril 1888.)

51. Dans une machine pneumatique à un corps de pompe, le volume du récipient est de 4 litres, le volume du corps de pompe, y compris l'espace nuisible, est égal à 215 cm³, le volume de l'*espace nuisible* est de 2 cm³. Le piston est au bas de sa course; la pression initiale de l'air contenu dans le récipient est 732^{mm} de mercure. On demande : 1° la pression dans le récipient après 5 coups de piston; 2° la pression limite qu'on obtiendrait en faisant fonctionner indéfiniment le piston; 3° le poids de l'air qui reste dans le récipient quand cette limite est pratiquement atteinte. — Pression atmosphérique = 743^{mm}; poids normal du litre d'air = 1^g,3.

(Dijon, juillet 1893.)

52. Le récipient d'une machine de compression a 4 litres de capacité. La capacité du corps de pompe est de 0^l,6. Calculer le nombre de coups de piston qu'il sera nécessaire de donner pour que le poids total de l'air contenu dans le récipient, supposé au début plein d'air sous la pression 760^{mm}, soit de 15^g. Calculer aussi la pression à ce moment.

(Montpellier, avril 1885, avril 1886, avril 1890.)

53. Un vase de forme cylindrique a une base de 4 cm² et une hauteur de 36^c. Les $\frac{2}{3}$ de la capacité sont remplis d'eau. On y comprime de l'air à l'aide d'une pompe dont le volume intérieur est de 350 cm³, ce qui détermine l'ascension de l'eau dans un tube vertical *étroit*, ouvert à son extrémité supérieure et débouchant au fond du vase. A quelle hauteur parviendra l'eau lorsqu'on aura donné 50 coups de piston et quelle est, en atmosphères, la pression du gaz intérieur?

(Rennes, nov. 1893.)

54. Une pompe aspirante et foulante communique avec deux réservoirs de volumes égaux V. Le réservoir B est vide, et le réservoir A contient de l'air à la pression H. Trouver la pression dans les deux réservoirs après n coups de piston, en supposant qu'il n'y ait pas d'espace nuisible. Voir ce qui arrive pour $n = \infty$.

(Nancy, juillet 1879.)

55. Le tuyau d'aspiration d'une pompe à liquide a une section s, une longueur l; le corps de pompe a une section S. Ces deux capacités sont remplies d'air à la pression atmosphérique de H^{mm} de mercure et le piston est au bas de sa course. On demande de combien il faudra soulever ce piston pour amener le liquide à l'extrémité supérieure du tuyau d'aspiration. — Densité du mercure $= D$, du liquide $= d$.

§ 5. Principe d'Archimède étendu aux gaz.
— Aérostats.

56. Un corps subit de la part de l'air une poussée égale à $2^g,25$ lorsque la pression atmosphérique est 760^{mm} et la température 10°. Cette poussée devient $2^g,50$ pour la même température et pour une certaine pression. Déterminer cette pression.

(Caen, avril 1886.)

57. Un ballon de verre, fermé à la lampe, pèse 125^g dans l'air, 122^g dans le gaz carbonique. Calculer son poids dans l'hydrogène. — Densité du gaz carbonique $= 1,529$, de l'hydrogène $= 0,069$.

(Montpellier, nov. 1892.)

58. Quelle hauteur faudra-t-il donner à un cylindre de platine pour que dans l'air sec, à 0° et sous la pression de 228^{mm}, il fasse exactement équilibre à un cylindre d'argent de même base et d'une hauteur de 10^c. — Densité de l'argent $= 10,8$, du platine $= 21,3$.

(Dijon, juillet 1891.)

59. Deux sphères A et B, de densité 11,4 et 1,5, suspendues par des fils très fins aux deux plateaux d'une balance hydrostatique, se feraient équilibre dans le vide. Il y a encore équilibre quand A est complètement immergée dans l'eau et B immergée en partie dans l'eau et en partie dans l'air. Quel est le rapport de la portion du volume immergé au volume total?

(Dijon, juillet 1885.)

60. Dans un baroscope, la différence des poids absolus de la grosse et de la petite boule est de $1^g,25$; la différence des volumes est telle que, pour maintenir l'équilibre dans l'eau à 0°, il faut ajouter $8^{kg},5$. Le baroscope est ensuite introduit dans l'air sec à 0°. Quelle sera la pression de cet air lorsque le baroscope sera en équilibre? — Densité de l'eau à 0° $= 0,9998$.

(Lyon, nov. 1876).

61. On suspend au-dessous des plateaux d'une balance deux sphères, l'une massive de rayon r, l'autre, creuse, plus grande, de rayon R, les deux rayons étant exprimés en centimètres. Elles se font équilibre dans l'air à la pression atmosphérique, mesurée par une colonne de mercure de 76^c de hauteur. La balance est portée dans un récipient plein d'un gaz de densité d, dont la tension en colonne de mercure est de H centimètres, H étant plus grand que 76^c. De quel côté penchera le fléau et quel poids, en grammes, faudrait-il mettre dans l'un des plateaux pour rétablir l'équilibre?

(Rennes, avril 1893.)

62. Évaluer la force ascensionnelle d'un ballon sphérique qui, étant vide, pèse 65^{kg} et qui est rempli d'hydrogène pur. L'enveloppe pèse 200^g par mètre carré. — Densité de l'hydrogène $= 0,0695$; poids spécifique de l'air $= 0,001293$.

(Nancy, juillet 1885.)

63. Un ballon dont la force ascensionnelle est de 500^{kg} est rempli d'hydrogène dont le mètre cube pèse 80^g. Le poids du mètre cube d'air ambiant est de $1^{kg},3$; le poids mort du ballon est de 100^{kg}. Calculer le rayon du ballon.

(Lyon, juillet 1883.)

§ 6. Siphons. — Dissolution des gaz dans les liquides.

64. Un siphon est employé à transvaser du mercure, et ses deux extrémités plongent dans ce liquide. Le tout est placé sous une cloche où l'on raréfie l'air de plus en plus. On demande quelle sera la pression de l'air intérieur : 1° lorsque la colonne mercurielle se rompra dans le haut du siphon ; 2° lorsque le mercure cessera de couler.

(Grenoble, juillet 1883.)

65. Deux vessies à robinets contiennent un liquide de densité d et sont placées à des niveaux différents dans une cuve à eau ; elles sont réunies par un siphon amorcé, rempli du liquide de densité d, mais les robinets des vessies sont fermés. On ouvre ces robinets et on demande dans quel sens fonctionnera le siphon, suivant que $d >$ ou < 1.

(Paris, nov. 1885.)

66. Un vase cylindrique A est fermé à la partie supérieure par un couvercle muni d'un robinet R et laissant passer la

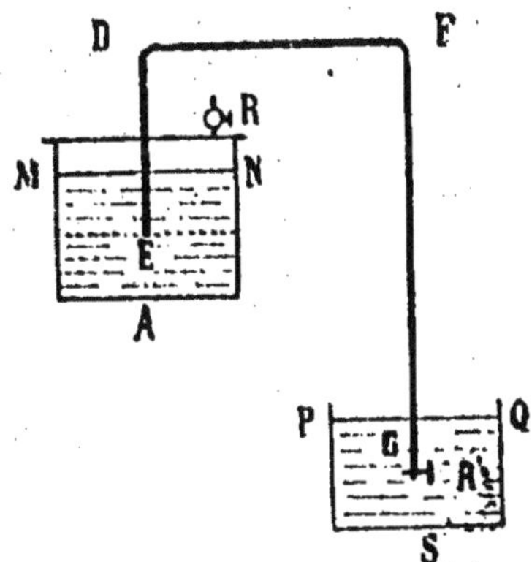

branche ED d'un siphon EDFG. Ce vase renferme de l'eau dont le niveau MN est à une distance de 10ᶜ du couvercle et à une hauteur de 2ᵐ au-dessus de l'ouverture du robinet R' qui ferme l'extrémité FG du siphon. Le siphon étant plein d'eau et le robinet R' fermé, on ouvre un instant le robinet R, puis on le referme et on ouvre R'. On demande quel est le poids d'eau qui s'écoulera du vase, sachant que la section de l'espace annulaire compris entre le tube ED et les parois du vase est de 1 dm² et que le baromètre marque une pression de 76ᶜ? On supposera la température invariable. — Densité du mercure $=$ 13,6.

(Clermont, nov. 1892.)

67. L'air étant formé d'un mélange d'azote et d'oxygène dans le rapport de 79 à 21 en volumes, dans quel rapport se

trouveront les quantités de ces deux gaz dissoutes dans l'eau, sachant que ce liquide dissout 0,042 de son volume d'oxygène et 0,0239 de son volume d'azote.

(Lyon, nov. 1893.)

68. On met 1^g d'eau en contact avec une atmosphère indéfinie de gaz ammoniac, sec et pur, à 600^{mm} de pression. Quel sera le poids de cette eau après qu'elle sera saturée du gaz? — Coeff. de solubilité du gaz ammoniac à la température de l'expérience = 670; densité du gaz ammoniac = 0,591.

CHAPITRE IV

CHALEUR

§ 1. Thermomètres.

69. Déterminer la température pour laquelle le nombre de degrés indiqués par le thermomètre Centigrade est la moyenne arithmétique des nombres donnés par les deux thermomètres Réaumur et Fahrenheit.

(Dijon, nov. 1893.)

70. Un réservoir cylindrique de verre, soudé à un petit tube capillaire recourbé, renferme, à $0°$, 417^g de mercure. On le chauffe à une température telle, qu'il sort du réservoir 18^g de mercure. Quelle est cette température? — Coeff. de dilat. lin. du verre $= 0,000\ 008$; coeff. de dilat. absolue du mercure $= 0,000\ 18$.

(Lyon, avril 1880; Caen, juillet 1890; Rennes, avril 1890, avril 1893.

§ 2. Dilatation des corps solides.

71. Un triangle métallique isocèle a ses deux côtés égaux en fer; leur longueur est λ à $t°$. La base du triangle est en cuivre et sa longueur à $t°$ est λ'. A quelle température θ faut-il porter ce triangle pour le rendre équilatéral? — Coeff. de dilat. lin. du fer $= \alpha$, du cuivre $= \alpha'$.

(Caen, avril 1893.)

72. Une règle d'acier porte une division telle que la distance entre deux traits consécutifs est égale à l'unité de longueur quand la règle est à $0°$. On se sert de cette règle pour diviser une règle en cuivre; l'opération se fait à la tempéra-

ture 0. Quelle sera à une température t la valeur de la distance de deux traits consécutifs sur la règle en cuivre? — Coeff. de dilat. lin. de l'acier $= k$, du cuivre $= k'$.

(Bordeaux, avril 1888.)

73. Un anneau métallique, maintenu à 0°, a un rayon de 1 centimètre. Une sphère de cuivre pèse 36^{gr},6. A quelle température faut-il porter cette sphère pour qu'elle cesse de passer à travers l'anneau? — Coeff. de dilat. cub. du cuivre $= 0,000\,054$; densité du cuivre $= 8,8$.

(Paris, juillet 1893.)

74. On a un carré de tôle de 4 mètres de côté à 0°. On porte la température à 64°. Calculer ce que deviendra sa surface, sachant que le coeff. de dilat. lin. du fer $= 0,000\,0123$.

(Montpellier, nov. 1892.)

75. Une horloge dans laquelle un pendule de fer non compensé bat la seconde, marche exactement à la température de 0°. Dans une enceinte à la température de t°, elle retarde de 10 secondes en 24 heures. Quelle est la valeur de t? — Coeff. de dilat. lin. du fer $= 0,000\,0123$.

(Dijon, nov. 1891; Bordeaux, juillet 1892.)

§ 3. Dilatation des liquides.

76. Quel est, à 0°, le volume d'un vase de verre exactement rempli par 600^g de mercure à 30°. — Densité du mercure $= 13,56$; coeff. de dilat. lin. du verre $= 0,000\,008$; coeff. de dilat. absolue du mercure $= 0,00018$.

(Lyon, juillet 1881; Alger, nov. 1888; Caen, nov. 1890;
Rennes, avril 1893, nov. 1893.)

77. Un vase de verre contient à 0° une tige de platine pesant 200^g et 148^g de mercure. Il est plein. On chauffe à 100° et on demande le poids de mercure qui sort. — Densité du platine $= 21,4$, du mercure $= 13,59$; coeff. de dilat. cubique du platine $= \dfrac{1}{37\,700}$, cub. du verre $= \dfrac{1}{38\,700}$; coeff. de dilat. absolue du mercure $= \dfrac{1}{5\,550}$.

(Montpellier, août 1878; Alger, août 1888.)

78. Un réservoir cylindrique en verre ayant un volume de V cm³ à 0° est terminé par un tube également cylindrique en verre ayant un volume de v cm³ à 0°. Le réservoir étant plein de mercure à 0°, on demande à quelle température il faudra porter tout l'appareil pour qu'il soit plein de mercure. — Coeff. de dilat. absolue du mercure $= m$; coeff. de dilat. cubique du verre $= k$.

(Nancy, juillet 1887; nov. 1887.)

79. Une enveloppe thermométrique dont la tige est bien calibrée, a son zéro à l'origine de la tige, et le point 100 à l'extrémité. Le poids de l'enveloppe vide est de 15ᵍ. Cette enveloppe pèse 47ᵍ,8 lorsque à 0° le réservoir est plein de mercure, 48ᵍ,3 lorsque à 0° le réservoir et le tube sont pleins de mercure. Calculer le rapport entre le volume d'une division et le volume du réservoir; en déduire le coefficient de dilatation apparente du mercure dans le verre.

(Dijon, juillet 1884.)

80. On a mesuré, dans un tube capillaire, la longueur occupée par 1ᵍ,5 de mercure à 0°. Cette longueur est de 30 divisions et le tube en compte 150. On soude à l'extrémité du tube un réservoir sphérique. Quel doit être le volume de ce réservoir à 0° pour que les divisions du tube correspondent, la première à la température de 0° et la 150° à la température de 100°? — Coeff. de dilat. app. du mercure

dans le verre $= \dfrac{1}{6480}$; densité du mercure $= 13,6$.

(Lyon, juillet 1876; Paris, oct. 1889.)

81. Un cube de platine perd 135ᵍ de son poids dans le mercure à 0°; à 30°, il en perd seulement 134ᵍ,38. Trouver le coefficient de dilatation cubique du platine, sachant que le coeff. de dilat. absolue du mercure $= 0,00018$.

(Nancy, nov. 1885; Lille, avril 1888.)

82. Un cylindre de densité d_0 et de hauteur h_0 à 0° est placé dans un vase qui renferme deux liquides de densités δ_0 et δ'_0 à 0°. Le cylindre est maintenu vertical et est abandonné à lui-même. Étudier les divers cas d'équilibre. En supposant, en particulier, que le cylindre en équilibre coupe la surface de séparation des deux liquides, que deviendraient à t^o les hauteurs comprises dans chacun des fluides? — Coeff. de dilat. lin. du métal qui forme le cylindre $= l$; coeff. de dilat. app. du premier et du second liquide $= a$ et a'; coeff. de dilat. cub. du vase $= k$.

(Nancy, juillet 1890.)

83. Un aréomètre de Fahrenheit pèse 80ᵍ. Il doit être chargé de 45ᵍ pour affleurer à 20° dans un liquide dont la densité est 1,5 à cette température. On demande quel est à 0° le volume de cet aréomètre jusqu'au point d'affleurement. —

Coeff. de dilat. cub. du verre de l'aréomètre $= \dfrac{1}{38\,700}$.

(Lille, juillet 1887.)

84. Une boule de platine, suspendue au fléau d'une balance, plonge dans du mercure. La température étant de 0°, on règle l'équilibre de la balance en plaçant une tare convenable dans le plateau A. On demande quel poids il faut ajouter ou retrancher dans ce plateau lorsque la température devient t^o. On supposera la balance parfaitement juste. — Poids de la boule de platine dans le vide $= P$; densité du platine $= d$, du mercure $= d'$; coeff. de dilat. cub. du platine $= k$; coeff. de dilat. absolue du mercure $= m$ ($m > k$).

(Lille, avril 1881, juillet 1887; Grenoble, nov. 1892.)

§ 4. Dilatation et mélange des gaz. — Densité des gaz.

85. L'air, au pied d'une montagne, est à 95° Fahrenheit et à la pression $0^m,76$. Quel volume de cet air faut-il mettre dans une vessie dont la capacité maximum est 4 litres pour qu'elle soit complètement gonflée lorsqu'on la transportera au sommet de la montagne où la température est — 12° C et la pression $0^m,43$? — Coeff. de dilat. des gaz $= 0,0037$.

86. Au-dessus d'une cuvette à mercure *très large* est dressée une *longue* éprouvette cylindrique, contenant une colonne d'air de $0^m,50$ de longueur à la température de 0° et sous une pression de 1 kg par centimètre carré. La température s'élève de 27°,3; on demande de quelle longueur x s'accroît la longueur de la colonne d'air, la pression extérieure étant

invariable et de 76 c. — Coeff. de dilat. de l'air $= \dfrac{1}{273}$; densité du mercure $= 13,6$. On ne tiendra pas compte de la dilatation du mercure.

(Paris, juillet 1893.)

87. Un tube barométrique bien cylindrique est placé sur une cuvette à mercure à très large surface. Ce tube a 1^c de diamètre et 83^c de longueur, et le mercure s'y élève a $708^{mm},2$, la température étant de 15°. On introduit dans la chambre barométrique 9^{cm3} d'air mesurés à 28° et à la pression de 728^{mm}. On demande la nouvelle hauteur du mercure dans le tube barométrique, les conditions de pression et de température restant les mêmes.

(Lyon, juillet 1893.)

88. Un ballon ouvert, de la capacité de $4^{lit},3$, est rempli d'air sec à la température de 0° et à 760^{mm}. On porte le tout à la température 40°; on ferme le ballon à cette température et on ramène le tout à 0°. Quelle sera alors la pression dans l'intérieur du ballon? On ne tiendra pas compte de la dilatation du vase.

(Marseille, oct. 1884.)

89. Un réservoir A, à 0°, contient $616g$ d'air à 760^{mm}. 1° On demande le volume de ce réservoir. 2° On porte le réservoir A à 100°, puis on ouvre un robinet de manière à établir la communication entre A et un réservoir B de volume égal, à 0°, dans lequel on a fait le vide. Une partie de l'air de A se précipite dans B. Quand l'équilibre sera établi, quels seront les poids x et y d'air contenus respectivement dans A et B? On négligera la dilatation du vase A.

(Clermont, août 1889.)

90. Un ballon plein d'air sec à 15° et à la pression 760^{mm} pèse 812^g. Après avoir fait le vide à 35^{mm} de pression, le ballon pèse $808^g,5$. Calculer l'épaisseur du ballon, sachant que la densité du verre $= 2,6$, que le poids normal du litre d'air $= 1^g,293$, que le coeff. de dilat. de l'air $= 0,00369$ et que le coeff. de dilat. cubique du verre $= 0,0000256$. On ne tiendra pas compte de la poussée de l'air.

(Lyon, août 1880.)

91. Dans un vase en platine on enferme de l'air à 0° et sous la pression de 760mm. On chauffe; on mesure la pression qui s'exerce sur les parois et on trouve qu'elle est de 3kg,1008 par centimètre carré. On demande de calculer: 1° la température de l'air à ce moment; 2° la température à laquelle il faudrait chauffer l'appareil pour que la pression devienne double. On négligera la dilatation de l'enveloppe. — Densité du mercure = 13,6.

(Marseille, juin 1885; Nancy, juillet 1886; Besançon, juillet 1891;
Dijon, juillet 1891, nov. 1891; Besançon, avril 1892.)

92. Dans un lieu où l'air est sec et la température 15°, on mesure la hauteur barométrique avec une règle dont la dilatation est négligeable et on trouve 725mm. On demande: 1° quelle sera la hauteur du mercure à 0° qui mesurerait la même pression; 2° quelle sera la nouvelle lecture sur la règle quand on élèvera verticalement le baromètre d'une hauteur de 5 mètres. — Coeff. de dilat. absolue du mercure = 0,00018, de l'air = 0,00366; densité du mercure = 13,6; poids normal du litre d'air = 1g,3.

(Clermont, juillet 1892.)

93. On admet que l'eau de mer a une densité de 0,076 par rapport au mercure qui a, à 0°, une densité égale à 13,59 et dont le coeff. de dilat. est $\frac{1}{5550}$. On suppose que la loi de Mariotte appliquée à l'air soit indéfiniment vraie, et on demande de déterminer à quelle profondeur sous la mer l'air aura une densité (poids spécifique) égale à celle de l'eau qui l'environne, sans tenir compte de la compressibilité de l'eau ni des variations de température de la colonne liquide, que l'on suppose partout être à 10°. — Poids du litre d'air à 10° = 1g,29.

(Nancy, juillet 1884.)

94. Un corps pèse 21g,5 dans l'eau à 4° et 23g dans l'air sec à 15° et à 740mm. On demande ce qu'il pèserait dans l'hydrogène sec à la même température et à la même pression. — Densité de l'hydrogène = 0,07; poids spéc. normal de l'air = 0,0013; coeff. de dilat. cub. du corps = 0,00037; coeff. de dilat. des gaz = 0,0037.

(Lyon, juillet 1876.)

95. Un ballon pesant en tout 300 kg se maintient en équilibre dans l'atmosphère à une hauteur où le baromètre placé dans la nacelle marque 438^{mm}. La température est de 6°. Quel est le volume de ce ballon?

(Paris, juillet 1884.)

96. Les deux boules d'un baroscope ont respectivement pour volume 1^l,8 et 0^l,01 : elles s'équilibrent dans l'air atmosphérique, supposé sec, à 0° et à la pression de 760^{mm}. Quel poids sera nécessaire au rétablissement de l'équilibre, si la température devient 35° et la pression 1^{mm},5?

(Dijon, nov. 1876; Montpellier, nov. 1889; Lille, juillet 1890.)

97. Quelle est la force ascensionnelle au départ d'un ballon de 12 m de diamètre, gonflé avec du gaz d'éclairage dont la densité $= 0,55$? On supposera la pression atmosphérique égale à 0^m,756 et la température de l'air et du gaz qui remplit le ballon égale à 15°. L'enveloppe du ballon pèse 300 g par mètre carré; le poids de la nacelle et des agrès est de 215 kg et le ballon est monté par deux personnes pesant ensemble 144 kg.

(Paris, juillet 1880; Montpellier, nov. 1888.)

98. Un ballon à air chaud a un volume de 15 000 litres et pèse 3 kg. A quelle température faut-il porter l'air intérieur pour qu'il s'élève avec une force ascensionnelle de 5 kg.? On suppose l'air atmosphérique à 0° et à 0^m,70. — Coeff. de dilat. de l'air $= \dfrac{11}{3000}$, poids spécifique de ce gaz $= \dfrac{1}{770}$.

(Lyon, juillet 1886; Alger, nov. 1893.)

99. Dans un ballon de 10 litres maintenu à 0° on mélange 20 litres d'air à la température de 100° et à la pression de 760^{mm} avec 10 litres de gaz acide chlorhydrique à 0° et à la pression de 2 fois 760^{mm}. On demande de trouver la pression du mélange.

(Caen, nov. 1893.)

100. Deux récipients identiques complètement fermés, de volume V, sont suspendus au-dessous des deux plateaux d'une balance parfaite et communiquent entre eux par un tube parfaitement flexible de poids négligeable. Ils contiennent primitivement de l'air sec à 0° et sous la pression atmosphérique H, et l'équilibre existe. On chauffe l'un des récipients à

la température t, l'autre étant maintenu à 0°. 1° On demande de quel côté il faut ajouter un poids et quel doit être ce poids pour rétablir l'équilibre. 2° Au moyen d'un petit orifice percé dans le tube, on rétablit la pression atmosphérique II sans modifier les températures 0° et $t°$, et on pose de nouveau la question précédente. On ne tiendra pas compte de la dilatation des récipients. — Coeff. de dilat. de l'air $= \dfrac{1}{273}$.

(Grenoble, nov. 1891.)

101. On a taré un ballon de volume V plein d'air à la pression II et à la température de 0°. On y fait le vide et on y laisse rentrer un gaz sec et pur à la température de 0° et sous la pression de II'. Pour rétablir l'équilibre, il faut ajouter dans la balance, du côté du ballon, p grammes. Quelle est la densité du gaz?

(Paris, juillet 1886 ; Montpellier, mars 1887.)

102. On a pesé successivement dans le même ballon deux gaz : le premier pesait 7ᵍ,425 à 18°,5 et à 739ᵐᵐ; le second 13ᵍ,8, la température étant de 10° et la pression de 760ᵐᵐ. Calculer le rapport de la densité du premier gaz à celle du second.

(Paris, mai 1885.)

103. 50 litres de gaz carbonique à 100° et à la pression de 78ᶜ sont mélangés avec 10ˡ d'hydrogène à 10° et à la pression de 75ᶜ, dans un vase maintenu à 60° et ayant 50ˡ de capacité. Quelle sera la densité du mélange? — Densité de l'hydrogène $= 0,0695$, du gaz carbonique $= 1,5207$.

(Nancy, juillet 1886 ; Marseille, oct. 1887.)

104. Une sphère creuse en laiton de 10 c de diamètre est suspendue à l'un des bras d'une balance et équilibrée dans l'air à 15° et sous la pression de 760ᵐᵐ par un poids en laiton de 20 grammes. Quelle proportion de gaz de densité 0,45 faudra-t-il mélanger à l'air pour que l'excès du poids de la boule sur le poids en laiton devienne 0ᵍ,1?

(Montpellier, mai 1889.)

§ 5. Vapeurs. — Mélange des gaz et des vapeurs.

105. Établir la formule qui donne le poids P d'un volume V de vapeur de densité d, la température étant t et la tension

22

de la vapeur f. A quelle température le même nombre exprime-t-il, en *grammes*, le poids de 1 mètre cube de vapeur d'eau et, en *millimètres*, la tension de cette vapeur? On prendra $\frac{5}{8}$ pour la densité de la vapeur d'eau et $\frac{1}{273}$ pour le coefficient de dilatation des gaz.

(Lille, nov. 1893.)

106. Un vase de 5 litres de capacité contient 20g d'éther à 0°. On demande si la totalité de l'éther est à l'état de vapeur ou s'il y a aussi de l'éther liquide. — Densité de l'éther = 2,58; tens. max. de la vap. d'éther à 0° = 185ᵐᵐ.

(Paris, juillet 1886.)

107. Un tube de verre très résistant est effilé à l'une de ses extrémités. On y introduit de l'éther que l'on fait bouillir de manière à chasser l'air complètement, puis on ferme le tube à la lampe. Le poids de l'éther contenu à ce moment dans le tube est de 10g. On porte l'appareil à 300° et l'on demande quelle sera, en atmosphères, la pression développée à l'intérieur du tube. On sait que la capacité du tube à 300° est exactement 100 cm³, que la densité de la vapeur d'éther est 2,586. Enfin, on sait que l'éther est entièrement volatilisé dans le tube à 300°.

(Paris, avril 1887.)

108. Un baromètre contient 0g,002 d'eau. La température est de 30°. On demande à quelle hauteur le sommet du tube doit s'élever au-dessus du niveau du mercure de la cuve pour que l'eau soit entièrement transformée en vapeur saturante. —Section du tube = 10cm²; pression barométrique du moment = 760ᵐᵐ; tens. max. de la vap. d'eau à 30° = 31ᵐᵐ,6; densité de la vap. d'eau = 0,622; coeff. de dilat. des gaz = 0,00367.

(Besançon, avril 1883.)

109. A une certaine température, un ballon est rempli d'un mélange d'un certain gaz, de densité d, et de vapeur d'eau, de densité d', sous la pression H. La tension de la vapeur d'eau dans le mélange est f, et le poids du mélange p. Quel serait le poids de ce même gaz, sec, qui remplirait le même ballon dans des conditions identiques de température et de pression?

(Nancy, nov. 1891.)

110. Un vase clos renferme de l'air sec à 0° et à 760^{mm}. Il s'y trouve également une ampoule scellée à la lampe, pleine d'eau. On porte le vase à 100°, l'ampoule se brise et une partie de l'eau se vaporise. Calculer la pression finale. — Coeff. de dilat. cubique du verre $= \dfrac{1}{0387}$; des gaz $= \dfrac{1}{273}$.

(Rennes, nov. 1891; Marseille, nov. 1892.)

111. On donne un volume V de gaz saturé d'humidité à $t°$, sous la pression H. Quel sera le volume du gaz sec à $t°$, sous la pression H'? — Tens. max. de la vap. d'eau à $t° = $ F.

(Clermont, avril 1879; Besançon, oct. 1884; Marseille, juillet 1888;
Lyon, nov. 1888.)

112. On a refroidi, de T à $t°$, V litres d'air saturé d'humidité, en maintenant constante la pression, qui est de H centimètres de mercure. On demande le volume du mélange à $t°$ et le poids de la vapeur d'eau condensée. — Densité de la vap. d'eau $= \dfrac{5}{8}$.

(Bordeaux, juillet 1893; Alger, nov. 1891.)

113. Un vase cylindrique de 1 dm² de section, fermé par un piston mobile de poids négligeable, contient 4^g d'air saturé de vapeur d'eau à 100°. La pression extérieure est de 76 centimètres. A quelle hauteur se fixera le piston en le supposant chargé d'un poids de 50 kg? — Densité de la vap. d'eau $= \dfrac{5}{8}$.

(Poitiers, nov. 1893.)

114. Un litre d'air à 33°,3, saturé de vapeur d'eau et à la pression normale de 76^c, est comprimé à la moitié de son volume primitif sans changement de température. On demande : 1° quel sera le poids de vapeur condensée; 2° quelle sera la pression finale du mélange. — Tens. max. de la vap. d'eau à 33°,3 $= 38$^{mm}; densité de la vap. d'eau $= \dfrac{5}{8}$.

(Marseille, avril 1891.)

115. Un litre de gaz a été mesuré sec sur le mercure à 10° et sous la pression de 0^m,758. On transporte la cloche qui contient cette masse de gaz sur la cuve à eau, la température étant 0° et la hauteur barométrique 0m,770. On enfonce l'éprouvette jusqu'à ce que le volume soit réduit à $\frac{5}{6}$. Quelle sera la différence de niveau dans la cloche et dans la cuve? — Densité du mercure = 13,6; tens. max. de la vap. d'eau à 0° = 4mm,6.

(Paris, juillet 1870.)

116. On remplit un vase avec de l'air sec à la pression de 760mm, à une température telle, que la force élastique de la vapeur d'eau = 23mm. On sature l'air de vapeur d'eau sans que le volume primitif augmente et sans qu'il sorte d'air. On élève ensuite la température du tout de 40°. Quelle sera la pression dans l'intérieur du vase? On ne tiendra pas compte de la dilatation du vase.

(Marseille, sept. 1884.)

117. On a, dans un *tube de Mariotte* disposé pour l'expérience ordinaire, une longueur AB = 30c d'air saturé d'une vapeur ayant une pression de 20c de mercure. On verse du mercure dans la branche ouverte de manière que le volume devienne AC = 15c. On demande la longueur de la colonne de mercure qu'il a fallu verser. — Le baromètre marque 76c.

(Dijon, nov. 1867.)

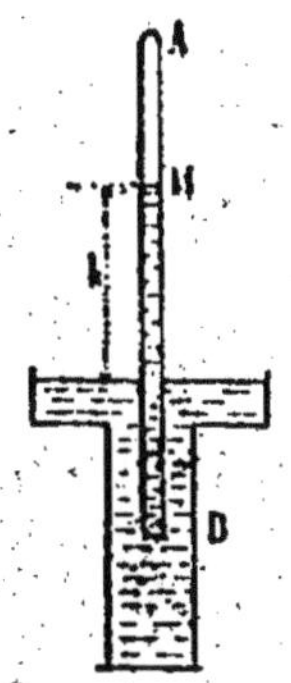

118. Un tube cylindrique AB, placé sur une cuvette profonde, contient une masse d'air occupant le volume AM; il existe de plus en M une petite couche d'eau de poids négligeable. On constate que le niveau M du mercure dans le tube est à une hauteur h au-dessus du niveau du mercure dans la cuve, supposée très large. On soulève le tube de manière à doubler le volume occupé par l'air; on demande à quelle hauteur le mercure s'élèvera dans le tube. On désignera par H la pression atmosphérique au moment de l'expérience, par f la tens. max. de la vap. d'eau à la température constante à laquelle on opère.

(Grenoble, juillet 1886; Besançon, juillet 1889.)

119. On donne 1 litre d'air saturé de vapeur d'eau à 0° et à la pression de 765mm. On fait le vide de manière que la pression devienne 10mm, la température restant 0°. On

demande de calculer la proportion relative d'air sec et de vapeur d'eau contenus dans ce mélange gazeux ainsi raréfié. — Densité de la vap. d'eau $= 0,622$; tens. max. de la vap. d'eau à $0° = 4^{mm},7$; poids normal du litre d'air $= 1^g,293$.

(Nancy, nov. 1879.)

120. Dans un récipient de 20 litres, maintenu à $0°$ et vide, on introduit 15 litres d'oxygène à $20°$ et à la pression de 720^{mm}, puis 10 litres d'azote à $15°$ et à la pression de 760^{mm}. Enfin, on fait entrer 4^{cm3} d'eau qui se vaporisent entièrement. On demande la pression totale dans le récipient, dont on suppose les parois inextensibles. — Coeff. de dilat. des gaz $= 0,00367$; densité de la vap. d'eau $= 0,622$.

(Lyon, juillet 1876.)

121. On mélange 7500 m³ de gaz saturé d'humidité à $25°$ et à 760^{mm}, avec 6200 m³ de gaz saturé d'humidité à $30°$ et à 700^{mm}. Quel sera le volume du mélange, mesuré à $50°$, sur l'eau et à la pression de 750^{mm}? — Tens. max. de la vap. d'eau à $25° = 23^{mm}$, à $30° = 31^{mm}$, à $50° = 92^{mm}$.

(Caen, nov. 1884; Paris, nov. 1889.)

122. Quelle est la perte de poids subie dans l'air par un ballon de cuivre de 1 litre de capacité à $0°$? La pression actuelle est 759^{mm}, la température $27°,3$, la tension de la vapeur d'eau dans l'air 24^{mm}. — Densité de la vap. d'eau $= \dfrac{5}{8}$; coeff. de dilat. linéaire du cuivre $= 0,0000172$.

(Marseille, juillet 1885.)

123. Le tuyau d'aspiration d'une pompe à eau a une section de 10 cm², une longueur de 140 c; le corps de pompe a une section de 10 dm². Ces deux capacités sont remplies d'air à la pression atmosphérique de 76^c, et le piston est au bas de sa course. De combien faudra-t-il soulever ce piston pour amener l'eau à l'extrémité supérieure du tuyau d'aspiration? — Tens. max. de la vap. d'eau à la température de l'expérience $= 2^c$; densité du mercure à cette température $= 13,59$.

(Poitiers, avril 1893; Marseille, avril 1893.)

§ 6. Hygrométrie.

124. Une chambre ayant la forme d'un parallélépipède rectangle dont les dimensions sont 5^m, 4^m et 3^m, contient de l'air humide à 20° et à la pression de 760^{mm}. L'état hygrométrique est $\frac{2}{3}$. On demande de calculer séparément le poids de l'air et celui de la vapeur d'eau. — Densité de la vap. d'eau $= 0,622$; tens. max. de la vap. d'eau à 20° $= 17^{mm},4$.

(Clermont, nov. 1883; Grenoble, juillet 1886; Rennes, mars 1887; Paris, juillet 1887; Lyon, avril 1888; Grenoble, juillet 1888; Montpellier, nov. 1893.)

125. Chercher le volume d'air à 20° dont l'état hygrométrique serait 0,8 et qui contiendrait 1^{kg} de vapeur d'eau. — Densité de la vap. d'eau $= \frac{5}{8}$, tens. max. de la vap. d'eau à 20° $= 17^{mm},3$; coeff. de dilat. des gaz $= 0,00367$; poids normal du litre d'air $= 1^g,293$.

(Dijon, juillet 1885.)

126. Une masse d'air humide dont la température est de 15° et la pression 760^{mm} renferme des masses de vapeur d'eau et d'air qui sont entre elles dans le rapport de 1 à 100. On demande quel est l'état hygrométrique de cette masse d'air. — Densité de la vap. d'eau $= 0,622$.

(Paris, oct. 1890.)

127. Dans une masse d'air sec pesant 1^{kg}, on introduit 10 grammes d'eau. La pression du mélange qui en résulte est de 760^{mm}, la température 30°. Déterminer l'état hygrométrique de l'air humide. — Densité de la vap. d'eau $= 0,622$; tens. max. de la vap. d'eau à 30° $= 31^{mm},75$.

(Dijon, avril 1891.)

128. Une masse d'air humide occupe un volume de 200 mètres cubes, sa température est 30°, son état hygrométrique 0,8. On refroidit cet air à 0°. Quel est le poids d'eau qui se condensera? — Densité de la vap. d'eau $= \frac{5}{8}$; tens. max. de la vap. d'eau à 30° $= 31^{mm}$, à 0° $= 4^{mm}$.

(Nancy, juillet 1892.)

§ 7. Calorimétrie.

129. Deux morceaux de fer qui pèsent 231^g,5 et 240^g,1, ayant été chauffés à une température x, on les a plongés dans des calorimètres dont les capacités calorifiques sont respectivement 360^g et 450^g, et les températures 10° et 12°. Les températures finales des deux mélanges sont 17°,5 et 18°,4. Trouver la température x et la chaleur spécifique y du fer.

130. On mélange 600^g d'un liquide A à 35° avec 3^{kg} d'un autre liquide B à 120°. La température finale du mélange est 85°. On sait d'ailleurs, par des expériences préliminaires, qu'il s'est perdu 3 calories, soit par rayonnement, soit par conductibilité, pendant la durée de l'expérience, et que la chaleur spécifique du liquide B = 0,427. Quelle est la chaleur spécifique du liquide A?

(Paris, nov. 1885, juillet 1891; Dijon, nov. 1891.)

131. Indiquer ce qui se produit en mélangeant 500^g de glace à — 20° : 1° avec 30^g d'eau à 40°; 2° avec 300^g d'eau à 40°. — Chal. spécif. de la glace = 0,5; chal. de fusion de la glace = 80.

(Lille, nov. 1891; Caen, juillet 1892; Lyon, nov. 1892;
Montpellier, avril 1893; Lyon, juillet 1893.)

132. Un gros thermomètre à mercure chauffé à 100°, puis plongé dans la glace fondante, provoque la fusion de 123^g de glace et sa température tombe à 0°. Le même thermomètre, chauffé à 125°, est immergé dans une masse de mercure pesant 6 kg. et dont la température initiale est 14°. Quelle sera la température finale? — Chal. spécif. du mercure = 0,0332, chal. de fusion de la glace = 80.

(Dijon, juillet 1891.)

133. Entre la température de 20° et sa température de fusion (232°), un certain métal a une chaleur spécifique moyenne égale à 0,058. Sa chaleur de fusion est 14,6. Quel poids de charbon faudra-t-il brûler pour amener à l'état de fusion, à la température 232°, 1 kilogramme du métal en question, pris à la température de 20°, sachant que 1 kilogramme de charbon, en brûlant, fournit 8000 calories.

(Bordeaux, juillet 1891.)

134. Un certain poids de mercure, chauffé à 100°, est plongé dans de la glace fondante ; il provoque la fusion de 125ᵍ de glace. Le même poids de mercure, chauffé à 225°, est ajouté à une masse du même métal pesant 6ᵏᵍ, dont la température initiale est 14°. On demande la température finale de la masse de mercure. — Chal. spécif. du mercure = 0,0332 ; chal. de fusion de la glace = 80.

(Caen, avril 1891.)

135. On donne 1 kilogramme d'un mélange de glace et d'eau contenant un poids x de glace. On verse dans ce mélange 1 kg. d'eau à la température de 50°. On demande : 1° à quelles conditions doit satisfaire x pour que, l'équilibre de température étant établi, il reste encore de la glace dans le mélange ; 2° en supposant que x satisfasse à cette condition, quel poids de glace il reste dans le mélange ; 3° en supposant que x ne satisfasse pas à cette condition et que toute la glace soit fondue, quelle est la température finale de l'eau. — Chal. de fusion de la glace = 80.

(Grenoble, nov. 1893.)

136. On a fondu une masse de plomb que l'on a laissée refroidir jusqu'au commencement de la solidification, puis on a versé la portion encore liquide dans le récipient intérieur rempli d'eau d'un calorimètre à glace. Le poids du plomb fondu qui a été versé est de 0ᵏᵍ,4 ; la chal. spécif. du plomb = 0,0314, sa chal. de fusion = 5,37 ; la masse de glace fondue est de 0ᵏᵍ,078 et sa chal. de fusion = 80. On demande quelle est la température de fusion du plomb.

(Nancy, nov. 1893.)

137. Un vase de cuivre du poids de 3 kg renferme 10 kg d'eau à 10°. On y introduit 3 kg de glace à — 5° et de la vapeur d'eau à 100°. La température du vase et de son contenu monte à 20°. Quel est le poids de l'eau que contient alors le vase ? — Chal. spécif. du cuivre = 0,09, de la glace = 0,5, chal. de fusion de la glace = 80, de vapor. de l'eau = 537.

(Montpellier, avril 1884, juillet 1885 ; Poitiers, oct. 1889 ; Lyon, avril 1893 ; Poitiers, avril 1893 ; Rennes, avril 1893.)

138. Dans un vase plat, large et horizontal, on répand

500ᵍ d'eau à 100°; il s'en dégage 30ᵍ par évaporation subite. Que devient la température de cette eau? — Chal. de vapor. de l'eau à 100° = 537.

(Lyon, avril 1877.)

139. Partager une masse d'eau pesant 1 kilogramme et dont la température est 60°, en deux parties telles, que la chaleur qu'abandonnerait une de ces parties en se congelant à la température de 0° fût suffisante pour vaporiser l'autre partie à la température de 100°, la hauteur barométrique étant 76ᶜ. — Chal. de vapor. de l'eau à 100° = 537; chal. de fusion de la glace = 79,25.

(Nancy, nov. 1884.)

140. Une capsule en laiton pesant 25ᵍ contient 30ᵍ d'eau à 15°; on la place dans le vide au-dessus de l'acide sulfurique jusqu'à ce que le froid produit par l'évaporation ait réduit l'eau à un résidu de glace à 0°. Calculer le poids de glace qui restera dans la capsule. On négligera la chaleur communiquée par l'air extérieur. — Chal. de vapor. de l'eau à 0° = 606; chal. de fusion de la glace = 80; chal. spécif. du laiton = 0,1.

(Montpellier, avril 1891; Toulouse, juillet 1889.)

§ 8. Théorie mécanique de la chaleur. — Machines à vapeur.

141. Calculer de combien s'élève la température d'une masse d'eau qui tombe d'une hauteur de 70 mètres, sachant que l'équivalent mécanique de la chaleur = 427.

142. L'une des faces d'un piston est soumise à une pression de 12 atmosphères, l'autre à la pression atmosphérique. La course du piston est de 35 centimètres, le travail accompli pendant la course de 21 715,6 kilogrammètres. Quelle est la surface du piston?

(Nancy, nov. 1891.)

143. Le cylindre d'une machine à vapeur reçoit de la vapeur à 10 atmosphères qui presse la face inférieure du piston; la face supérieure reçoit la pression atmosphérique.

Le rayon du piston est de $0^m,20$, sa course de $0^m,50$. Quel est, en kilogrammètres, le travail accompli pendant la course du piston ?

(Rennes, avril 1892.)

144. Calculer en chevaux-vapeur la puissance d'une machine à double effet, sans condenseur, fonctionnant à 5 atmosphères, sachant qu'elle fait 2 tours à la seconde et que le piston a une section de 5 dm² et une course de 50^c.

(Poitiers, nov. 1892.)

§ 9. Chaleur rayonnante.

145. Trouver le point d'une circonférence qui reçoit le moins de chaleur de deux sources égales situées aux extrémités d'un même diamètre.

146. Une surface plane couverte de noir de fumée envoie une quantité Q de chaleur à un corps éloigné. Dans une première expérience, la surface rayonnante était à une distance d de ce corps. Dans une seconde expérience, la distance est d' et la surface est inclinée d'un angle α sur la direction des rayons. Quelle est la nouvelle quantité de chaleur reçue par le corps ?

(Lyon, novembre 1883; Dijon, juillet 1887.)

147. Deux sources calorifiques constantes sont placées aux points A et B et agissent sur les deux faces d'une pile thermo-électrique. L'aiguille du galvanomètre, en relation avec la pile, reste au zéro quand les distances des deux sources A et B aux deux faces de la pile sont respectivement a et b. On place alors entre B et la pile une lame diathermane et on constate que, pour ramener au zéro l'aiguille du galvanomètre, il faut déplacer la pile d'une quantité h le long de la tige AB et dans le sens AB. On demande quel est le pouvoir diathermane de la lame.

(Grenoble, nov. 1885; Clermont, nov. 1890.)

CHAPITRE V

ACOUSTIQUE

148. Un projectile lancé de haut en bas, par une arme à feu, vient frapper le sol au bout de 10 secondes. Au même instant un observateur placé près de l'endroit où tombe le projectile entend une détonation. Quelle est la vitesse du projectile au sortir de l'arme? — Accélération due à la pesanteur $= 9^m,8$; vitesse du son dans l'air à 0° $= 333^m$; température de l'air $= 22°$; coeff. de dilat. des gaz $= 0,0037$.

(Dijon, avril 1893.)

149. Une sirène ayant 16 trous à chaque plateau fait 800 tours en deux minutes. Quel est le nombre de vibrations du son produit? Quelle est la note donnée? Quel espace parcourt le son dans l'air pendant la durée d'une vibration? — On sait que le *la*, du diapason correspond à 435 vibrations et que la vitesse du son est de 340^m par seconde.

(Clermont, août 1877; Grenoble, juillet 1881 ; Paris, juillet 1885.)

150. On estime qu'une personne peut prononcer 4 syllabes par seconde. Cela posé, à quelle distance d'un écho doit-on se placer pour pouvoir prononcer 5 syllabes, ayant que la première, renvoyée par l'écho, parvienne à l'oreille? La température est supposée de 20° et l'on sait que la vitesse du son à 0° $= 332^m$ par seconde.

151. Une corde en acier rendant un certain son, on en prend une autre de même substance et également tendue, mais dont la section est les $\frac{4}{5}$ de celle de la première. Quel

doit être le rapport des longueurs des deux cordes pour que la deuxième rende un son plus aigu, dont l'intervalle au premier soit $\frac{4}{3}$?

(Nancy, avril 1878.)

152. Deux cordes de même matière et de même section ont des longueurs l et l'. L'une d'elles étant tendue par un poids P, quelles devront être les tensions de la seconde pour que le son qu'elles rendent soit : 1° à l'unisson ; 2° à l'octave aiguë ; 3° à la quinte de l'octave aiguë du son rendu par l'autre corde? — *Application numérique* : $l = 1^m$, $l' = 2^m$, $P = 1^{kg}$.

(Lille, nov. 1885.)

153. On tend sur un sonomètre, au moyen de poids égaux, deux fils cylindriques de même section, l'un en fer de densité 7,860, l'autre en platine de densité 21,501. Quelle longueur faut-il donner au fil de fer, l'autre ayant 75 centimètres, pour que les deux fils soient à l'unisson?

(Montpellier, juillet 1891 ; nov. 1892.)

154. On a deux cordes, l'une en cuivre dont la longueur $= 2^m$ et le rayon $= 3^{mm}$, l'autre en acier dont la longueur $= 3^m$ et le rayon $= 4^{mm}$. On demande le rapport des poids avec lesquels il faut tendre ces deux cordes pour que le son rendu par la corde en acier soit à l'octave grave du son rendu par la corde de cuivre. — Densité du cuivre $= 8,87$, de l'acier $= 7,8$.

(Nancy, juillet 1885 ; Montpellier, nov. 1888.)

155. On a trois cordes métalliques de même nature : la première, A, a une longueur de $0^m,50$ et un diamètre de $0^m,001$; la seconde, B, a une longueur de 2^m et même diamètre que A; enfin la troisième C a une longueur de $0^m,50$ et un diamètre de $0^m,0005$. On tend A par un poids de 1 kilog. et on demande quels sont les poids qu'il faut suspendre aux deux autres pour qu'en les ébranlant successivement avec un archet elles produisent l'accord parfait. La corde A correspond au son le plus grave et la corde C au son le plus aigu.

(Chambéry, juillet 1883.)

CHAPITRE VI

OPTIQUE

§ 1. Photométrie.

156. Un photomètre est formé par deux surfaces translucides OA et OB, dont l'angle AOB = 135°. Deux lumières S et S' séparées par un écran OD perpendiculaire à OA, et placées tout près de cet écran sont, la première à $1^m,50$, la seconde à $2^m,25$ du point O. Elles éclairent également les deux éléments de OA et de OB les plus voisins du point O. Quel est le rapport de leurs intensités lumineuses ?

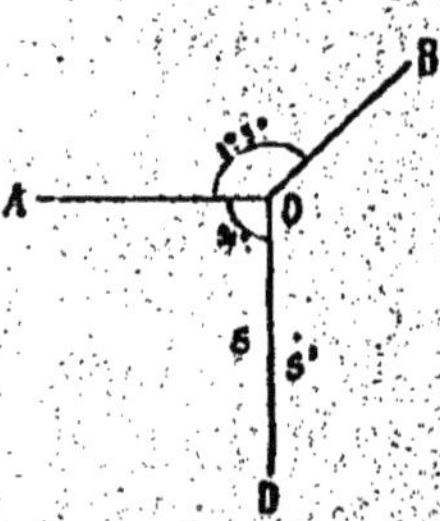

(Lyon, juillet 1886.)

157. En se servant du photomètre Rumford, on trouve qu'une lampe Carcel placée à $4^m,50$ de l'écran et une bougie placée à $1^m,82$ donnent des ombres également éclairées. Quelle est l'intensité de la lumière de la bougie, celle de la lampe étant prise pour unité ?

(Clermont, juillet 1881 ; Nancy, août 1885.)

§ 2. Réflexion. — Miroirs plans et miroirs sphériques.

158. Un miroir MN tourne autour d'un axe O contenu dans son plan. Trouver la trajectoire de l'image que ce miroir donne d'un point lumineux fixe quelconque.

159. On donne deux miroirs plans parallèles M et N dont la distance *mn* est égale à *d*. Un point lumineux S est placé sur

la droite mn à une distance a du point m et on considère un point O placé aussi à une distance a du miroir M et à une distance $OS = h$ du point S. On demande en quels points les miroirs seront rencontrés par un rayon lumineux qui, partant de S, arrive en O après avoir subi deux réflexions sur M et une seule sur N. Les points des miroirs seront définis par leurs distances respectives à m et n.

(Grenoble, nov. 1883.)

160. Un miroir sphérique concave donne d'un objet placé devant lui, à une distance p, une image située à une distance p' devant le miroir. Dans quel sens et de combien faut-il déplacer l'objet pour que son image se forme à une distance np' devant le miroir? Trouver, pour ce dernier cas, le rapport de grandeur de l'image à l'objet.

(Dijon, juillet 1893.)

161. Deux miroirs sphériques concaves, centrés, de distances focales f et f_1, sont placés en face l'un de l'autre. En quel point de l'axe de ce système devra-t-on placer un objet pour que les images formées par les deux miroirs soient égales? Distance des sommets $= d$.

(Montpellier, avril 1893.)

§ 3. Réfraction. — Prisme.

162. Une grande cuve rectangulaire ABCD, pleine d'un liquide, est recouverte d'écrans opaques sur trois de ses faces. On a ménagé dans l'écran qui recouvre l'une d'elles AB une ouverture O située à 10 centimètres de A. La quatrième face AC est transparente et éclairée par une feuille de papier située à une très faible distance, dont le rôle est de diffuser vers elle et dans tous les sens la lumière. Montrer que si l'on examine à travers O la face AC, celle-ci paraîtra en partie brillante, en partie obscure, même en partie invisible.

(Marseille, nov. 1893.)

163. Une auge qui a la forme d'un parallélépipède droit à base rectangulaire est placée sur un plan horizontal. La sec-

tion droite intérieure est un rectangle ABCD dont la base AB = 10ᶜ. La hauteur CB est à déterminer par les conditions suivantes : L'œil O est placé de manière que le plan passant par le point O et l'arête C (arête perpendiculaire au plan de la figure) passe aussi par l'arête opposée A. On fixe la position de l'œil à l'aide d'un repère, on remplit d'eau jusqu'au bord de la cuve, et en remettant l'œil à la même place on aperçoit alors sur le prolongement de la ligne OC un point brillant K placé au fond de la cuve à une distance AK = 4ᶜ. — Indice de

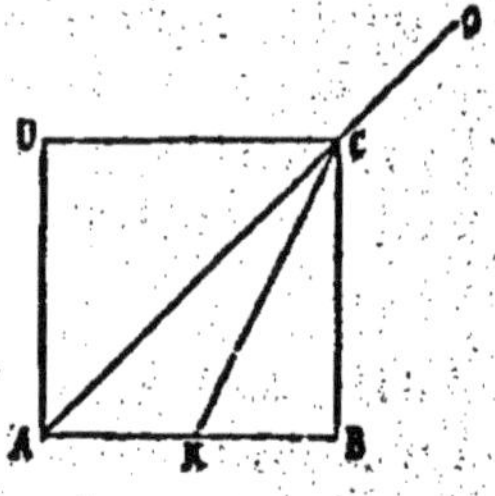

réfraction de l'eau par rapport à l'air $= \dfrac{4}{3}$.

(Dijon, juillet 1885.)

164. On a un parallélépipède rectangle formé d'une substance transparente d'indice $n > 1$, l'indice de l'air étant pris pour unité. Entre quelles limites doit être compris l'angle d'incidence d'un rayon SI, entrant par l'une des faces latérales AB et contenu dans le plan de la figure, pour qu'il se réfléchisse totalement sur la face BC. Appliquer aux cas où $n = 1,4$ et $n = 1,5$. Discuter.

(Marseille, juillet 1890.)

165. Un rayon lumineux passe sous un angle i de l'air dans une lame de flint-glass à faces parallèles d'épaisseur e. Quelle est la distance du point réel d'émergence au point de sortie du rayon lumineux s'il eût continué à se mouvoir suivant la direction primitive? — Indice de réfraction de l'air $= n$; indice du flint $= N$.

(Lyon, juillet 1886.)

166. Un prisme d'une substance transparente, d'indice $n > 1$, reçoit normalement à une de ses faces un rayon de lumière homogène. Quelle doit être la valeur la plus grande que l'on puisse donner à l'angle réfringent A pour que ce rayon réfracté puisse sortir du prisme par la seconde face? *Cas particulier :* $n = \sqrt{2}$.

(Paris, juillet 1881 ; Dijon, juillet 1888.)

167. Sur un prisme dont la section droite est un triangle isocèle d'angle au sommet 2α, on fait tomber un faisceau de

rayons lumineux parallèles à la base ; les rayons sortent du prisme en rasant sa seconde face. Calculer l'indice de réfraction n de la substance dont est formé le prisme. — *Cas particulier :* la section du prisme est un triangle équilatéral.

(Caen, avril 1891.)

168. Sur un prisme ABC, dont la section droite est un triangle équilatéral, on fait tomber un rayon de lumière homogène dirigé perpendiculairement à la bissectrice de l'angle de réfringence. On tracera la marche du rayon lumineux et on calculera sa déviation à une minute près. L'indice de réfraction du prisme par rapport à la lumière employée $= 1{,}33$.

(Dijon, avril 1890.)

169. Un prisme dont l'indice de réfraction est de 1,65 et dont l'angle au sommet est de 45° est traversé par un rayon de lumière, de manière que ce rayon subisse le minimum de déviation. On demande de calculer cette déviation.

(Dijon, juillet 1892.)

170. Un prisme dont l'angle est de 60° reçoit un faisceau parallèle de lumière simple. On observe que la déviation du faisceau est minimum et que l'angle d'émergence est égal à l'angle d'incidence quand cet angle est de 60°. Calculer l'indice de réfraction de la matière dont le prisme est formé.

(Paris, juillet 1886 ; Lyon, juillet 1887 ; Dijon, juillet 1887.)

171. Deux prismes rectangles identiques sont disposés de telle sorte qu'un rayon de lumière qui tombe normalement sur une face du premier, sorte normalement à la face correspondante du second. Tracer la marche du rayon et déterminer la déviation, connaissant la valeur α des angles réfringents et l'indice de réfraction n des prismes par rapport à l'air.

(Nancy, mai 1889.)

172. Un rayon lumineux SI tombe sur un prisme équilatéral ABD sous une incidence i telle que le rayon réfracté II' soit également incliné sur les faces AB et AC du prisme. La face AC étant argentée, on demande de construire la marche du rayon lumineux et de calculer l'angle des rayons incident et émergent prolongés.

(Nancy, juillet 1880.)

173. Un rayon de lumière homogène pénètre à l'intérieur d'une sphère transparente d'indice $n > 1$ sous l'incidence i; il subit trois réflexions et émerge dans l'air. On demande de calculer l'angle D que forme le rayon émergent avec la direction du rayon incident, en fonction de i et de l'angle de réfraction r correspondant.

(Paris, juillet 1880.)

§ 4. Lentilles.

174. Un petit objet linéaire est placé à $2^m,55$ d'un écran sur lequel on projette son image au moyen d'une lentille convergente. La longueur de cette image est 50 fois celle de l'objet. Déterminer : 1° les distances de l'objet et de l'image à la lentille; 2° la distance focale de cette lentille.

(Paris, juillet 1891; Caen, juillet 1892; Dijon, juillet 1893.)

175. Trouver le diamètre de l'image du Soleil que forme, dans son plan focal, une lentille, convergente ou divergente, de 3^m de distance focale. Le diamètre apparent du Soleil $= 32'$.

(Dijon, avril 1880; Lyon, juillet 1888.)

176. Un point lumineux réel P est placé sur l'axe principal d'une lentille O dont le diamètre est $2r$ et la distance focale f. Un écran est placé au foyer principal du côté opposé de la lentille. Quel est le rayon R du cercle éclairé par les rayons émanés de P et qui ont traversé la lentille? — Discussion suivant la valeur de $p = OP$, et suivant que la lentille est convergente ou divergente.

(Paris, juillet 1892.)

177. Étant donnée une lentille divergente O, d'épaisseur négligeable, ayant pour distance focale f et pour centre optique le point O, on place en avant de cette lentille, à une distance $OA = a$, un objet AB, de hauteur h, perpendiculaire à l'axe principal. On demande de tracer la marche du rayon lumineux qui, par-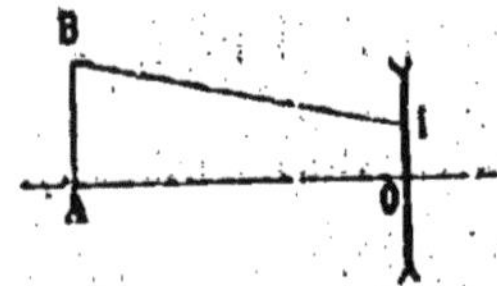
tant de B, se réfracte de manière que son prolongement aille couper la droite à une distance b du point O. On définira la position du rayon par celle du point I où il vient

couper le plan de la lentille. On dira pour quelle valeur de b le rayon incident et le rayon réfracté font des angles égaux avec la direction OA.

(Grenoble, juillet 1886.)

178. Soient deux lentilles convergentes infiniment minces, centrées, dont la distance focale est la même et égale à 30^{mm}, placées à 20^{mm} l'une de l'autre. Trouver le point où des rayons parallèles entre eux et à l'axe viendraient converger, c'est-à-dire le foyer du système des deux lentilles. On le définira par sa distance à une des lentilles.

(Besançon, avril 1892.)

179. Soit une lentille convexe L de distance focale f. À une distance de cette lentille égale à $\frac{4}{3} f$ on place un objet AB.

1° On demande à quelle distance de la lentille se formera l'image A'B' conjuguée de l'objet. — 2° Entre la lentille L et l'image A'B' on interpose une deuxième lentille convergente L' de distance focale $2f$. Soit D la distance des centres optiques des deux lentilles. Montrer par une construction géométrique ce que produit l'interposition de cette deuxième lentille au point de vue de la formation de l'image. Calculer la valeur à donner à D pour que la nouvelle image A"B" soit la moitié de l'image A'B' qu'aurait fournie la première lentille employée seule.

(Lyon, nov. 1891.)

180. Deux lentilles convergentes infiniment minces, de même distance focale, sont placées à 1^m l'une de l'autre de façon que leurs axes principaux coïncident. Un objet étant situé à 1^m de la première lentille, le système en fournit une image réelle située à 3^m de la seconde. Quelle est la distance focale de chacune des lentilles?

(Paris, oct. 1892.)

181. Entre un objet lumineux P et une lentille convergente O on interpose une seconde lentille convergente O'. La distance OP est fixe et égale à d; la distance PO' est variable et égale à a. Chercher la position de l'image fournie par le système. Distance focale de L $= f$, de L' $= f'$.

(Grenoble, juillet 1891.)

182. Une lentille convergente L et une lentille divergente L'

ayant même axe optique et même distance focale égale à 20°
sont placées à une distance de 10° l'une de l'autre. Trouver
par la construction et le calcul en quel point B de cet axe,
du côté de L, il faut placer un objet pour que l'image qu'en
donne le système soit à l'infini.

(Poitiers, nov. 1891.)

183. Une lentille convergente dont la distance focale $f = 10°$
est placée devant un objet, à une distance de 30°. Les rayons
réfractés à travers la lentille forment une image de l'objet
dont on déterminera la grandeur par rapport à l'objet, ainsi
que la position. On placera ensuite entre la lentille convergente et l'objet et à une distance de 24° de l'objet une lentille divergente dont la distance focale est $f' = 6°$. Les
rayons, ainsi modifiés dans leur marche, forment, après
leur passage à travers le système des deux lentilles, une
nouvelle image dont on déterminera la position et la grandeur par rapport à la précédente.

(Dijon, juillet 1891.)

184. On place l'un devant l'autre, dans la position indiquée
par la figure, un miroir sphérique concave MM' et une lentille convergente LL'; les axes principaux de la lentille et
du miroir coïncident. Soit D la distance des deux centres
optiques, F_m et F_l les distances focales du miroir et de la lentille. A
droite de la lentille, à une distance
inconnue x, on place un objet AB.
On demande de calculer la valeur
que doit posséder x en fonction de
D, F_m et F_l pour que l'image réelle,

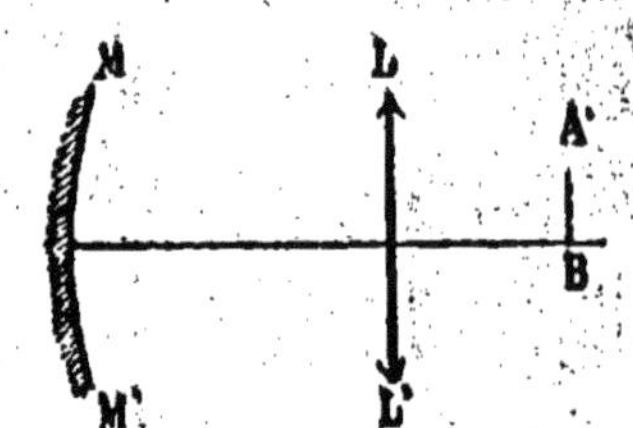

formée par les rayons qui ont d'abord traversé la lentille,
puis se sont réfléchis sur le miroir, soit égale à l'objet. —
Application numérique : $F_l = 0^m,20$, $F_m = 0^m,30$, $D = 1^m$.
On cherchera si ce problème, dans ce cas particulier, n'est
pas susceptible d'une solution rapide.

(Lyon, avril 1893.)

185. Un miroir concave M et une lentille biconvexe L ont
même axe optique. Entre M et L on place un objet lumineux
AB. Étudier : 1° quelles peuvent être les positions de M et
de L pour qu'il se produise une image réelle de AB après

réflexion des rayons lumineux de cet objet sur M et réfraction des rayons réfléchis à travers L; 2° étudier le grossissement des images obtenues.

(Clermont, nov. 1892.)

§ 5. Dispersion.

186. On éclaire, au moyen des rayons violets du spectre, une feuille de papier imprimé AB fixée sur le fond d'une chambre noire dont la partie antérieure KL, portant un écran en verre dépoli, peut s'approcher ou s'éloigner du fond. Une lentille MN, qu'on peut

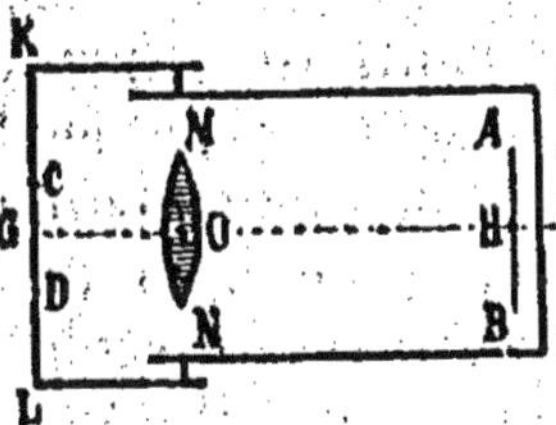

aussi faire mouvoir, forme sur CD une image des caractères imprimés qui apparaissent très nets sur un fond violet. On fait alors arriver sur AB les rayons rouges du spectre; les caractères s'effacent en CD. On demande ce qu'il faut faire pour les faire reparaître dans la lumière rouge. — Si les caractères de l'image ont même dimension que ceux de la lentille AB, on demande d'établir la relation qui existe entre OG et OH.

(Lille, juillet 1890.)

187. ABCD représente la section d'un prisme à angle variable rempli d'un liquide réfringent. Un rayon de lumière blanche SI

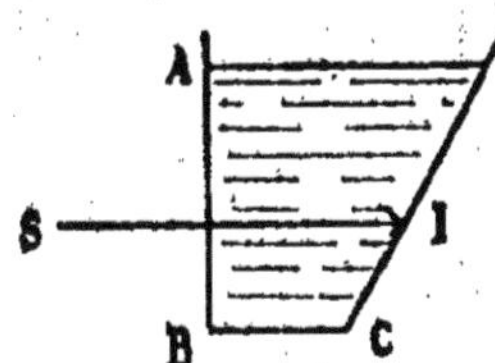

tombe normalement sur AB; le rayon violet d'indice $N = 1{,}65$ se réfléchit totalement sur CD. Quel est l'angle du prisme donné par les deux faces AB et CD? Quelle est la déviation que subit le rayon rouge émergent, dont l'indice est $n = 1{,}51$?

(Lille, avril 1881.)

§ 6. Instruments d'Optique.

188. En recevant sur une lentille convergente les rayons émanés d'un point lumineux qu'on place d'abord à 1 mètre, puis à 20 c. de la lentille, on observe que les foyers conju-

gués qui correspondent à ces deux positions du point lumineux sont à une distance de 67^{mm} l'un de l'autre. On demande de calculer : 1° la distance focale de la lentille; 2° son grossissement pour une personne dont la distance minimum de la vision distincte est de 25^c.

(Alger, juillet 1892.)

189. Dans un microscope, la distance de l'objectif à l'oculaire $= L$. On demande à quelle distance de l'objectif il faudra placer un objet pour qu'il soit vu distinctement par un œil dont la distance de la vision distincte $= D$. — Application numérique : $L = 16^c$, $f = 0^c,5$, $F = 3^c$, $D = \infty$.

(Lille, juillet 1886.)

190. On donne un microscope dont l'objectif a 2^{mm} de foyer et l'oculaire 3^c. Un objet est placé à 3^{mm} de l'objectif. On demande quelle doit être la distance des deux lentilles pour qu'un observateur, dont la distance minimum de la vision distincte $= 27^c$, voie nettement l'image de l'objet. On supposera que l'œil de l'observateur coïncide avec le centre optique de l'oculaire.

(Nancy, juillet 1884.)

191. Une lunette astronomique mobile autour du point O a son axe optique dirigé suivant OA, de telle façon que l'image d'une étoile vue par réflexion sur un miroir plan CM se fasse au point de croisement des fils du réticule de la lunette. Le miroir est amené en CM' en tournant d'un angle MCM' $= \alpha$ autour d'une perpendiculaire au plan de la figure. On demande quelle est la nouvelle position que doit prendre l'axe optique de la lunette pour que l'image de l'étoile se fasse encore sur la croisée des fils du réticule.

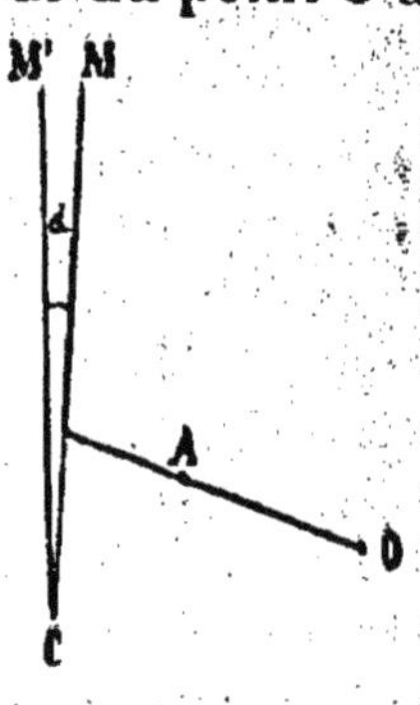

(Grenoble, juillet 1885.)

192. Une lunette astronomique est dirigée vers un objet très éloigné; un observateur place d'abord l'oculaire, dont la distance focale est de 1 centimètre, de manière à former l'image virtuelle définitive à 15^c de cette lentille. Il le déplace ensuite de manière à obtenir une image définitive réelle, se formant encore à 15^c de l'oculaire. — Quels sont le sens et la gran-

deur du déplacement subis par l'oculaire entre les deux expériences? Quel est le rapport des grandeurs linéaires des images définitives ainsi obtenues?

(Paris, juillet 1893.)

193. Une lunette astronomique, dont l'objectif et l'oculaire ont respectivement pour distance focale F et f, est braquée sur un objet distant de D de l'objectif par un observateur dont la distance minimum de la vision distincte $= d$ et dont l'œil coïncide avec le centre optique de l'oculaire. Calculer la distance qui sépare l'objectif de l'oculaire quand l'observateur verra nettement l'objet. De combien faudra-t-il changer le tirage pour observer une planète?

(Paris, juillet 1888; Nancy, juillet 1890.)

194. Une lunette astronomique possède un grossissement égal à G. Que deviendra ce grossissement si on regarde dans la lunette par le gros bout, c'est-à-dire si l'on substitue l'objectif à l'oculaire et réciproquement?

(Paris, oct. 1888.)

195. Une lunette astronomique est disposée en face d'un miroir sphérique concave de rayon R dont l'axe coïncide avec l'axe optique de la lunette. Un point P est situé sur l'axe commun à une distance a du miroir. On demande quelle doit être la distance x entre l'oculaire et l'objectif de la lunette pour qu'un observateur dont la vue est infiniment presbyte voie distinctement à travers la lunette l'image du point P dans le miroir. Distance de l'objectif au miroir $= d$. Distance focale de l'objectif $= F$, de l'oculaire $= f$. — *Application numérique* : $F = 50^c$, $f = 5^c$, $R = 1^m$, $d = 1^m,75$, $a = 1^m,50$.

(Grenoble, juillet 1889.)

196. Une lunette de Galilée sert à observer un objet placé à $2^m,25$ devant l'objectif. Cet objectif a une distance focale de 45^c, l'œil de l'observateur a pour distance minimum de vision distincte 28 centimètres [1]. Il est supposé placé au voisinage immédiat de l'oculaire, dont la distance focale est de 2^c. Calculer, à $\dfrac{1}{10}$ de millimètre près, la distance qu'il faut établir entre les centres optiques des deux lentilles pour la mise au point. Calculer le grossissement.

(Dijon, nov. 1893.)

1. C'est la distance maximum qu'il faudrait connaître.

197. Devant un miroir sphérique concave de 2^m de rayon, on place une flèche lumineuse de 1^d de longueur, perpendiculairement à l'axe principal et à 5^m du miroir. Où se forme l'image et quelle en est la grandeur? — On met ensuite un petit miroir plan au foyer principal du miroir sphérique, incliné de 45° sur l'axe principal et la face réfléchissante tournée vers le miroir. Quelle image formeront les rayons réfléchis par le grand miroir sphérique en tombant sur le miroir plan? Quelles en seront la grandeur et la situation? Où placer un écran pour la recevoir ou bien une loupe pour l'observer et pour l'agrandir?

(Montpellier, juillet 1889; Lille, juillet 1891.)

CHAPITRE VII

ÉLECTRICITÉ

§ 1. Électricité statique.

108. En deux points A et B, distants de $2d$, se trouvent deux masses électriques positives respectivement égales à a et b. A quelle distance x du milieu de AB faut-il placer une masse électrique négative M pour qu'elle soit en équilibre? Cet équilibre est-il stable? — *Application numérique :* $\frac{a}{b} = 0,2d = 1^m$.

(Poitiers, juillet 1891.)

199. Deux petites boules en cuivre, fixes et égales, A et C, sont sur un plateau isolant, à une distance d l'une de l'autre : l'une, A, est électrisée; l'autre, C, ne l'est pas. On touche A avec une boule de cuivre B égale et isolée; puis on touche C avec B. En quel point de la ligne AC faut-il placer B pour qu'elle soit en équilibre?

(Lyon, août 1881.)

200. Une petite sphère électrisée A, pesant 1 décigramme, est attachée à un fil AO dont le poids est négligeable, isolant, mobile autour du point O; AO fait avec la verticale OI un angle AOI $= \alpha$. On demande à quelle distance de A, sur la ligne horizontale AB, il faut placer une petite sphère B chargée d'électricité contraire à celle de A, pour que A reste en position. L'équilibre sera-t-il stable ou instable? — Les électricités de A et B sont telles, que si elles étaient à la distance de 1 décimètre, elles s'attireraient aux surfaces équivalentes avec une force égale à 1 centigramme.

(Lyon, juillet 1888 ; avril 1891.)

201. Deux sphères A et B sont placées verticalement à une distance d l'une de l'autre. La sphère supérieure A a une charge $+ m$, la sphère inférieure B une charge $- mx$. Déterminer x de façon que l'attraction des deux sphères fasse équilibre au poids p de la sphère B.

202. Calculer la capacité de la Terre en U. E. S., en microfarads et en farads.

203. Un conducteur très petit de capacité C est placé en un point d'un champ électrique où le potentiel est V. On charge le conducteur de manière à lui donner le potentiel V'. Calculer la charge.

204. On donne la même charge électrique à deux sphères conductrices dont les rayons sont entre eux comme 2 et 1, et on les met ensuite en communication lointaine. On demande de calculer pour chaque sphère, lorsque l'équilibre est établi, le rapport de son nouveau potentiel à son potentiel primitif.

205. Deux sphères métalliques, dont les rayons sont respectivement de 1 et de 4 centimètres, ont été électrisées, puis mises en communication lointaine. Cette communication étant interrompue et les centres des deux sphères étant à une distance de 10 centimètres, leur répulsion mutuelle est de 8 dynes. Calculer le potentiel et les charges des deux sphères en U. E. S.

206. Une première sphère conductrice, de 25^c de rayon, est à un potentiel de 1000 volts ; une deuxième sphère, de 10^c de rayon, est à un potentiel de 500 volts. On les met en communication lointaine. Quel sera le potentiel commun aux deux sphères ? Quelle est, en calories-grammes, la quantité de chaleur qui traverse le fil de communication, à l'instant où l'équilibre électrique s'établit.

207. Calculer en U. E. S. et en microfarads la capacité d'un condensateur formé par un ballon de verre argenté

sur ses deux faces, ayant 3ᶜ d'épaisseur et 10ᶜ de rayon extérieur, sachant que le pouvoir inducteur spécif. du verre du ballon = 6.

(Problèmes et calculs pratiques d'Électricité, par A. Witz.)

208. Un condensateur à lame d'air, dont les plateaux sont distants de 4 c, a une capacité de 100 U. E. S. Que deviendra cette capacité si l'on rapproche ces plateaux, en les appliquant sur les deux faces d'une lame isolante de verre de 1^{mm} d'épaisseur? On sait que le pouv. induct. spécif. du verre = 5.

209. Calculer la surface d'un condensateur à lame de verre dont la capacité = 2 microfarads, l'épaisseur = $\dfrac{1^{mm}}{4}$. — Pouv. induct. spécif. du mica = 8.

210. Comparer les capacités de deux batteries électriques dont les surfaces sont respectivement S et dont les lames isolantes, de même nature, ont respectivement pour épaisseur e et $2e$.

211. Comparer l'énergie de décharge de deux batteries électriques, chargées au même potentiel, dont les lames isolantes, de même nature, ont la même épaisseur et dont les surfaces sont respectivement S et 4S.

212. Une sphère de rayon r est en communication lointaine avec un plateau de surface S, qui est lui-même à une distance e d'un autre plateau parallèle en communication avec le sol. 1° Trouver dans quel rapport une charge électrique se répartit entre le plateau et la sphère; 2° calculer la valeur de la capacité électrique du conducteur formé par la sphère et le plateau.

213. En 10 tours de plateau, une machine de Holtz fait donner une étincelle de 1^{mm} à une jarre dont la capacité électrostatique est de 20 000 U. E. S. Quel travail a-t-on dépensé par tour et quel est le débit de la machine quand elle fait 15 tours par seconde? On sait que l'étincelle obtenue correspond à une différence de potentiel de 5 400 volts.

(Traité élémentaire d'Électricité, par J. Joubert.)

§ 2. Magnétisme.

214. Un morceau de fer doux de poids P est suspendu à l'extrémité d'un fil sans masse et inextensible. Sur la verticale du point de suspension du pendule ainsi formé et au-dessous de ce poids, se trouve un pôle d'aimant A, qui exerce sur le fer une force attractive précisément égale à P. Soient t la durée de l'oscillation du pendule dans les conditions indiquées, θ la durée de son oscillation sous la seule action de la pesanteur. On demande de calculer le rapport $\dfrac{t}{\theta}$ 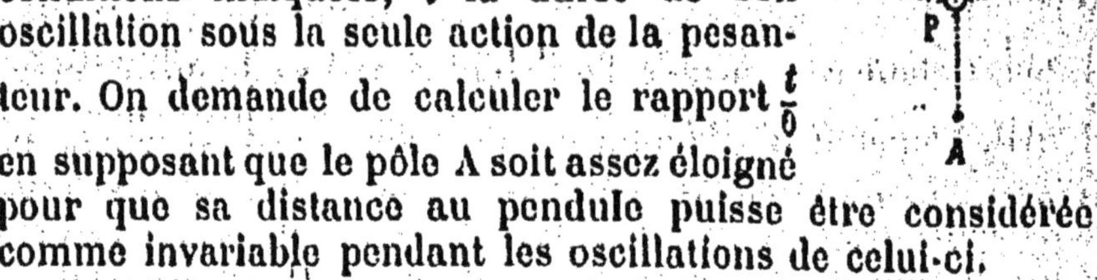 en supposant que le pôle A soit assez éloigné pour que sa distance au pendule puisse être considérée comme invariable pendant les oscillations de celui-ci.

215. Une aiguille d'inclinaison, bien construite, fait un angle de 65° avec l'horizon, quand elle est placée dans le plan du méridien magnétique. On attache alors à l'extrémité boréale un fil fin terminé par un poids tel, que le poids et le fil pèsent 5 décigrammes; l'aiguille, prenant une nouvelle position d'équilibre, ne fait plus avec l'horizon qu'un angle de 60°. On demande quel est le poids qu'il faut suspendre à l'extrémité boréale de l'aiguille pour la rendre horizontale.

(Dijon, juillet 1887.)

§ 3. Électricité dynamique.

216. L'intensité du courant qui traverse une lampe Edison étant 1,77 ampères et la différence de potentiel aux deux bornes 50 volts, calculer la résistance de la lampe à chaud.

217. Calculer la résistance intérieure moyenne d'une lampe à arc, sachant que deux lampes montées en série sont traversées par un courant de 11 ampères, que la canalisation a 1,3 ohms de résistance, et que le générateur d'électricité qui actionne les deux lampes a une résistance de 2,8 ohms et donne 138 volts entre ses bornes, à circuit ouvert.

(Problèmes et calculs pratiques d'Électricité, par A. Witz.)

218. Une machine magnéto-électrique ayant, en régime permanent, une force électromotrice de E volts, donne dans un circuit extérieur dont la résistance est r ohms, un courant dont l'intensité est de I ampères. Calculer la résistance intérieure de la machine.

219. Une pile de résistance inconnue x est fermée sur un circuit dont la résistance est de R ohms, et l'on a mesuré entre ses bornes une force électromotrice efficace égale à E volts. La pile étant ouverte, on a trouvé que sa force électromotrice était égale à E volts. En déduire la valeur de x.

(Problèmes et calculs pratiques d'Électricité, par A. Witz.)

220. Une machine de Holtz développe, en tournant à sa vitesse maximum, 80 000 volts ; sa résistance intérieure est de 800 mégohms. Quelle est l'intensité du courant produit dans un conducteur dont la résistance, quelle qu'elle soit, est évidemment négligeable ?

(Problèmes et calculs pratiques d'Électricité, par A. Witz.)

221. Une pile de 20 éléments Daniell accouplés en série lance un courant dans un fil télégraphique de 100 kilomètres. Quelle est l'intensité de ce courant ? — F. é. m. d'un élément Daniell $= 1,07$ volts, résistance de cet élément $= 10$ ohms, résistance de 100 mètres de fil télégraphique $= 1$ ohm.

222. Un générateur d'électricité lance un courant de 12 ampères dans un circuit comprenant 18 lampes dont chacune a une résistance de 3 ohms. Le fil conducteur a une résistance de 1 ohm. On demande quelle est la résistance de la machine, sachant que celle-ci a une force électromotrice de 900 volts.

223. Quel est le plus petit nombre d'éléments Leclanché, associés en série, nécessaire pour suffire à l'entretien d'une lampe à incandescence Swann ayant, à chaud, une résistance de 70 ohms et nécessitant un courant de 0,75 ampère. — F. é. m. d'un élément Leclanché $= 1,45$ volts, résistance intérieure de cet élément $= 1,10$ ohm.

(Problèmes et calculs pratiques d'électricité, par A. Witz.)

224. Une pile dont la force électromotrice est de 1,48 volts et la résistance intérieure de 1,3 ohm, est fermée par un fil conjonctif de 2 ohms de résistance. Quelle est la différence de potentiel *efficace* aux pôles?

(Problèmes et calculs pratiques d'Électricité, par A. Witz.)

225. Une pile dont la force électromotrice est de 12 volts et la résistance totale de 4 ohms, lance un courant dans deux dérivations *mbn* et *mpn* dont les résistances sont respectivement 2 et 3 ohms. Déterminer l'intensité I du courant total et les intensités i et i' des courants divisés. — La somme des résistances des parties *am* et *cn* du circuit extérieur vaut 5 ohms.

226. Un générateur d'électricité donnant 1 800 volts et d'une résistance intérieure de 0,03 ohm, alimente une canalisation de 0,3 ohms renfermant 300 lampes Maxim, disposées en dérivation, de manière à former 30 séries de 10 lampes chacune. Chaque lampe a une résistance, à chaud, de 43 ohms. Quelle sera l'intensité du courant dans chaque lampe?

(Problèmes et calculs pratiques d'Électricité, par A. Witz.)

227. Le courant produit par une pile dont chaque élément a une force électromotrice de 2 volts et une résistance de 0,25 ohm, sert à alimenter 10 lampes Edison disposées en dérivation, dont chacune a une résistance de 70 ohms et exige un courant de 0,6 ampère. Combien la pile doit-elle comprendre, au minimum, d'éléments, ces éléments étant supposés associés en série?

228. Une machine électrique qui a une force électromotrice de 275 volts maintient dans un circuit un courant de 9 ampères. Quelle est la quantité de chaleur dégagée en 1 minute dans la totalité du circuit?

229. Calculer l'accroissement de température qu'éprouve un fil métallique de longueur l, de section s, de densité d, de chaleur spécifique c et dont la résistance spécifique $= \rho$, lorsqu'on lance dans ce fil un courant de 1 ampères pendant t secondes. On suppose qu'il n'y a aucune déperdition de chaleur, ni par la surface ni par les extrémités du fil. Démontrer que le résultat est indépendant de la longueur du fil.

(Problèmes et calculs pratiques d'Électricité, par A. Witz.)

230. Une pile de 50 éléments Daniell, montés en série, alimente un circuit formé de 40 mètres de câble ayant une résistance de 0,002 ohm par mètre courant et de 30 centimètres de fil de fer ayant une résistance de 0,49 ohm par mètre courant. Combien de calories seront dégagées en 1 minute dans ce fil de fer? — F. é. m. d'un élément Daniell = 1,07 volt, résistance intérieure de cet élément = 1,5 ohm.

(Problèmes et calculs pratiques d'Électricité, par A. Witz.)

231. Une dynamo a une force électromotrice constante de 110 volts à une vitesse déterminée. Quel courant pourra-t-on lui faire produire en l'actionnant par un moteur dont la puissance effective est de 10 chevaux-vapeur, et en la faisant tourner à la même vitesse. Examiner le cas où le rendement de la dynamo, au lieu d'être égal à l'unité, est de 75 0/0.

(Problèmes et calculs pratiques d'Électricité, par A. Witz.)

232. Une lampe électrique est alimentée par un courant de I ampères et présente à ses bornes une différence de potentiel de E volts. On demande combien coûte par heure l'alimentation de la lampe, sachant que le cheval-vapeur coûte p francs par journée de n heures. — *Application numérique :* I = 10, E = 40, p = 5, n = 10.

233. Une dynamo génératrice a une résistance intérieure de 0,86 ohm ; entre ses bornes, elle donne 104 volts à circuit ouvert. Quelle sera l'intensité du courant si l'on établit un *court circuit*, c'est-à-dire un circuit de résistance nulle, entre les bornes, et quelle devra être la puissance de la machine motrice nécessaire pour l'actionner dans ces conditions, sachant que le rendement industriel de la dynamo est 81 0/0? Quelles seront la différence de potentiel efficace aux bornes et l'intensité du courant, quand la résistance extérieure atteindra 6 ohms.

(Problèmes et calculs pratiques d'Électricité, par A. Witz.)

234. Combien faut-il dépenser de chevaux-vapeur pour faire circuler un courant de 100 ampères dans un conducteur en

cuivre de 1000 mètres de longueur et de 0°,5 de diamètre? — 100 mètres de fil de cuivre de 0°,1 de diamètre ont une résistance de 2 ohms.

(Problèmes et calculs pratiques d'Électricité, par A. Witz.)

235. On veut transporter à 100 kilomètres de distance une force de 100 chevaux avec une perte de 20 0/0 au plus. Calculer, d'après ces données, la résistance du conducteur que l'on doit employer, la Terre servant de fil de retour, en négligeant la résistance de la source, dont la force électromotrice est de 500 volts. En supposant que ce conducteur soit un câble de cuivre, calculer sa section, sachant que la résistance de 10 mètres de fil de cuivre de 1^{mm} de diamètre est de 0,2 ohm.

(Problèmes et calculs pratiques d'Électricité, par A. Witz.)

236. Une dynamogénératrice reçoit une force motrice de 100 chevaux-vapeur; elle donne 2000 volts entre ses bornes et, dans des conditions déterminées de la résistance extérieure, elle fournit un courant de 30 ampères. Quelle est, en chevaux-vapeur, l'énergie disponible? Dire quel est le rendement industriel de cette installation.

(Problèmes et calculs pratiques d'Électricité, par A. Witz.)

237. Un courant libère 125 cm³ d'hydrogène en 2 minutes à la température de 28° sous la pression de 755^{mm}; la tension maximum de la vapeur d'eau acidulée est de 25^{mm} à cette température. Quelle est son intensité? — On sait que 1 coulomb libère $0^{mg},0103$ d'hydrogène. Le poids spécif. normal de l'air $= 0,0013$, la densité de l'hydrogène $= 0,0695$, le coeff. de dilat. des gaz $= 0,00367$.

(Problèmes et calculs pratiques d'Électricité, par A. Witz.)

238. L'intensité d'un courant électrique est 96 quand il décompose 7^{mg} d'eau par seconde. Calculer l'intensité d'un courant qui remplit en 3 minutes la cloche d'un voltamètre qui recouvre les deux électrodes et dont la capacité est de 423 cm³. Le gaz sec est mesuré à 25°, sous la pression de 750^{mm}. Densité de l'hydrogène $= 0,0695$, de l'oxygène $= 1,1056$.

(Rennes, juillet 1884.)

239. On associe 30 éléments Daniell par groupes de 5, les 5 cuivres d'un même groupe communiquant entre eux ainsi

que les zincs, les cuivres de chaque groupe communiquant aux zincs du groupe suivant. Dans le circuit de la pile ainsi montée se trouve un voltamètre à eau acidulée. 1° On demande quel est le poids total de zinc dissous dans la pile quand 1 gramme d'hydrogène est dégagé dans le voltamètre. 2° Que devient ce poids si les éléments sont groupés 2 par 2, ou 10 par 10, toujours quand 1 g. d'hydrogène est dégagé dans le voltamètre. — Équiv. de l'hydrogène = 1, du zinc = 33.

(Paris, avril 1890.)

240. Quelle intensité de courant faut-il pour déposer 1 kg de cuivre, par électrolyse d'une solution de sulfate de cuivre, en 10 heures? On sait que 1 coulomb libère $0^{mg},0103$ d'hydrogène et que l'équiv. du cuivre = 32.

(Problèmes et calculs pratiques d'Électricité, par A. Witz.)

241. Un courant d'intensité constante traverse un voltamètre à eau acidulée et un voltamètre à sulfate de cuivre. Dans le voltamètre à eau, il se dégage 6 cm³ de gaz par minute. Quel sera le poids, en grammes, du cuivre déposé au pôle négatif du second voltamètre pendant 1 heure? — Équiv. de l'hydrogène = 1, de l'oxygène = 8, du cuivre = 32.

(Dijon, nov. 1884; Clermont, août 1887; Caen, juillet 1889.)

242. Un circuit de 10 éléments Bunsen contient un appareil de galvanoplastie à sulfate de cuivre. Quel poids de zinc se dissoudra-t-il dans l'ensemble des 10 éléments quand 30 grammes de cuivre se seront déposés sur le moule métallique? — Équiv. du cuivre = 32, du zinc = 33.

(Paris, juillet 1886; Clermont, avril 1889.)

243. On monte 50 éléments Bunsen en 5 séries de 10 éléments chacune, qu'on associe en batterie. Quelle est l'intensité du courant, la résistance du circuit extérieur étant de 12 ohms? — F. é. m. d'un élément Bunsen = 1,9 volt, résistance intérieure de cet élément = 0,1 ohm.

(Problèmes et calculs pratiques d'Électricité, par A. Witz.)

244. On a besoin d'un courant de 8 ampères dans un circuit de 0,2 ohm de résistance. Combien faut-il acheter d'éléments Leclanché? — F. é. m. d'un élément Leclanché = 1,45 volt, résistance intérieure de cet élément = 1,1 ohm.

(Problèmes et calculs pratiques d'Électricité, par A. Witz.)

245. On dispose de 10 éléments Bunsen dont on veut diriger le courant dans un voltamètre à eau. On les associe d'abord en série et on arrête l'expérience quand on a recueilli 1 litre d'hydrogène mesuré à 0° et à 760ᵐᵐ. Puis on forme avec ces 10 éléments 5 batteries, composées chacune de 2 éléments, que l'on associe en série, et on arrête l'expérience quand on a encore recueilli 1 litre d'hydrogène mesuré à 0° et à 760ᵐᵐ. On demande le poids de zinc dissous dans la pile dans le premier et dans le second cas. — Densité de l'hydrogène $= \dfrac{1}{14,44}$; équiv. de l'hydrogène $= 1$, du zinc $= 33$; poids normal du litre d'air $= 1^g,3$.

(Caen, nov. 1892.)

246. Un courant traverse une boussole des tangentes et un voltamètre; il produit une déviation de 2°,35 et décompose 0^g,003 d'eau par seconde. Quelle quantité décomposera par seconde un courant qui produit une déviation de 4°,7 dans la même boussole des tangentes?

(Dijon, juillet 1883.)

247. On intercale dans un circuit quelques éléments Daniell, une boussole des tangentes et une résistance de 20 ohms dont les extrémités présentent une différence de potentiel égale à 2,1 volts. La déviation de la boussole est de 35°. Faire, sur ces données, le tarage de la boussole.

(Problèmes et calculs pratiques d'Électricité, par A. Witz.)

248. Avec un galvanomètre dont la résistance était de 100 ohms et une batterie dont la résistance pouvait être négligée, on a obtenu, en employant une résistance inconnue r, une déviation de 10 divisions, et, en employant une résistance de 200 ohms, une déviation de 15 divisions. Quelle était la résistance inconnue?

249. On introduit successivement dans le circuit d'une pile thermo-électrique, de résistance intérieure négligeable, une résistance de 10 ohms, puis une autre résistance inconnue x. Déterminer cette résistance, sachant que les intensités du courant sont, dans les deux cas, dans le rapport de 4 à 3, et que l'ampèremètre employé pour cette mesure a une résistance de 1,5 ohms.

(Problèmes et calculs pratiques d'Électricité, par A. Witz.)

250. Un galvanomètre de résistance G, une résistance b et une pile de résistance totale inconnue étant placés dans un même circuit, un shunt, dont la résistance est s, étant disposé entre les pôles de la pile, on observe la déviation de l'aiguille du galvanomètre. On enlève le fil de dérivation : la déviation de l'aiguille du galvanomètre est plus grande; on la ramène à sa valeur primitive en augmentant la résistance b qui devient b'. Calculer la résistance totale inconnue de la pile, sachant que sa f. é. m. $= E$.

251. Une dynamo-réceptrice reçoit un courant de 7,3 ampères fourni par une génératrice donnant 111 volts entre ses bornes : la résistance totale de la canalisation est de 4,8 ohms. Calculer, d'après cela, la force contre-électromotrice développée par la réceptrice.

(Problèmes et calculs pratiques d'Électricité, par A. Witz.)

CHAPITRE VIII

CHIMIE

252. On a décomposé de l'eau par un certain poids de potassium, et l'hydrogène dégagé a été recueilli dans une éprouvette placée sur la cuve à eau. Sachant qu'il s'est ainsi formé 250 cm³ de gaz, mesuré humide, à la pression barométrique de 741^{mm} et à la température de 25°, trouver la quantité de potasse qui a pris naissance dans cette réaction. — Tens. max. de la vap. d'eau à 25° = 23^{mm}, volume à 0° et à 760^{mm} de 1 gramme d'hydrogène = 11^l,16.

(Alger, juillet 1891.)

253. On veut remplir d'hydrogène saturé d'humidité un aérostat sphérique de 10 mètres de diamètre. Quel est le poids du fer que l'on doit faire réagir au rouge sur la vapeur d'eau pour obtenir l'hydrogène nécessaire. — Température de l'expérience = 20°; tens. max. de la vap. d'eau à 20° = 17^{mm}; poids atomique de Fe = 56.

(Montpellier, nov. 1891.)

254. Un cylindre d'acier dont la capacité est de 8 litres est rempli d'oxygène comprimé. La force élastique du gaz est de 30 atmosphères et sa température de 0°. On demande le poids de chlorate de potasse employé pour préparer cette masse de gaz. — Poids atomique de O = 16, de K = 39, de Cl = 35,5.

(Rennes, juillet 1891.)

255. On transforme en anhydride carbonique 600^g de charbon pur en employant la quantité d'oxygène strictement nécessaire. Le gaz formé est recueilli dans un récipient de

30 litres chauffé à 25°. Quelle est la pression exercée par le gaz sur les parois du récipient? Quelle pression s'établira-t-il dans le récipient quand on y aura introduit 30ᵍ de potasse caustique dissoute dans une faible quantité d'eau dont on négligera la pression? — Poids atomique de C = 12, de O = 16, de K = 39.

(Lyon, nov. 1878.)

256. Une éprouvette renferme un mélange d'air sec et de gaz carbonique. Elle repose sur le mercure qui est de niveau à l'intérieur et à l'extérieur. Le volume du mélange est 150 cm³ à 0° sous la pression 0ᵐ,76. On fait disparaître le gaz carbonique en introduisant dans l'éprouvette une dissolution de potasse. Le volume du résidu est 53 cm³; la différence des niveaux du mercure est 14ᶜ, la pression intérieure 0ᵐ,76, la température 15° et la force élastique de la vapeur d'eau 12ᵐᵐ,6. Trouver les proportions du mélange primitif.

(Rennes, juillet 1890.)

257. On fait passer 1 m³ d'air mesuré à 0° et à la pression 760ᵐᵐ successivement dans trois tubes contenant : 1° de la pierre ponce imbibée d'acide sulfurique; 2° de la potasse solide; 3° du cuivre chauffé au rouge. Chaque tube est pesé avant et après l'expérience : le premier a augmenté de 2ᵍ,43, le second de 0ᵍ,59, le troisième de 207ᵍ,35. On demande : 1° le degré hygrométrique de l'air employé; 2° le volume d'anhydride carbonique qu'il contenait; 3° la densité du gaz obtenu. — Densité de la vap. d'eau = 0,624, de l'oxygène = 1,1056, de l'anhydride carbonique = 1,525. Poids spécif. normal de l'air = 0,001293; tens. max. de la vap. d'eau à 0° = 4ᵐᵐ,57.

(Montpellier, avril 1893.)

258. On fait passer dans un tube de porcelaine, contenant du charbon et porté à l'incandescence, 10 litres d'anhydride carbonique dont le volume, après ce passage, devient 14ˡ,843. Calculer les poids de l'oxyde de carbone et de l'anhydride carbonique qui composent le mélange ainsi obtenu. Les gaz sont supposés mesurés secs, à 0° et sous la pression de 760ᵐᵐ. — Poids atomique de C = 12, de O = 16.

(Montpellier, avril 1884.)

259. Quel volume d'air, mesuré à 25° et sous la pression 768^{mm}, contient la quantité d'oxygène nécessaire à la combustion complète de 100^g de pyrite de fer FeS^2, sachant que le fer est transformé en oxyde ferrique et le soufre en anhydride sulfureux. — Poids atomique de O $=$ 16, de S $=$ 32, de Fe $=$ 56.

(Rennes, avril 1886; Alger, juillet 1888.)

260. Dans une éprouvette retournée sur le mercure et pleine de ce liquide, on fait arriver 300 cm^3 d'oxyde azotique, puis 200 cm^3 d'air et enfin une petite quantité d'eau. On demande ce qui se produira et quel résidu gazeux restera dans l'éprouvette.

(Montpellier, nov. 1879.)

261. Quel volume d'oxyde azoteux, mesuré à 0° et sous la pression normale, obtiendra-t-on en chauffant 1^{kg} d'azotate d'ammoniaque? Quel volume d'hydrogène faudra-t-il employer pour qu'en faisant détoner le mélange des deux gaz il ne reste que de l'azote et de la vapeur d'eau? Quel poids de zinc et d'acide sulfurique faudra-t-il employer pour préparer cet hydrogène? — Poids atomique de Az $=$ 14, de Zn $=$ 65, de S $=$ 32, de O $=$ 16; densité de l'hydrogène $=$ 0,07; poids spécif. de l'air $=$ 0,0013.

(Lille, juillet 1883; Poitiers, avril 1889.)

262. Une cloche de verre, pesant 20^g quand elle est vide, est placée au-dessus des fils de platine d'un voltamètre. On l'attache à l'extrémité A du fléau d'une balance. L'eau du voltamètre recouvre entièrement la cloche, qui repose sur le fond du vase. En E, à une distance du point de suspension telle que CE $= \dfrac{AC}{2}$, est une boule

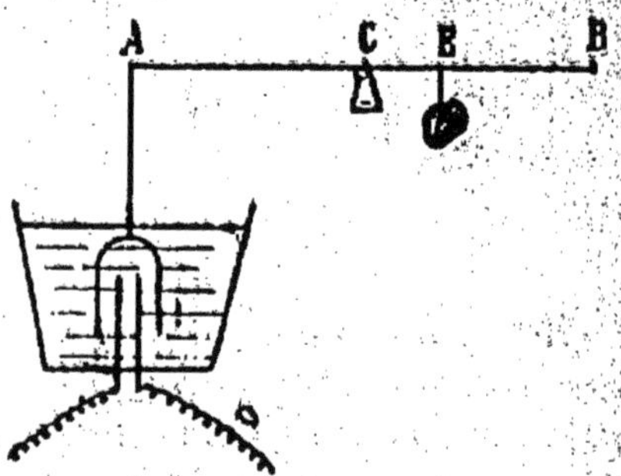

de 16^g pouvant glisser sans frottement sensible le long de CB quand le fléau cesse d'être horizontal. Quelle est la quantité d'eau à décomposer pour que la cloche se soulève et que la boule E glisse le long de CB? — Densité de l'eau acidulée $=$ 1; poids spécinque de l'air $= \frac{1}{774}$; densité du verre $= 2,5$; densité de l'oxygène $= 1,1$, de l'hydrogène $= 0,0695$.

(Lille, juillet 1879.)

263. Le tube barométrique d'une cuvette profonde a 10 cm² de section. Il renferme de l'oxygène sec en quantité telle que, lorsque les niveaux du mercure à l'intérieur et à l'extérieur sont sur le même plan, une longueur x centimètres du tube émerge. On y fait passer 500 cm³ d'hydrogène sec mesuré à 0° et à la pression de 76 centimètres de mercure. On fait détoner le mélange et on constate, le tube restant fixe, que le niveau s'est élevé de 10 centimètres. On demande quel volume d'oxygène se trouvait dans l'appareil. L'expérience est faite à 0° et à la pression de 76 centimètres de mercure. On négligera la tension de la vapeur d'eau et la dénivellation du mercure dans la cuvette.

(Marseille, nov. 1890, nov. 1893.)

264. Quels sont les volumes d'oxygène, d'oxyde azoteux, d'oxyde azotique nécessaires pour brûler complètement 18ᵍ de charbon pur? Quel est le volume d'anhydride carbonique obtenu successivement dans chaque cas, tous les gaz étant mesurés à 0° et à 760ᵐᵐ? — Poids atomique de $C = 12$, de $O = 16$, de $Az = 14$.

(Bordeaux, juillet 1885.)

265. On introduit dans un eudiomètre un volume v d'un mélange gazeux sec composé d'hydrogène, de formène (méthane) et d'éthylène; on ajoute à ce mélange un volume V d'oxygène pur et sec, et l'on fait passer l'étincelle. Après l'explosion et après avoir desséché le mélange gazeux restant à l'aide de quelques fragments de chlorure de calcium, il reste un volume V_1 de gaz, qui se réduit au volume v_1 après l'action de la potasse caustique solide, qui absorbe l'anhydride carbonique. On demande la composition du mélange constituant le volume v, tous les volumes étant supposés réduits à 0° et à 760ᵐᵐ.

(Alger, avril 1888.)

266. On mêle, dans un vase de 10ˡ de capacité, de l'hydrogène et de l'oxygène secs, à 15°, dans les proportions des

gaz de l'eau, et en quantités telles, qu'ils correspondent à
26ᵍ d'eau. Quelle sera la pression? — Poids atomique de O
= 16; densité de l'hydrogène = 0,0695.

(Lyon, nov. 1890.)

267. On fait détoner, dans un eudiomètre, 8 vol. d'un mélange d'oxygène et d'hydrogène. Après l'explosion, il reste
1 vol. d'oxygène. Quel était le rapport des volumes d'oxygène
et d'hydrogène du mélange introduit dans l'eudiomètre?

(Alger, avril 1891.)

268. 100 cm³ du mélange gazeux fourni par l'action de
l'acide sulfurique sur l'acide oxalique ont été mélangés avec
50 cm³ d'oxygène. On demande : 1° quel sera le volume du
mélange total après qu'une étincelle l'aura fait détoner;
2° quel volume d'anhydride carbonique il y aura dans ce
mélange.

(Bordeaux, juillet 1886.)

269. Dans quel rapport, 1° de volumes, 2° de poids, doit-
on mélanger l'oxyde azotique et la vapeur de sulfure de carbone, pour obtenir un mélange détonant qui brûle sans
résidu de l'un et de l'autre gaz?

(Poitiers, nov. 1879.)

270. Examiner l'action de l'oxygène sec et de l'oxygène
humide sur l'acide sulfhydrique. Déduire de cet examen
laquelle des deux réactions doit se produire à la plus basse
température, ou même spontanément. — Chal. de formation
de l'acide sulfhydrique sec = + 4^{cal},6, de l'acide dissous
= + 9^{cal},2, de la vap. d'eau = + 58^{cal},2, de l'eau liquide
= + 69^{cal}.

(Caen, oct. 1887.)

NOTE I.

Nous croyons utile de rappeler ici quelques propriétés importantes de l'équation du second degré, en nous aidant de la représentation géométrique de la fonction $y = ax^2 + bx + c$.

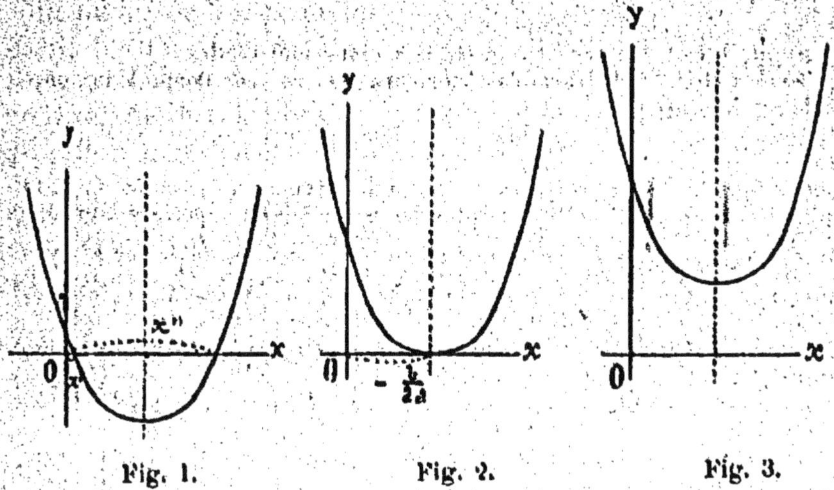

Fig. 1.   Fig. 2.   Fig. 3.

La courbe représentative de cette fonction est une parabole dont l'axe, parallèle à l'axe des y, en est distant d'une quantité $-\dfrac{b}{2a}$. Quand le coef-

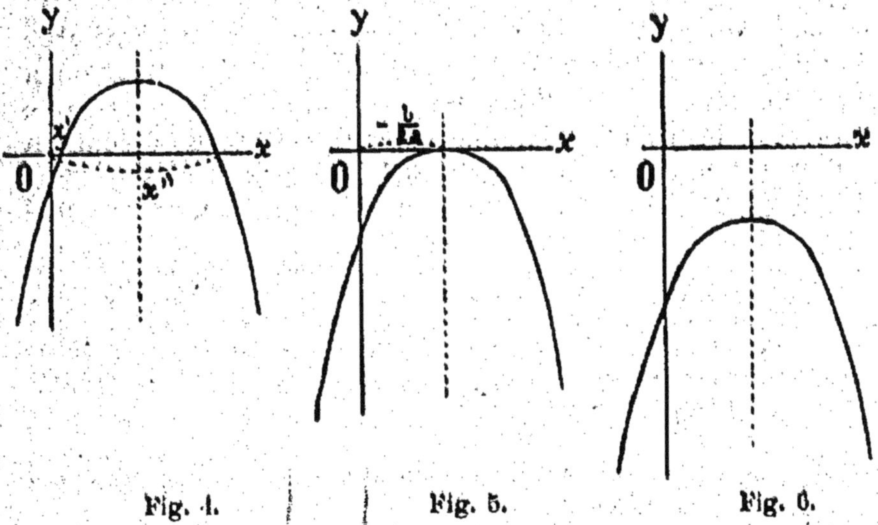

Fig. 4.   Fig. 5.   Fig. 6.

ficient a est positif, les branches infinies de la courbe regardent la partie positive de l'axe des y (fig. 1, 2, 3). Quand le coefficient a est négatif, elles regardent la partie négative du même axe (fig. 4, 5, 6).

Dans les deux cas, suivant que l'on a

$$b^2 - 4ac > = \text{ou} < 0,$$

la courbe coupe l'axe des x en deux points donnés par les racines de l'équation $ax^2 + bx + c = 0$ (fig. 2), ou la touche en un seul point, donné par la racine double $-\dfrac{b}{2a}$ de la même équation (fig. 2 et 5), ou ne la rencontre pas (fig. 3 et 6) (cas des racines imaginaires).

Les figures 1 et 4 montrent que si les racines sont réelles :

1° Toute valeur de la variable extérieure aux racines donne à la fonction le signe de $+ a$;

2° Toute valeur de la variable intermédiaire entre les racines donne à la fonction le signe de $- a$.

Les réciproques sont évidentes. Mais, dans la première, pour savoir si le nombre proposé est inférieur à la plus petite racine ou supérieur à la plus grande, on le compare à leur demi-somme $-\dfrac{b}{2a}$. S'il est inférieur à cette demi-somme, c'est qu'il est plus petit que la plus petite racine ; s'il est supérieur, c'est qu'il est plus grand que la plus grande racine.

Ces deux théorèmes permettent de trouver l'ordre de grandeur d'une quantité donnée par rapport aux racines d'une équation du second degré, ce qui est d'un fréquent usage dans les problèmes qui conduisent à ces équations.

NOTE II

Il est commode, pour poser les équations des *systèmes optiques centrés*, d'employer la formule qui sert à établir le Théorème des projections :

Trois points, A, B, C, étant en ligne droite, il est facile de démontrer que leurs distances sont toujours liées entre elles, une convention des signes étant faite une fois pour toutes par la relation

$$AC = AB + BC$$

Dès lors, pour un système optique formé de deux éléments, O et O, si P, est l'image que l'élément O, rencontré le premier par la lumière incidente, donne d'un point P, on aura

$$O_1O = O_1P_1 + P_1O$$

Comptons ces trois longueurs positivement en sens inverse de la lumière incidente, négativement dans le sens de cette lumière, et désignons par d la distance, en valeur absolue, des deux éléments. Deux cas sont à distinguer :

1° O *est une lentille.* Elle ne change pas le sens de la lumière incidente et, par suite, O, ne peut fonctionner que s'il est placé *derrière* O. Alors O_1O est positif, et l'on a la relation

$$+ d = \pi + (- p_1)$$

π représentant la distance algébrique de P, à O, et la convention des signes étant celle qui vient d'être énoncée. On en déduit

$$\pi = p_1 + d$$

2° O *est un miroir.* O a alors pour effet de changer de sens la lumière incidente, et, par suite, O, ne pourra fonctionner que placé *devant* O. Dès lors,

O, O change de signe et devient $- d$. Mais, puisque la lumière incidente change de sens, π change aussi de signe et devient $- \pi$; la relation précédente devient alors

$$- d = - \pi + (- p_1)$$

d'où

$$\pi = d - p_1$$

Dans le cas d'un système multiple composé d'un nombre quelconque d'éléments $O, O_1, O_2 \dots O_n$, on arriverait à l'équation définitive en raisonnant, pour les systèmes $OO_1, O_1O_2, \dots O_{n-1}O_n$, comme ci-dessus.

FIN

TABLE DES MATIÈRES

PREMIÈRE PARTIE

PROBLÈMES RÉSOLUS

SECONDE PARTIE

PROBLÈMES NON RÉSOLUS

Coulommiers. — Imp. PAUL BRODARD. — 587-94.

www.ingramcontent.com/pod-product-compliance
Ingram Content Group UK Ltd.
Pitfield, Milton Keynes, MK11 3LW, UK
UKHW021914070726
13614UKWH00001B/28